电子与信息作战丛书

空间局域化电磁波的复空间源理论

Complex Space Source Theory of Spatially Localized Electromagnetic Waves

〔美〕S. R. Seshadri 著

石 川 刘海业 戴幻尧 李 华 孙丹辉 周 波 译

科学出版社

北 京

图字：01-2018-4302

内 容 简 介

本书介绍空间局域电磁波的复空间源理论、空间定位的特定实现方式。空间局域电磁波的复空间源理论在各种介质需要聚束电磁波定向传播的应用中非常具有吸引力。本书共 15 章。第 1 章和第 2 章为基本高斯波束和基本高斯波，第 3 章为复空间中点电流源的起源，第 4 章为基本全高斯波，第 5 章复源点理论，第 6 章为扩展的全高斯波，第 7 章为圆柱对称横磁全高斯波，第 8 章为两个高阶全高斯波，第 9 章和第 10 章为基本全复变和全实变拉盖尔-高斯波，第 11 章和第 12 章为基本全复变和全实变厄米特-高斯波，第 13 章为基本全修正贝塞尔-高斯波，第 14 章为部分相干和部分非相干全高斯波，第 15 章为艾里波束和艾里波。

本书可作为电子工程、兵器科学、航空航天等专业科研人员的参考书，也可供物理学、电气工程、物理学和应用数学等专业的研究生学习。

Original English Language Edition published by The IET, Copyright 2017, All Rights Reserved

图书在版编目（CIP）数据

空间局域化电磁波的复空间源理论 ／（美）S.R.塞沙德里（S. R. Seshadri)著；石川等译. —北京：科学出版社，2023.9

（电子与信息作战丛书）

书名原文：Complex Space Source Theory of Spatially Localized Electromagnetic Waves

ISBN 978-7-03-076279-5

Ⅰ. ①空⋯　Ⅱ. ①S⋯②石⋯　Ⅲ. ①电磁场-理论-应用　Ⅳ. ①TM15

中国国家版本馆 CIP 数据核字（2023）第 169480 号

责任编辑：孙伯元　魏英杰 / 责任校对：崔向琳
责任印制：师艳茹 / 封面设计：陈　敬

科学出版社 出版
北京东黄城根北街 16 号
邮政编码：100717
http://www.sciencep.com
北京厚诚则铭印刷科技有限公司印刷
科学出版社发行　各地新华书店经销

*

2023 年 9 月第 一 版　开本：720×1000　B5
2024 年 5 月第三次印刷　印张：13 1/2
字数：251 000

定价：128.00 元
（如有印装质量问题，我社负责调换）

"电子与信息作战丛书"编委会

"电子与信息作战丛书"序

21世纪是信息科学技术发生深刻变革的时代,电子与信息技术的迅猛发展和广泛应用,推动了武器装备的发展和作战方式的演变,促进了军事理论的创新和编制体制的变革,引发了新的军事革命。电子与信息化作战最终将取代机械化作战,成为未来战争的基本形态。

火力、机动、信息是构成现代军队作战能力的核心要素,而信息能力已成为衡量作战能力高低的首要标志。信息能力,表现在信息的获取、处理、传输、利用和对抗等方面,通过信息优势的争夺和控制加以体现。信息优势,其实质是在获取敌方信息的同时阻止或迟滞敌方获取己方的情报,处于一种动态对抗的过程中,已成为争夺制空权、制海权、陆地控制权的前提,直接影响整个战争的进程和结局。信息优势的建立需要大量地运用具有电子与信息技术、新能源技术、新材料技术、航天航空技术、海洋技术等当代高新技术的新一代武器装备。

如何进一步推动我国电子与信息化作战的研究与发展?如何将电子与信息技术发展的新理论、新方法与新成果转化为新一代武器装备发展的新动力?如何抓住军事变革深刻发展变化的机遇,提升我国自主创新和可持续发展的能力?这些问题的解答都离不开我国国防科技工作者和工程技术人员的上下求索和艰辛付出。

"电子与信息作战丛书"是由设立于沈阳飞机设计研究所的隐身技术航空科技重点实验室与科学出版社在广泛征求专家意见的基础上,经过长期考察、反复论证之后组织出版的。这套丛书旨在传播和推广未来电子与信息作战技术重点发展领域,介绍国内外优秀的科研成果、学术著作,涉及信息感知与处理、先进探测技术、电子战与频谱战、目标特征减缩、雷达散射截面积测试与评估等多个方面。丛书力争起点高、内容新、导向性强,具有一定的原创性。

希望这套丛书的出版,能为我国国防科学技术的发展、创新和突破带来一些启迪和帮助。同时,欢迎广大读者提出好的建议,以促进和完善丛书的出版工作。

中国工程院院士

译 者 序

随着信息技术的发展，电磁波能量的定向传播重新引起人们的广泛关注。例如，激光技术的发展使我们有必要从高斯波束的角度来理解电磁波能量的局域性传播；研制特殊用途的各种高强度窄波束的微波源；在云层阻碍条件下，研究以微波频率将卫星空间站太阳能传输到地面站；在生物医学中，研究电磁波穿透生物组织的传播。众所周知，麦克斯韦方程组是研究电磁波的基础。上述应用都是在麦克斯韦方程组的基础上，研究聚束电磁波在各种介质中定向传播的问题。

本书针对空间局域电磁波的复空间源理论，讨论近轴波束问题，研究基本高斯光束、圆柱对称横向磁高斯波束、高阶空心高斯波束、双曲-高斯波束、复变和实变拉盖尔-高斯波束、复变和实变艾尔米-高斯波束，以及修正的贝塞尔-高斯波束。本书在许多方面都进行了全新的理论阐述，涵盖许多新的主题，并引入新的分析技术，具有极高的理论参考价值。同时，本书以一种自洽的方式给出了实际处理方法。

本书内容涉及面广，有些问题还待进一步研究，由于译者水平有限，书中不妥之处在所难免，恳请读者指正。

前　　言

　　研究电磁波的基础是麦克斯韦方程。麦克斯韦方程组的精确解可由磁矢势的单一分量和电矢势的单一分量得到，两者方向相同。这两个标量波函数满足亥姆霍兹方程。本书介绍满足亥姆霍兹方程的精确解和特定方向附近空间局域化的电磁波。

　　亥姆霍兹方程的近似用于分析一个波传播方向(通常取 z 轴)在窄范围各个方向的波矢量。在这一近似中，波函数被分为传播方向快速变化的平面波相位和满足近轴波动方程的缓慢变化的振幅。

　　近轴波动方程的解产生近轴波束。将近轴波束近似解泛化可得符合亥姆霍兹方程精确解的全波。一般用波束描述由近轴波动方程导出的空间局域场，用"全波"或"波"描述由亥姆霍兹方程确定的空间局域场。

　　近轴波束近似的方法有许多缺点。当束腰与波长相当或小于波长时，这种近似是无效的。近轴波束近似通常不考虑电磁场的极化特性。近轴波束近似不适合处理近场。在某些情况下，近轴波束的解不能在物理上实现，因此要得到精确的全波解时，在适当的限制条件下可通过简化为近轴波束来解决。在采取适当的限制时，许多全波解可简化为同一近轴波束的解。本书把精确全波泛化作为对许多基本类型近轴波束解的重要处理方法。

　　近轴波束近似的全波泛化有两个主要步骤。一是，在复空间系统地推导合适的虚拟源，进而从近轴波束解得到所需的全波。首先，在复空间假设一个点源获得真实物理空间中的高斯波束。然后，假设一些其他源，如点光源或高阶点光源组合获得特定的近轴波束。二是，确定物理空间的实际次级源。它与复空间中的虚拟源是等价的，从所有次级源可以得到全波的动态特性，如输入阻抗和辐射强度分布等。

　　本书涵盖许多新的主题，并引入新的分析技术，力求呈现新的阐述方法，解释相关分析步骤。本书以一种独立、自洽的方式给出实际处理方法，有助于从事应用物理学、电气工程、物理学和应用数学的研究生学习该领域知识，并开展相关研究。

　　在处理空间局域电磁波的复空间源理论时，我们对近轴波束进行必要的讨论，但是对近轴波束本身没有进行本质的处理，分别研究基本高斯波束、圆柱对称横向磁高斯波束、高阶空心高斯波束、双曲-高斯波束、复变和实变拉盖尔-高斯波束、复变和实变厄米特-高斯波束，以及修正的贝塞尔-高斯波束等。此外，对传统近轴波束处理和应用中的一般性材料不再重复。

电磁场的振幅在数百倍于波周期的时间尺度上随机变化。传播方向上的坡印亭矢量在一个波周期内的平均值可用输入平面上的波动矢势互谱密度来表示。互谱密度的输入值考虑源平面内两点之间电磁场的相关性，充分支配辐射强度分布和辐射功率等传播特性。

在近轴波束的传统处理方法中，很少涉及部分相干和部分非相干电磁场。本书不但完全覆盖部分相干和部分非相干电磁波，而且介绍近轴近似以外由麦克斯韦方程控制的全波。

一般来说，高斯波束是近轴波束和全波的基础。高斯波束的输入场有一个束腰。瑞利距离用束腰的形式定义。对基于高斯波束的全波，源在复空间中的位置可以用瑞利距离确定。此外，有一类新的基于艾里函数的近轴波束。带叠加指数函数的艾里函数会使振幅减小，进而得到物理上可实现的有限能量的基本艾里波束。利用复空间中的高阶点源可以构造修正基本艾里波束的全波泛化，但是源的位置预先不知道。

根据修正基本艾里波束的波数，可以系统地推导源的位置。在源位置的基础上，我们引入等效束腰。用等效束腰表示的修正基本艾里波束的全波泛化传输特性与用实际束腰表示的基本高斯波束的全波泛化传输特性是一致的。对于基本全修正基本艾里波，源是一个从零开始递增阶的无穷点源序列。此外，我们对艾里波束及其处理方法的最新发展作了简要的讨论，详细解释艾里波的复空间源理论。

近似的近轴波束解和精确的全波泛化可以通过使用傅里叶变换和贝塞尔变换技术得到。电磁波的复空间源理论可以整合为傅里叶光学的一个分支。

非常感谢丛书的编辑 Uslenghi 和出版商对书稿提出的宝贵建议，以及 IET 公司 Williams 和 MPS 有限公司 Ramalingam 在出版过程中提供的有益指导。感谢马里奥·博埃拉高等研究所对我在学术和经济上的资助，以及国际无线电科学联盟对我在学术上的资助。

谨以此书纪念我的父母 M.S. Srinivasan 和 Doriammal。

S. R. Seshadri

2013 年 5 月

目　　录

第1章 基本高斯波束

平面波有一个特定的传播方向。由于平面波的发射需要无限的能量,因此在物理上是难以实现的。近平面波或波束由一组平面波构成。这些平面波在特定方向具有窄范围内的传播方向。一般电磁场由磁矢势的单一分量和电矢势的单一分量在同一方向上构成。与电磁波束相关的矢势被分解成一个快速变化的相位和一个缓慢变化的振幅。缓慢变化的振幅满足近轴波动方程。对于具有简单的圆形高斯截面分布的输入,可通过求解近轴波动方程得到矢势。

对于基本高斯电磁波束,本章对场进行计算,并描述辐射强度分布的特征。考虑在 $0 < z < \infty$ 中沿 $+z$ 方向向外传播,在 $-\infty < z < 0$ 中沿 $-z$ 方向向外传播,次级源集中在边界平面 $z = 0$ 上,可以确定源电流密度和复功率。实功率的时间平均值等于时间平均辐射功率,近轴波束的无功功率消失。文献[1]~文献[8]给出了基本高斯波束的处理方法和附加分析方法的最新进展。

1.1 矢 势

本节在 $0 < z < \infty$ 考虑沿 $+z$ 方向向外传播的情形,在 $-\infty < z < 0$ 考虑沿 $-z$ 方向向外传播的情形。与时间相关的谐波形式为 $\exp(-i\omega t)$,其中 $\omega / 2\pi$ 为波的频率。在 $z = 0$ 处的平面是两个半空间之间的边界,即次级源平面[7]。次级源是极薄的电流片,其电流密度在 $z \neq 0$ 时为零,在 $z = 0$ 时为无穷大。电流在 x 方向传输,激发磁矢势的 x 分量。这一磁矢势可以用来构造线极化基本高斯光束的电磁场(式(D.25)、式(D.30)~式(D.33))。为了产生线极化基本高斯光束,设输入平面磁矢势 x 分量的近轴近似为

$$A_{x0}^{\pm}(x, y, 0) = \frac{N}{ik} \exp\left(-\frac{x^2 + y^2}{w_0^2}\right) \tag{1.1}$$

其中,k 为波数;w_0 为输入平面 $z = 0$ 处的束腰尺寸;下标 0 表示近轴;± 表示在 $\pm z$ 方向传播。

沿 $\pm z$ 方向的近轴波束总时间平均功率 $P_0^{\pm} = 0$ 的上下标也表示同样的意思,可以使用归一化常数 N 使 $P_0^{\pm} = 1\text{W}$。归一化常数为

$$N = (4 / c\pi w_0^2)^{1/2} \tag{1.2}$$

其中，c 为电磁波在自由空间中的速度。

利用式(A.18)、式(B.1)和式(B.6)对式(1.1)进行二维傅里叶变换，可得

$$\overline{A}_{x0}^{\pm}(p_x, p_y, 0) = \frac{N}{\mathrm{i}k} \pi w_0^2 \exp\left[-\pi^2 w_0^2 (p_x^2 + p_y^2)\right] \tag{1.3}$$

在 $\pm z$ 方向传播的快变相位 $\exp(\pm \mathrm{i}kz)$ 可以从磁矢势 x 分量的近轴近似分离出来，即

$$A_{x0}^{\pm}(x, y, z) = \exp(\pm \mathrm{i}kz) a_{x0}^{\pm}(x, y, z) \tag{1.4}$$

对于平面波，$a_{x0}^{\pm}(x, y, z)$ 是一个常数。对于近面波或波束，$a_{x0}^{\pm}(x, y, z)$ 是一个自变量的缓变函数。$A_{x0}^{\pm}(x, y, z)$ 满足亥姆霍兹方程(式(C.1)和式(D.25))。将 $A_{x0}^{\pm}(x, y, z)$ 代入亥姆霍兹方程，在近轴近似情况下，$a_{x0}^{\pm}(x, y, z)$ 满足近轴方程，即

$$\left(\frac{\partial^2}{\partial x^2} + \frac{\partial^2}{\partial y^2} + 2\mathrm{i}k\frac{\partial}{\partial z}\right) a_{x0}^{\pm}(x, y, z) = 0 \tag{1.5}$$

由式(A.17)可得 $a_{x0}^{\pm}(x, y, z)$ 的二维傅里叶积分。根据式(C.10)，$a_{x0}^{\pm}(x, y, z)$ 的二维傅里叶变换 $\overline{a}_{x0}^{\pm}(p_x, p_y, z)$ 满足 z 方向上的一维微分方程。微分方程的解为

$$\overline{a}_{x0}^{\pm}(p_x, p_y, z) = \overline{a}_{x0}^{\pm}(p_x, p_y, 0) \exp\left[-\pi^2 w_0^2 (p_x^2 + p_y^2) \frac{\mathrm{i}|z|}{b}\right] \tag{1.6}$$

其中，$b = \frac{1}{2} k w_0^2$ 为瑞利距离。

在近轴近似情况下，对于横向波数 $2\pi p_x$ 和 $2\pi p_y$，由式(1.6)可知，$\pm z$ 传播方向的纵向波数是实数。因此，近轴近似情况下没有倏逝波。

由式(1.3)和式(1.4)可得

$$\overline{a}_{x0}^{\pm}(p_x, p_y, 0) = \frac{N}{\mathrm{i}k} \pi w_0^2 \exp\left[-\pi^2 w_0^2 (p_x^2 + p_y^2)\right] \tag{1.7}$$

把式(1.7)代入式(1.6)可得 $\overline{a}_{x0}^{\pm}(p_x, p_y, z)$。因此，近轴波束慢变振幅可由 $\overline{a}_{x0}^{\pm}(p_x, p_y, z)$ 的逆傅里叶变换决定，即

$$\begin{aligned} a_{x0}^{\pm}(x, y, z) = \frac{N}{\mathrm{i}k} \pi w_0^2 \int_{-\infty}^{\infty}\int_{-\infty}^{\infty} \mathrm{d}p_x \mathrm{d}p_y \exp\left[-\mathrm{i}2\pi(p_x x + p_y y)\right] \\ \times \exp\left[-\frac{\pi^2 w_0^2 (p_x^2 + p_y^2)}{q_{\pm}^2}\right] \end{aligned} \tag{1.8}$$

其中

$$q_{\pm} = \left(1 \pm \frac{\mathrm{i}z}{b} \right)^{-1/2} \tag{1.9}$$

对于物理空间 $|z| > 0$ 中的位置坐标，$1/q_{\pm} \ne 0$，式(1.8)中的积分可以使用式(B.1)和式(B.6)计算得到，即

$$a_{x0}^{\pm}(x,y,z) = \frac{N}{\mathrm{i}k} q_{\pm}^2 \exp\left[-\frac{q_{\pm}^2(x^2+y^2)}{w_0^2} \right] \tag{1.10}$$

由式(1.4)和式(1.10)可得

$$A_{x0}^{\pm}(x,y,z) = \exp(\pm\mathrm{i}kz) \frac{N}{\mathrm{i}k} q_{\pm}^2 \exp\left[-\frac{q_{\pm}^2(x^2+y^2)}{w_0^2} \right] \tag{1.11}$$

1.2　电　磁　场

将 $A_{x0}^{\pm}(x,y,z)$ 代入式(D.30)～式(D.33)可得近轴波束的电磁场。对 $A_{x0}^{\pm}(x,y,z)$ 进行 $\partial/\partial x$ 和 $\partial/\partial y$ 的横向偏微分运算，只会影响缓变振幅，相当于引入 $1/w_0$ 因子。对 $A_{x0}^{\pm}(x,y,z)$ 快速变化的相位进行纵向偏微分运算，引入因子 k，同时对缓变振幅进行纵向偏微分运算，则等效于引入因子 $1/b = 2/kw_0^2$。因此，参考 $\partial/\partial z$ 作用于 $A_{x0}^{\pm}(x,y,z)$ 快变相位得到的项，对 $A_{x0}^{\pm}(x,y,z)$ 快变相位偏微分 $\partial/\partial x$ 和 $\partial/\partial y$ 的操作使合成量 $1/kw_0$ 小一个数量级，对 $A_{x0}^{\pm}(x,y,z)$ 缓变振幅偏微分 $\partial/\partial z$ 的操作使合成量 $1/kw_0$ 小两个数量级。式(D.30)给出 $E_{x0}^{\pm}$ 的前导项为 $E_{x0}^{\pm} = \mathrm{i}kA_{x0}^{\pm}$；忽略的项在 $1/kw_0$ 中比前导项小两个数量级。类似地，$E_{y0}^{\pm}$ 的前导项比 $E_{x0}^{\pm}$ 的前导项小两个数量级，$E_{z0}^{\pm}$ 的前导项比 $E_{x0}^{\pm}$ 的前导项小一个数量级。$H_{y0}^{\pm}$ 的前导项由 $\mathrm{i}kA_{x0}^{\pm}$ 给出，与 $E_{x0}^{\pm}$ 的前导项有相同的数量级。$H_{z0}^{\pm}$ 的前导项比 $E_{x0}^{\pm}$ 的前导项小一个数量级。因此，近轴波束的电磁场为

$$E_{x0}^{\pm}(x,y,z) = \pm H_{y0}^{\pm}(x,y,z) = \mathrm{i}kA_{x0}^{\pm}(x,y,z) \tag{1.12}$$

我们发现，$H_{x0}^{\pm} \equiv 0$ 比 $E_{z0}^{\pm}$ 和 $H_{z0}^{\pm}$ 小一个数量级，$E_{y0}^{\pm}$ 比式(1.12)给出的结果小两个数量级。因此，由矢势 $A_{x0}^{\pm}(x,y,z)$ 产生的高斯光束是线极化的，电场在 x 方向，磁场在 y 方向。

由式(D.10)可得 $\pm z$ 方向上单位面积的时间平均功率流，即

$$\pm S_{z0}^{\pm}(x,y,z) = \pm \frac{c}{2} \mathrm{Re}\left[E_{x0}^{\pm}(x,y,z) H_{y0}^{\pm*}(x,y,z) \right] \tag{1.13}$$

其中，*表示复共轭。

将式(1.11)和式(1.12)用于式 (1.13)，可得

$$\pm S_{z0}^{\pm}(x,y,z) = \frac{cN^2}{2(1+z^2/b^2)} \exp\left[-\frac{2(x^2+y^2)}{w_0^2(1+z^2/b^2)} \right] \tag{1.14}$$

近轴高斯波束在 $\pm z$ 方向传输的时间平均功率 $P_0^{\pm}$ 是通过 $\pm S_{z0}^{\pm}(x,y,z)$ 在整个截面对 x 和 y 的积分得到的，即

$$P_0^{\pm} = \int_{-\infty}^{\infty}\int_{-\infty}^{\infty} \mathrm{d}x\mathrm{d}y\left[\pm S_{z0}^{\pm}(x,y,z) \right] = \frac{c\pi w_0^2 N^2}{4} = 1 \tag{1.15}$$

式(1.15)的积分可以使用式(B.1)和式(B.6)解算。如前所述，通过式(1.2)中 N 的选择可将近轴波束在 z 方向传输的总功率归一化为 1W，如式(1.15)所示。

1.3　辐　射　强　度

辐射强度是指特定方向单位立体角内的时间平均功率流[9]。确定辐射强度需要电磁场和时间平均坡印亭矢量。首先，考虑空间 $0<z<\infty$ 的辐射计算，引入球坐标 (r,θ,ϕ)，即

$$x = r\sin\theta\cos\phi, \quad y = r\sin\theta\sin\phi, \quad z = r\cos\theta \tag{1.16}$$

由于 $\hat{z} = \hat{r}\cos\theta - \hat{\theta}\sin\theta$，时间平均坡印亭矢量的径向分量为 $S_{r0}^{+}(r,\theta,\phi) = \cos\theta S_{z0}^{+}(x,y,z)$。近轴高斯波束的辐射强度为

$$\Phi_0^{+}(\theta,\phi) = \lim_{kr\to\infty} r^2 S_{r0}^{+}(r,\theta,\phi) = \frac{\exp\left(-\frac{1}{2}k^2w_0^2\tan^2\theta \right)}{2\pi f_0^2\cos\theta} \tag{1.17}$$

其中，$f_0 = 1/kw_0$；$\Phi_0^{+}(\theta,\phi)$ 为式(1.11)给出的矢势指定的基本高斯光束的辐射强度。

考虑空间 $-\infty<z<0$ 的辐射，引入 $-z$ 方向的球坐标 (r,θ^-,ϕ) 定义。在式(1.16)中，r 和 z 之间的关系变为 $-z = r\cos\theta^-$。由于 $-\hat{z} = \hat{r}\cos\theta^- - \hat{\theta}^-\sin\theta^-$，对应的时间平均坡印亭矢量的径向分量 $S_{r0}^{-}(r,\theta^-,\phi) = -\cos\theta^- S_{z0}^{-}(x,y,z)$，近轴高斯波束的辐射强度为

$$\Phi_0^{+}(\theta^-,\phi) = \lim_{kr\to\infty} r^2 S_{r0}^{-}(r,\theta^-,\phi) = \frac{\exp\left(-\frac{1}{2}k^2w_0^2\tan^2\theta^- \right)}{2\pi f_0^2\cos\theta^-} \tag{1.18}$$

通过 $z=0$ 平面的反射，可以从 $z>0$ 对的相应分布中得到 $z<0$ 时的辐射强度分布。

式(1.17)给出的 $+z$ 方向传播的辐射强度分布是圆柱对称的，即与 ϕ 无关。辐射强度在传播方向 $\theta = 0°$ 时有最大值 $1/2\pi f_0^2$，它随着 θ 的增加单调减小；$\theta = 90°$ 时，辐射强度为零。基本高斯电磁波束辐射强度在 $0° < \theta < 90°$ 区间的曲线分布如图 1.1 所示。曲线分别对应 $kw_0 = 1.50$、2.25、3.00。辐射强度曲线的峰值和峰值的锐度随 kw_0 的增加而增加。

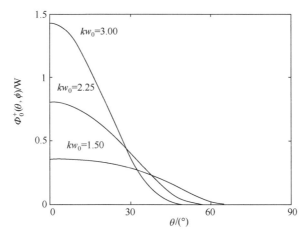

图 1.1　基本高斯电磁波束辐射强度在 $0° < \theta < 90°$ 区间的曲线分布

近轴高斯波束携带的功率也可由辐射强度推导得到。辐射强度乘以立体角 $\mathrm{d}\Omega = \mathrm{d}\phi\sin\theta\mathrm{d}\theta$，并对 $z > 0$ 对应的整个立体角进行积分，得到的总功率为

$$P_0^+ = \int_0^{2\pi} \mathrm{d}\phi \int_0^{\pi/2} \mathrm{d}\theta \sin\theta \Phi_0^+(\theta, \phi) \tag{1.19}$$

对 θ 积分，变量变为 $\alpha = (0.5)^{1/2} kw_0 \tan\theta$，因此有 $\mathrm{d}\alpha = (0.5)^{1/2} kw_0 \mathrm{d}\theta \cdot (1 + 2f_0^2\alpha^2)$。积分在 f_0^2 中作为幂级数计算，并且只保留前导项，那么 $\mathrm{d}\alpha$ 可近似为 $\mathrm{d}\alpha = (0.5)^{1/2} kw_0 \mathrm{d}\theta$。

将式(1.17)代入式(1.19)可得 ϕ 的积分，变量 θ 改为新的变量 α，可得

$$P_0^+ = \int_0^\infty \frac{\mathrm{d}\alpha\, \alpha \exp(-\alpha^2)}{f_0^2 0.5(kw_0)^2} = 1 \tag{1.20}$$

保留式(1.19)中积分结果的近轴近似时，式(1.20)可以再现式(1.15)获得的结果。

如图 1.1 所示，随着 kw_0 的增加，波束的宽度变小。对于 $\theta = 0$，当 $kw_0 \to \infty$ 时，$\Phi_0^+(\theta, \phi) \to \infty$。对于 $\theta \neq 0$，当 $kw_0 \to \infty$ 时，$\Phi_0^+(\theta, \phi) \to 0$。同时，由于

$$P_0^+ = \int_0^{2\pi} \mathrm{d}\phi \int_0^{\pi/2} \mathrm{d}\theta \sin\theta \Phi_0^+(\theta,\ \phi) = 1 \tag{1.21}$$

且近轴波束的辐射强度是奇异的，因此有

$$\Phi_0^+(\theta,\ \phi) = \delta(1-\cos\theta)\,/\,2\pi, \quad kw_0 \to \infty \tag{1.22}$$

对于大且有限的 kw_0，$\Phi_0^+(\theta,\ \phi)$ 沿着 θ 方向传播，可得波束宽度的定量测量。近轴高斯波束辐射强度分布在径向(即垂直于传播方向)的归一化宽度的平方由 $\sin\theta^2$ 给出。归一化宽度平方的平均值为

$$\sigma_{x0}^2 = \left\langle \sin^2\theta \right\rangle = \frac{1}{P_0^+} \int_0^{2\pi} \mathrm{d}\phi \int_0^{\pi/2} \mathrm{d}\theta \sin\theta \sin^2\theta \Phi_0^+(\theta,\phi) = 2f_0^2 \tag{1.23}$$

为了得到式(1.23)，采取与式(1.19)相同的方法，积分作为 f_0^2 中的幂级数进行计算，单独保留前导项确定与近轴近似有关的结果。随着 kw_0 的增大，f_0^2 减小，且径向的归一化宽度平均值减小，波束的锐度增大。

1.4　辐射功率和无功功率

式(1.11)给出的 $A_{x0}^{\pm}(x,\ y,\ z)$ 是一个在次级源平面 $z=0$ 上关于 z 的连续函数，因此 $A_{x0}^{\pm}(x,\ y,\ 0)$ 仅是 $A_{x0}^{\pm}(x,\ y,\ z)$ 的输入函数而不是次级源。电场分量 $E_{x0}^{\pm}(x,\ y,\ z)$ 和磁场分量 $H_{y0}^{\pm}(x,\ y,\ z)$ 是与近轴波束关联的唯一电磁场分量。因为 $E_{x0}^{\pm}(x,\ y,\ z) = \pm \mathrm{i}k A_{x0}^{\pm}(x,\ y,\ z)$，$E_{x0}^{\pm}(x,\ y,\ z)$ 也是在 $z=0$ 上关于 z 的连续函数。由于 $H_{y0}^{\pm}(x,\ y,\ z) = \pm \mathrm{i}k A_{x0}^{\pm}(x,\ y,\ z)$，因此 $H_{y0}^{\pm}(x,\ y,\ z)$ 在次级源平面 $z=0$ 是不连续函数。磁场分量的不连续相当于 $z=0$ 平面上的电流片。由式(1.11)和式(1.12)可求出集中在 $z=0$ 平面上的电流密度，即

$$J_0(x,y,z) = \hat{z} \times \hat{y} \left[H_{y0}^+(x,y,0) - H_{y0}^-(x,y,0) \right] \delta(z) = -\hat{x} 2N \exp\left[-(x^2+y^2)\,/\,w_0^2 \right] \delta(z)$$

$$\tag{1.24}$$

电流源的强度由式(1.24)的系数 $\delta(z)$ 给出。由式(D.18)可得复功率，即

$$\begin{aligned} P_{C0} &= -\frac{c}{2} \int_{-\infty}^{\infty} \int_{-\infty}^{\infty} \int_{-\infty}^{\infty} \mathrm{d}x\mathrm{d}y\mathrm{d}z E(x,y,z) J^*(x,y,z) \\ &= cN^2 \int_{-\infty}^{\infty} \int_{-\infty}^{\infty} \mathrm{d}x\mathrm{d}y \exp\left[-2(x^2+y^2)\,/\,w_0^2 \right] \end{aligned} \tag{1.25}$$

式(1.25)中的积分可以利用式(B.1)和式(B.6)求解。用式(1.2)取代 N^2，可得

$$P_{C0} = cN^2 \pi w_0^2 / 2 = 2W \tag{1.26}$$

无功功率为零。实功率等于 $2W$，其中 $1W$ 沿着 $+z$ 方向流动，另 $1W$ 沿着 $-z$ 方向流动。

对其他类型近轴波束进行的复功率计算表明，每一束近轴波束无功功率都消失了。可见，近轴波束无功功率的消失是一个普遍性的结果。因此，为得到关于激光输出复功率的完整表征，需要对近轴波束进行全波泛化。

1.5　传播中的波束扩展

如式(1.14)所示，波束在 $\pm z$ 方向的传播特性是相同的，因此可省略前边的 $\pm$ 符号。波束沿着纵向 $\pm z$ 传播时，在横向 (x, y) 方向扩展。根据式(1.14)和式(1.2)，将坡印亭矢量归一化可得

$$\pm S_{z0}^{\pm}(x,y,z)\frac{\pi w_0^2}{2} = S_{n0}(\rho,z) \tag{1.27}$$

其中

$$S_{n0}(\rho,z) = \frac{1}{(1+z^2/b^2)}\exp\left[-\frac{2\rho^2}{w_0^2(1+z^2/b^2)}\right] \tag{1.28}$$

$$x = \rho\cos\phi, \quad y = \rho\sin\phi \tag{1.29}$$

波束在传播方向呈圆柱对称。沿波束轴 $\rho = 0$，随着 $|z|$ 从 0 增加，$S_{n0}(\rho, z)$ 减少。对于远大于 w_0 的 ρ，随着 $|z|/b$ 增加，指数外部的因子降低，但是指数项增加，导致 $S_{n0}(\rho, z)$ 增加。因此，波束就显得不那么锋利，在横向方向 (ρ) 扩展，最终会得到充分扩散，失去类波束的特性。归一化坡印亭矢量 $S_{n0}(x, y = 0)$ 曲线如图 1.2 所示。其中，曲线 a 为 $z/b = 0$，曲线 b 为 $z/b = 1$，曲线 c 为 $z/b = 2$。当 $\phi = 0$ 和 $y = 0$ 时，x 为正且取值范围为 $0 < x/w_0 < 2.5$。当 $\phi = \pi$ 和 $y = 0$ 时，x 为负且取值范围为 $-2.5 < x/w_0 < 0$。图 1.2 表明，在传播时，波束向外扩展并失去类波束的性质。

如果 w_0 减小，输入的分布将变得尖锐，b 以更大的速率减小，对于较小的 z 值会产生同样的扩展量。因此，更尖锐的输入分布将使波束扩展得更快。近似近轴波动方程的特解取决于输入场的分布。不同的输入分布形成不同类型的近轴波束。不同近轴波束的扩展特性是不同的。电磁近轴波束的一个研究领域是找到一种特殊的输入场分布。该分布使波束在传播过程中因菲涅耳衍射效应没有扩展或扩展很小。

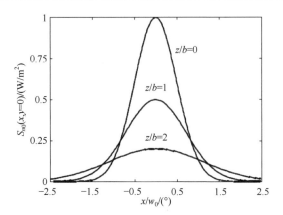

图 1.2　归一化坡印亭矢量 $S_{n0}(x,\ y=0)$ 曲线

1.6　磁 流 密 度

次级源平面上磁场切向分量的不连续性等效于 $z=0$ 平面上的电流片。根据二象性，电场切向分量的不连续性相当于 $z=0$ 平面上的磁流片。前几节基本高斯光束的电场在 x 方向上是极化的。为产生正交极化，即磁场在 x 方向极化的基高斯光束，需要得到输入平面 $z=0$ 上电矢势 x 分量的近轴近似，即

$$F_{x0}^{\pm}(x,y,0)=\frac{N}{\mathrm{i}k}\exp\left(-\frac{x^2+y^2}{w_0^2}\right) \tag{1.30}$$

与之前一样，$F_0^{\pm}(x,\ y,\ z)$ 可以按下式确定，即

$$F_{x0}^{\pm}(x,y,z)=\exp(\pm\mathrm{i}kz)\frac{N}{\mathrm{i}k}q_{\pm}^2\exp\left[-\frac{q_{\pm}^2(x^2+y^2)}{w_0^2}\right] \tag{1.31}$$

利用式(D.26)～式(D.29)可以评估由此产生的电磁场。磁场分量 $H_{x0}^{\pm}(x,\ y,\ z)$ 和电场分量 $E_{y0}^{\pm}(x,\ y,\ z)$ 是与近轴波束相关的电磁场分量。从式(D.28)和式(D.27)可以发现，$H_{x0}^{\pm}(x,\ y,\ z)=\mathrm{i}kF_{x0}^{\pm}(x,\ y,\ z)$ 和 $E_{y0}^{\pm}(x,\ y,\ z)=\pm(-1)\mathrm{i}kF_{x0}^{\pm}(x,\ y,\ z)$，因此 $F_{x0}^{\pm}(x,\ y,\ z)$ 和 $H_{x0}^{\pm}(x,\ y,\ z)$ 在次级源平面 $z=0$ 上是连续的。但是，$E_{y0}^{\pm}(x,\ y,\ z)$ 在次级源平面 $z=0$ 上是不连续的。$E_{y0}^{\pm}(x,\ y,\ z)$ 的不连续性等同于 $z=0$ 平面上的一个磁流片。比较式(D.8)和式(D.9)，在利用麦克斯韦方程引入磁流密度时，有一个与磁流密度相关的负号。因此，集中在 $z=0$ 平面上的磁流密度为

$$J_0(x,y,z) = -\hat{z} \times \hat{y}\left[E_{y0}^{+}(x,y,0) - E_{y0}^{-}(x,y,0)\right]\delta(z) \tag{1.32}$$

由式(D.18)和式(D.22)可知，在与电流密度和磁流密度有关的复功率表达式中，电场和电流密度可以分别用磁场和磁流密度替换，并且符号不变。

1.7　一些应用和限制

在自由空间传输中，基本高斯波束用来模拟激光的输出。波束在径向的宽度随传播而发生相应变化。波束宽度的最小值是波束的束腰，是波束的一个特征参数。近似基本高斯波束有许多应用。在反射、折射、衍射和散射的研究中，入射波通常只使用平面电磁波。由于初始的发射需要无限的能量，平面电磁波在物理上是不可能实现的。相应的近轴电磁波束发射只需要有限的能量，对入射波来说，它是平面波一个很好的近似。

近轴波束作为入射波，可用于研究界面处的反射和折射、平面和抛物面反射器的衍射和散射、半平面反射器和柱面反射器的衍射和散射[10-14]。使用近轴波束代替平面波可以揭示电磁波的反射、折射、衍射和散射等经典现象的新特征。

对于传播方向上有对称轴的多透镜组成的光学系统，采用基本高斯波束来模拟光波[8]。高斯波束可以用透镜进行波束变换。例如，变换后高斯波束的束腰位置和束腰尺寸不同于入射高斯波束。考虑传播方向上透镜组成的同轴周期系统，来自激光器的基本高斯波束发射到第一个透镜后，到达第一个镜头时扩散开来的波束被聚焦。波束汇聚达到腰部大小，然后再次扩散开来。通过布置系统的结构可以使束腰位于两个透镜的中间位置。波束到达第二个透镜的方式与到达第一个透镜的方式完全相同。在第二对透镜间及后续各对透镜间传输时，重复在前两个透镜间的传输过程。因此，同轴周期透镜系统引导基本高斯波束的传播方向。同时，还研究了基本高斯波束通过具有损耗或增益变化的类透镜介质的传播特性[15-17]。

用于光谱分析的法布里-珀罗干涉仪由两个相互面对的凹面镜构成的球面镜腔组成。腔内的光是由基本高斯波束经两端反射镜多次反射模拟的，在多个频率上产生强烈的腔谐振。我们可以利用腔内传输的光的尖峰频率响应来测量光的频谱[8]。

傅里叶光学作为现代光学的一个完整领域，是利用基本标量高斯波束来描述的[3,8]。使用基本标量高斯波束来描述光波的方法形成当代光学的另一个领域，即相干波动光学[7,18,19]。这一领域包括对振幅在一个时间尺度上随机波动的光波传播特性的处理。该时间尺度与波的周期相比要大许多。

激光辐射功率在远离光源的地方传播时，无功功率保持在光源附近[20,21]。因此，辐射功率和无功功率与远场光学和近场光学有关。人们对近场光学越来越感兴趣，产生了确定激光传输过程中的无功功率的需求。由于线极化的近轴高斯电磁波束没有无功功率，因此光源对无功功率实际特征表述时需要对各种近轴电磁高斯波束进行全波泛化。

参 考 文 献

[1] H. Kogelnik and T. Li, "Laser beams and resonators," *Appl. Opt.* **5**, 1550–1567 (1966).

[2] A. Yariv, *Quantum Electronics*, 2nd ed. (Wiley, New York, 1967), Chap. 6.

[3] J. W. Goodman, *Introduction to Fourier Optics* (McGraw-Hill, New York, 1968), Chaps. 3 and 4.

[4] D. Marcuse, *Light Transmission Optics* (Van Nostrand Reinhold, New York, 1972), Chap. 6.

[5] H. A. Haus, *Waves and Fields in Optoelectronics* (Prentice-Hall, Englewood Cliffs, NJ, 1984),Chaps. 4, 5, and 11.

[6] A. E. Siegman, *Lasers* (University Science, Mill Valley, CA, 1986), Sects. 16.1 and 17.1.

[7] L. Mandel and E. Wolf, *Optical Coherence and Quantum Optics* (Cambridge University Press,New York, 1995), pp. 263–287.

[8] K. Iizuka, *Elements of Photonics* (Wiley-Interscience, New York, 2002).

[9] S. R. Seshadri, *Fundamentals of Transmission Lines and Electromagnetic Fields* (Addison-Wesley, Reading, MA, 1971), pp. 468–470.

[10] E. Gowan and G. A. Deschamps, "Quasi-optical approaches to the diffraction and scattering ofGaussian beams," University of Illinois, Antenna Laboratory, Report 70-5, Urbana-Champaign, Illinois, 1970.

[11] J. W. Ra, H. Bertoni, and L. B. Felsen, "Reflection and transmission of beams at dielectricinterfaces," *SIAM J. Appl. Math.* **24**, 396–412 (1973).

[12] W.-Y. D. Wang and G. A. Deschamps, "Application of complex ray tracing to scattering problems,"*Proc. IEEE* **62**, 1541–1551 (1974).

[13] A. C. Green, H. L. Bertoni, and L. B. Felsen, "Properties of the shadow cast by a half-screen whenilluminated by a Gaussian beam," *J. Opt. Soc. Am.* **69**, 1503–1508 (1979).

[14] G. A. Suedan and E. V. Jull, "Beam diffraction by planar and parabolic reflectors," *IEEE Trans.Antennas Propag.* **39**, 521–527 (1991).

[15] G. Goubau and J. Schwering, "On the guided propagation of electromagnetic beam waves," *IRETrans. Antennas and Propag.* **AP-9**, 248–256 (1961).

[16] H. Kogelnik, "On the propagation of Gaussian beams of light through lens like media includingthose with loss or gain variation," *Appl. Opt.* **4**, 1562–1569 (1965).

[17] P. K. Tien, J. P. Gordon, and J. R. Whinnery, "Focusing of a light beam of Gaussian field distributionin continuous and periodic lens like media," *Proc. IEEE*, **53**, 129–136 (1965).

[18] E. Wolf, Introduction to the Theory of Coherence and Polarization of Light (Cambridge UniversityPress, Cambridge, UK, 2007).

[19] J. W. Goodman, Statistical Optics (Wiley, New York, 1985).

[20] S. R. Seshadri, "Constituents of power of an electric dipole of finite size," *J. Opt. Soc. Am. A* **25**,805–810 (2008).

[21] S. R. Seshadri, "Power of a simple electric multipole of finite size," *J. Opt. Soc. Am. A* **25**,1420–1425 (2008).

第 2 章　基本高斯波

近似近轴波束和精确全波的次级源是位于 $z = 0$ 平面的一个电流片。次级源产生的波束和波在空间 $0 < z < \infty$ 沿着 $+z$ 方向传播，在空间 $-\infty < z < 0$ 沿着 $-z$ 方向传播。在近轴近似情况下，式(1.24)给出的电流源的响应为基本高斯波束。全亥姆霍兹波动方程下同样的电流源会产生基本高斯波。对于式(1.24)给出的电流源，亥姆霍兹波动方程用于求解精确的矢势。本章导出电磁场，确定辐射强度分布并分析其特性，得到基本高斯波在 $\pm z$ 方向传播的时间平均功率。通过对复功率进行评估可以得出无功功率。当参数 kw_0 增大时，对应于基本高斯波束，基本高斯波在 $\pm z$ 方向传播的时间平均功率增大，达到大于 1 的最大值，然后减小，直到接近 1。对于基本高斯波，无功功率并不会消失。当 kw_0 增加时，无功功率随之减小到零，进一步达到最小值，然后增加，接近 0(即对应的基本高斯波束的极限值)。

2.1　精　确　矢　势

式(1.24)给出的电流密度沿着 x 方向，因此精确矢势 $A_x^{\pm}(x,\ y,\ z)$ 也是在 x 方向上的。从式(1.24)和式(D.25)可以发现，精确矢势 $A_x^{\pm}(x,\ y,\ z)$ 是由如下非齐次亥姆霍兹波动方程决定的，即

$$\left(\frac{\partial^2}{\partial x^2} + \frac{\partial^2}{\partial y^2} + \frac{\partial^2}{\partial z^2} + k^2\right) A_x^{\pm}(x,y,z) = 2N\exp\left(-\frac{x^2+y^2}{w_0^2}\right)\delta(z) \tag{2.1}$$

其中，$A_x^{\pm}(x,\ y,\ z)$ 利用式(A.17)进行二维傅里叶变换可得 $\overline{A}_x^{\pm}(p_x,\ p_y,\ z)$；$\exp\left(-\dfrac{x^2+y^2}{w_0^2}\right)$ 为式(1.1)和式(1.3)得到的傅里叶逆变换函数。

$\overline{A}_x^{\pm}(p_x,\ p_y,\ z)$ 的一维控制方程等效表达式为

$$\left(\frac{\partial^2}{\partial z^2} + \zeta^2\right)\overline{A}_x^{\pm}(p_x,p_y,z) = 2N\pi w_0^2\exp\left[-\pi^2 w_0^2(p_x^2+p_y^2)\right]\delta(z) \tag{2.2}$$

其中，ζ 为下式决定的正实数或正虚数，即

$$\zeta = \begin{cases} \left[k^2 - 4\pi^2 (p_x^2 + p_y^2) \right]^{1/2}, & k^2 > 4\pi^2 (p_x^2 + p_y^2) \\ \mathrm{i} \left[4\pi^2 (p_x^2 + p_y^2) - k^2 \right]^{1/2}, & k^2 < 4\pi^2 (p_x^2 + p_y^2) \end{cases} \tag{2.3}$$

利用式(A.19)～式(A.26)，解式(2.2)可得

$$\overline{A}_x^{\pm}(p_x, p_y, z) = \frac{N}{\mathrm{i}} \pi w_0^2 \exp\left[-\pi^2 w_0^2 (p_x^2 + p_y^2) \right] \zeta^{-1} \exp(\mathrm{i}\zeta |z|) \tag{2.4}$$

对式(2.4)进行傅里叶逆变换，得到的精确矢势为

$$A_x^{\pm}(x, y, z) = \frac{N}{\mathrm{i}} \pi w_0^2 \int_{-\infty}^{\infty} \int_{-\infty}^{\infty} \mathrm{d}p_x \mathrm{d}p_y \exp\left[-\mathrm{i}2\pi(p_x x + p_y y) \right]$$
$$\times \exp\left[-\pi^2 w_0^2 (p_x^2 + p_y^2) \right] \zeta^{-1} \exp(\mathrm{i}\zeta |z|) \tag{2.5}$$

其近轴近似对应于 $4\pi^2 (p_x^2 + p_y^2) / k^2 \ll 1$ (式(C.17))。当将式(2.3)给出的 ζ 展开为 $4\pi^2 (p_x^2 + p_y^2) / k^2 \ll 1$ 的幂级数系列时，前两项可由下式给出，即

$$\zeta = k - \pi^2 w_0^2 (p_x^2 + p_y^2) / b \tag{2.6}$$

在式(2.5)中，如果用式(2.6)的第一项代替振幅中的 ζ，用式(2.6)的前两项代替相位中的 ζ，则式(2.5)的近轴近似为

$$A_{x0}^{\pm}(x, y, z) = \frac{N}{\mathrm{i}k} \exp(\pm \mathrm{i}kz) \pi w_0^2 \int_{-\infty}^{\infty} \int_{-\infty}^{\infty} \mathrm{d}p_x \mathrm{d}p_y \exp\left[-\mathrm{i}2\pi(p_x x + p_y y) \right]$$
$$\times \exp\left[-\frac{\pi^2 w_0^2 (p_x^2 + p_y^2)}{q_{\pm}^2} \right] \tag{2.7}$$

其中，$q_{\pm}$ 由式(1.9)定义。

式(2.7)中的积分可使用式(B.1)和式(B.6)求解，即

$$A_{x0}^{\pm}(x, y, z) = \exp(\pm \mathrm{i}kz) \frac{N}{\mathrm{i}k} q_{\pm}^2 \exp\left[-\frac{q_{\pm}^2 (x^2 + y^2)}{w_0^2} \right] \tag{2.8}$$

由式(2.5)给出的精确矢势在适当的限制后，恰好可得近轴波束的结果。

2.2　精确电磁场

将 $A_x^{\pm}(x, y, z)$ 代入式(D.30)～式(D.33)可得电磁场，因此有 $H_x^{\pm}(x, y, z) \equiv 0$。其他场参数也可以相应得到。为了求总辐射功率和辐射强度在 $z>0$ 和 $z<0$ 的分布，只需要时间平均坡印亭矢量在 $\pm z$ 方向的分量。因为 $H_x^{\pm}(x, y, z) \equiv 0$，所以只需

要场分量 $E_x^{\pm}(x, y, z)$ 和 $H_y^{\pm}(x, y, z)$ 即可。评估复功率时，因为电流密度在 x 方向，所以只需要电场的 x 分量，即 $E_x^{\pm}(x, y, z)$。有趣的是，这是近轴近似中唯一存在的场分量。从式(D.30)和式(D.33)可以找到电磁场分量 $E_x^{\pm}(x, y, z)$ 和 $H_y^{\pm}(x, y, z)$，即

$$E_x^{\pm}(x, y, z) = ik\left(1 + \frac{1}{k^2}\frac{\partial^2}{\partial x^2}\right)A_x^{\pm}(x, y, z) \tag{2.9}$$

和

$$H_y^{\pm}(x, y, z) = \frac{\partial A_x^{\pm}(x, y, z)}{\partial z} \tag{2.10}$$

将式(2.5)中的 $A_x^{\pm}(x, y, z)$ 代入式(2.9)和式(2.10)可得

$$\begin{aligned} E_x^{\pm}(x, y, z) = N\pi k w_0^2 \int_{-\infty}^{\infty}\int_{-\infty}^{\infty} dp_x dp_y \exp\left[-i2\pi(p_x x + p_y y)\right] \\ \times\left(1 - \frac{4\pi^2 p_x^2}{k^2}\right)\exp\left[-\pi^2 w_0^2(p_x^2 + p_y^2)\right]\zeta^{-1}\exp(i\zeta|z|) \end{aligned} \tag{2.11}$$

和

$$\begin{aligned} H_y^{\pm}(x, y, z) = \pm N\pi w_0^2 \int_{-\infty}^{\infty}\int_{-\infty}^{\infty} d\overline{p}_x d\overline{p}_y \exp\left[-i2\pi(\overline{p}_x x + \overline{p}_y y)\right] \\ \times\exp\left[-\pi^2 w_0^2(\overline{p}_x^2 + \overline{p}_y^2)\right]\exp(i\overline{\zeta}|z|) \end{aligned} \tag{2.12}$$

其中，$\overline{\zeta}$ 的变化与 ζ 一样；p_x 和 p_y 变成 $\overline{p}_x$ 和 $\overline{p}_y$。

$\pm z$ 方向上的单位面积时间平均功率流由式(1.13)确定。将式(2.11)和式(2.12)应用于式(1.13)可得

$$\begin{aligned} \pm S_z^{\pm}(x, y, z) = \pm\frac{c}{2}\text{Re}\Bigg\{ & N\pi k w_0^2 \int_{-\infty}^{\infty}\int_{-\infty}^{\infty} dp_x dp_y \\ & \times\exp\left[-i2\pi(p_x x + p_y y)\right]\left(1 - \frac{4\pi^2 p_x^2}{k^2}\right) \\ & \times\exp\left[-\pi^2 w_0^2(p_x^2 + p_y^2)\right]\zeta^{-1}\exp(i\zeta|z|) \\ & \pm N\pi w_0^2 \int_{-\infty}^{\infty}\int_{-\infty}^{\infty} d\overline{p}_x d\overline{p}_y \exp\left[i2\pi(\overline{p}_x x + \overline{p}_y y)\right] \\ & \times\exp\left[-\pi^2 w_0^2(\overline{p}_x^2 + \overline{p}_y^2)\right]\exp(-i\overline{\zeta}^*|z|)\Bigg\} \end{aligned} \tag{2.13}$$

通过对整个横切面上的 $\pm S_z^{\pm}(x, y, z)$ 关于 x 和 y 进行积分，可得基本高斯波

在 ±z 方向传输的时间平均功率，即

$$P^{\pm} = \int_{-\infty}^{\infty} \int_{-\infty}^{\infty} \mathrm{d}x\mathrm{d}y\left[\pm S_z^{\pm}(x,y,z)\right] \tag{2.14}$$

将 ±$S_z^{\pm}(x, y, z)$ 代入式(2.14)，先对 x 和 y 进行积分，可得 $\delta(p_x - \bar{p}_x)$ 和 $\delta(p_y - \bar{p}_y)$，然后对 $\bar{p}_x$ 和 $\bar{p}_y$ 进行积分，可得

$$P^{\pm} = \frac{c}{2} N^2 \pi^2 k w_0^4 \, \mathrm{Re} \int_{-\infty}^{\infty} \int_{-\infty}^{\infty} \mathrm{d}p_x \mathrm{d}p_y \left(1 - \frac{4\pi^2 p_x^2}{k^2}\right)$$
$$\times \exp\left[-2\pi^2 w_0^2 (p_x^2 + p_y^2)\right] \zeta^{-1} \exp\left[\pm \mathrm{i}z(\zeta - \zeta^*)\right] \tag{2.15}$$

对于式(1.2)代入 N^2 的值，在近轴近似的极限下，$P^{\pm}$ 的值为 $P_0^{\pm} = 1\mathrm{W}$，即通过归一化使基本高斯波束在 ±z 方向传输的时间平均功率等于 1W。积分变量 p_x、p_y 的改变为

$$2\pi p_x = p\cos\phi, \quad 2\pi p_y = p\sin\phi \tag{2.16}$$

式(2.15)给出的 $P^{\pm}$ 变换为

$$P^{\pm} = \frac{w_0^2}{2\pi} \mathrm{Re} \int_0^{\infty} \mathrm{d}p\, p \int_0^{2\pi} \mathrm{d}\phi \left(1 - \frac{p^2 \cos^2\phi}{k^2}\right) \exp\left(-\frac{w_0^2 p^2}{k^2}\right) \frac{1}{\xi} \exp\left[\pm \mathrm{i}kz(\xi - \xi^*)\right] \tag{2.17}$$

其中，$\xi = \zeta / k$ 为正实数或正虚数，由下式确定，即

$$\xi = \begin{cases} (1 - p^2/k^2)^{1/2}, & 0 < p < k \\ \mathrm{i}(p^2/k^2 - 1)^{1/2}, & k < p < \infty \end{cases} \tag{2.18}$$

对 $k < p < \infty$，被积函数是虚的，没有实部，因此 $P^{\pm}$ 的贡献消失了。变量的另一个变化是

$$p = k \sin\theta^+ \tag{2.19}$$

由式(2.18)和式(2.19)可得

$$\xi = \left|\cos\phi^+\right| \tag{2.20}$$

当 $p = 0$ 时，$\theta^+ = 0$ 或 π；当 $p = k$ 时，$\theta^+ = \pi/2$。因此，θ^+ 有两个可能的范围。对于 $z > 0, 0 < \theta^+ < \pi/2$ 且 $\xi = \cos\phi^+$，式(2.17)给出的 P^+ 可以简化表示为

$$P^+ = \int_0^{\pi/2} \mathrm{d}\theta^+ \sin\theta^+ \int_0^{2\pi} \mathrm{d}\phi \Phi(\theta^+, \phi) \tag{2.21}$$

其中

$$\Phi(\theta^+, \phi) = \frac{1 - \sin^2\theta^+ \cos^2\phi}{2\pi f_0^2} \exp\left(-\frac{1}{2} k^2 w_0^2 \sin^2\theta^+\right) \tag{2.22}$$

其中，$k^2 w_0^2 = f_0^{-2}$。

当 $z < 0$ 时，$\pi > \theta^+ > \pi/2$ 且 $\xi = -\cos\phi^+$，可将 P^- 简化为

$$P^- = -\int_\pi^{\pi/2} \mathrm{d}\theta^+ \sin\theta^+ \int_0^{2\pi} \mathrm{d}\phi \Phi(\theta^+, \phi) \qquad (2.23)$$

令

$$\theta^- = \pi - \theta^+ \qquad (2.24)$$

由式(2.22)可得

$$\Phi(\pi - \theta^-, \phi) = \Phi(\theta^-, \phi) \qquad (2.25)$$

根据式(2.24)、式(2.25)，可将式(2.23)给出的 P^- 变换为

$$P^- = \int_\pi^{\pi/2} \mathrm{d}\theta^- \sin\theta^- \int_0^{2\pi} \mathrm{d}\phi \Phi(\theta^-, \phi) \qquad (2.26)$$

当 $z > 0$ 时，如果 θ^+ 相对于 $+z$ 轴定义，当 $z < 0$ 时，如果 θ^- 相对于 $-z$ 轴定义，则 $z > 0$ 时式(2.21)和式(2.22)给出的 P^+ 的表达式与 $z < 0$ 时式(2.25)和式(2.26)给出的 P^- 的表达式相同。

由式(2.22)可以看出，基本高斯波由一个波参数 kw_0 表征。将式(2.22)代入式(2.21)，并对 ϕ 进行解析积分，对 θ^+ 进行数值积分可以获得 $P^\pm$。如图 2.1 所示，当 $1 < kw_0 < 5$ 时，$P^\pm$ 可表示为 kw_0 的函数。随着 kw_0 的增大，$P^\pm$ 逐渐增大，并达到大于 1 的最大值，然后逐渐减小，并接近对应于基本高斯波束的极限值（$P_0^\pm = 1\mathrm{W}$）。

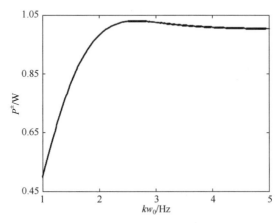

图 2.1　基本高斯波在 $\pm z$ 方向传输的时间平均功率 $P^\pm$

基本高斯波束的时间平均功率 $P_0^\pm$ 与基本高斯波的时间平均功率 $P^\pm$ 之比，在不同波参数 kw_0 情况下，确定近轴波束与精确全波近似的质量是有价值的[1]。对于 kw_0 的大范围变化，随着 kw_0 的增加，$P^\pm / P_0^\pm$ 趋近于 1。因此，一般来说，随着 kw_0 的增加，近轴波束对全波的近似质量会提高。

2.3　辐 射 强 度

当 $z>0$ 时，式(2.21)和式(2.22)中的 $\Phi(\theta^{+},\phi)$ 是基本高斯波的辐射强度分布。式(2.25)和式(2.26)表明，$\Phi(\theta^{+},\phi)$ 是 $z<0$ 上的辐射强度分布。这里，$z<0$ 区间的 θ^{-} 是相对于 $-z$ 轴定义的角度，$z>0$ 区间的 θ^{+} 是相对于 $+z$ 轴定义的角度，它们关于 $z=0$ 平面互为镜像。因此，本书只讨论 $z>0$ 的辐射强度分布特征。

这里的辐射强度 $\Phi(\theta^{+},\phi)$ 不是圆柱对称的，即它是一个 ϕ 的函数。$\Phi(\theta^{+},\phi)$ 关于 $\phi=(0°,180°)$ 平面和 $\phi=(90°,270°)$ 平面具有反射对称性，因此检查 $\Phi(\theta^{+},\phi)$ 在一个象限的变化就足够了，即 $0°<\phi<90°$ 区间的情况。在每一个方位平面 $\phi=$ 常数，$\Phi(\theta^{+},\phi)$ 在 $\theta^{+}=0°$ 时为 $1/2\pi f_{0}^{2}$，并随 θ^{+} 的增加单调递减，在 $\theta^{+}=90°$ 时达到最小值。这个最小值从 $\phi=0°$ 增加到 $\phi=90°$ 时的最大值。基本高斯波的波宽度在 $\phi=0°$ 时最小，并随着 ϕ 的增加而持续增大，在 $\phi=90°$ 时达到最大值。

如图 2.2 所示，$0°<\theta<90°$、$kw_{0}=1.563$ 时，基本高斯波束的总功率为 $2\mathrm{W}$，基本高斯波的总功率为 $1.686\mathrm{W}$。为了便于比较，图 2.2 包含基本高斯波束的圆柱对称辐射强度曲线 $\Phi_{0}(\theta^{+},\phi)$。通过归一化，基本高斯波束在 $+z$ 和 $-z$ 方向传播的时间平均功率 $P_{0}^{\pm}$ 都是 $1\mathrm{W}$。对所有 ϕ，当 $0°<\theta^{+}<90°$ 时，$\Phi_{0}(\theta^{+},\phi)$ 与 $\Phi(\theta^{+},\phi)$ 具有相当好的近似性。$\Phi(\theta^{+},\phi)$ 不是圆柱对称的，但其近轴近似 $\Phi_{0}(\theta^{+},\phi)$ 是圆柱对称的。$\Phi(\theta^{+},\phi)$ 与 $\Phi_{0}(\theta^{+},\phi)$ 之间的一致性质量随着 ϕ 从 90° 降到 0° 而降低。因此，在 $\phi=0°$ 时，$\Phi(\theta^{+},\phi)$ 与 $\Phi_{0}(\theta^{+},\phi)$ 之间的总体差异是最大的。

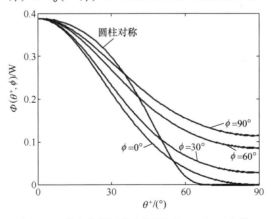

图 2.2　基本高斯波的辐射强度 $\Phi(\theta^{+},\phi)$ 曲线

2.4　辐射功率和无功功率

式(2.11)给出了 $E_x^{\pm}(x, y, z)$ 的积分表示。同样,由式(1.24)给出的源电流密度的积分可以表示为

$$
\begin{aligned}
J_0(x,y,z) = & -\hat{x}2N\pi w_0^2 \delta(z)\int_{-\infty}^{\infty}\int_{-\infty}^{\infty}\mathrm{d}\overline{p}_x \mathrm{d}\overline{p}_y \\
& \times \exp\left[-\mathrm{i}2\pi(\overline{p}_x x + \overline{p}_y y)\right]\exp\left[-\pi^2 w_0^2(\overline{p}_x^{\,2}+\overline{p}_y^{\,2})\right]
\end{aligned}
\tag{2.27}
$$

由式(D.18)确定的复功率为

$$
P_C = -\frac{c}{2}\int_{-\infty}^{\infty}\int_{-\infty}^{\infty}\int_{-\infty}^{\infty}\mathrm{d}x\mathrm{d}y\mathrm{d}z E(x,y,z)J_0^*(x,y,z)
\tag{2.28}
$$

把式(2.11)和式(2.27)代入式(2.28),然后对 z 进行积分,可得

$$
\begin{aligned}
P_C = & \frac{c}{2}\int_{-\infty}^{\infty}\int_{-\infty}^{\infty}\mathrm{d}x\mathrm{d}y N\pi k w_0^2\int_{-\infty}^{\infty}\int_{-\infty}^{\infty}\mathrm{d}p_x\mathrm{d}p_y\left(1-\frac{4\pi^2 p_x^2}{k^2}\right) \\
& \times \exp\left[-\mathrm{i}2\pi(p_x x + p_y y)\right]\exp\left[-\pi^2 w_0^2(p_x^2+p_y^2)\right]\zeta^{-1} \\
& \times 2N\pi w_0^2\int_{-\infty}^{\infty}\int_{-\infty}^{\infty}\mathrm{d}\overline{p}_x\mathrm{d}\overline{p}_y\exp\left[-\mathrm{i}2\pi(\overline{p}_x x + \overline{p}_y y)\right] \\
& \times \exp\left[-\pi^2 w_0^2(p_x^2+p_y^2)\right]
\end{aligned}
\tag{2.29}
$$

采用与简化式(2.14)相同的步骤,则由式(2.29)给出的 P_C 可以简化为

$$
P_C = cN^2\pi^2 k w_0^4\int_{-\infty}^{\infty}\int_{-\infty}^{\infty}\mathrm{d}p_x\mathrm{d}p_y\left(1-\frac{4\pi^2 p_x^2}{k^2}\right)\exp\left[-2\pi^2 w_0^2(p_x^{\,2}+p_y^{\,2})\right]\zeta^{-1}
\tag{2.30}
$$

采用与式(2.14)相同的方法对式(2.30)进行简化,可得

$$
P_C = P_{re}+\mathrm{i}P_{im} = \frac{w_0^2}{\pi}\int_0^{\infty}\mathrm{d}pp\int_0^{2\pi}\mathrm{d}\phi\left(1-\frac{p^2\cos^2\phi}{k^2}\right)\exp\left(-\frac{w_0^2 p^2}{2}\right)\frac{1}{\xi}
\tag{2.31}
$$

只有在 $0 < p < k$ 时,关于 p 的积分值才是实数。利用式(2.19)~式(2.22)可得

$$
P_{re} = 2P^+ = P^+ + P^-
\tag{2.32}
$$

因此,实功率等于基本高斯波在 $+z$ 和 $-z$ 方向上传输的总时间平均功率。实功率(即电流源产生的时间平均功率)可以通过对整个电源电流分布的体积分确定。电流源产生的功率的时间平均值也可以从包围电流源的大表面流出的时间平均功率得到。如式(D.13)和式(2.32)中针对基本高斯波的特殊情况所验证的,这两

种方法可以产生相同的结果。

　　关于 p 的积分, 其值在 $k < p < \infty$ 区间是虚数。对 ϕ 进行积分后, 利用式(2.31)可以求出无功功率 P_{im}, 即

$$P_{im} = -2w_0^2 \int_k^\infty \mathrm{d}pp \left(1 - \frac{p^2}{2k^2}\right) \exp\left(-\frac{w_0^2 p^2}{2}\right)\left(\frac{p^2}{k^2} - 1\right)^{-1/2} \tag{2.33}$$

积分变量变为

$$p^2 = k^2(1 + \tau^2) \tag{2.34}$$

则由式(2.33)给出的 P_{im} 可以化简为

$$P_{im} = -k^2 w_0^2 \exp\left(-\frac{1}{2}k^2 w_0^2\right) \int_0^\infty \mathrm{d}\tau(1 - \tau^2)\exp\left(-\frac{1}{2}k^2 w_0^2 \tau^2\right) \tag{2.35}$$

　　对式(2.35)中的积分进行计算, 得到的无功功率为

$$P_{im} = -\left(\frac{\pi}{2}\right)^{1/2} kw_0 \left(1 - \frac{1}{k^2 w_0^2}\right)\exp\left(-\frac{1}{2}k^2 w_0^2\right) \tag{2.36}$$

　　对于基本高斯波束的极限情况($kw_0 \to \infty$), 无功功率为零。对于基本高斯波, 无功功率不消失。无功功率可以为正, 也可以为负。$kw_0 < 1$ 时, $P_{im} > 0$; $kw_0 > 1$ 时, $P_{im} < 0$; $kw_0 = 1$ 时, 存在 $P_{im} = 0$ 意义上的共振。如图 2.3 所示, P_{im} 为 $0.5 < kw_0 < 3.5$ 范围内波参数 kw_0 的一个函数, 基本高斯波束的总功率为 $2W$。无功功率 P_{im} 始于一个正值, 随着 kw_0 的增大而逐渐减小, 在 $kw_0 = 1$ 时达到 0。然后进一步减小, 在 $kw_0 \approx 1.55$ 时达到最小值, 此后 P_{im} 逐渐增大, 并慢慢趋于 0。近轴近似时, 相当于 $kw_0 \to \infty$, 随着 kw_0 的增加, 无功功率趋近近轴波束的极限值 0。

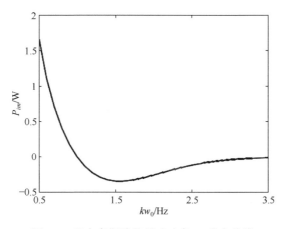

图 2.3　基本高斯波的无功功率 P_{im} 分布曲线

2.5　近轴近似以外的高斯波束

Agrawal 和 Pattanayak[2]首次获得了与输入分布相对应的完整高斯波。这个输入分布如式(1.1)所示，可以产生基本高斯波束。为了进行比较，Agrawal 和 Pattanayak 的工作仍然是在当前处理的框架内进行的。他们只考虑 $0 < z < \infty$ 空间中沿 $+z$ 方向的传播。本书还考虑 $-\infty < z < 0$ 空间中沿 $-z$ 方向的传播。Agrawal 和 Pattanayak 的矢势可以表示为

$$
\begin{aligned}
A_x^{\pm}(x,y,z) = \frac{N}{\mathrm{i}k}\pi w_0^2 \int_{-\infty}^{\infty}\int_{-\infty}^{\infty} \mathrm{d}p_x \mathrm{d}p_y \exp\left[-\mathrm{i}2\pi(p_x x + p_y y)\right] \\
\times \exp\left[-\pi^2 w_0^2 (p_x^2 + p_y^2)\right]\exp(\mathrm{i}\zeta|z|)
\end{aligned}
\tag{2.37}
$$

对于 $|z| > 0+$（即 $z > 0+$ 和 $z < 0-$），可以验证式(2.37)给出的 $A_x^{\pm}(x,y,z)$ 满足齐次亥姆霍兹方程，即

$$
\left(\frac{\partial^2}{\partial x^2} + \frac{\partial^2}{\partial y^2} + \frac{\partial^2}{\partial z^2} + k^2\right)A_x^{\pm}(x,y,z) = 0, \quad z \neq 0
\tag{2.38}
$$

当 $z = 0$ 时，对式(2.37)中的积分进行计算，可以正确再现式(1.1)假设的输入分布。式(2.37)给出的 $A_x^{\pm}(x,y,z)$ 在平面 $z = 0$ 上是连续的。电磁场分量 $E_x^{\pm}(x,y,z)$ 和 $H_y^{\pm}(x,y,z)$ 可从式(2.9)、式(2.10)、式(2.37)计算得到，即

$$
\begin{aligned}
E_x^{\pm}(x,y,z) = N\pi w_0^2 \int_{-\infty}^{\infty}\int_{-\infty}^{\infty} \mathrm{d}p_x \mathrm{d}p_y \exp\left[-\mathrm{i}2\pi(p_x x + p_y y)\right] \\
\times \left(1 - \frac{4\pi^2 p_x^2}{k^2}\right)\exp\left[-\pi^2 w_0^2 (p_x^2 + p_y^2)\right]\exp(\mathrm{i}\zeta|z|)
\end{aligned}
\tag{2.39}
$$

$$
\begin{aligned}
H_y^{\pm}(x,y,z) = \pm\frac{N}{k}\pi w_0^2 \int_{-\infty}^{\infty}\int_{-\infty}^{\infty} \mathrm{d}p_x \mathrm{d}p_y \exp\left[-\mathrm{i}2\pi(p_x x + p_y y)\right] \\
\times \exp\left[-\pi^2 w_0^2 (p_x^2 + p_y^2)\right]\zeta \exp(\mathrm{i}\zeta|z|)
\end{aligned}
\tag{2.40}
$$

式(2.39)给出的 $E_x^{\pm}(x,y,z)$ 在平面 $z = 0$ 上也是连续的，但式(2.40)给出的 $H_y^{\pm}(x,y,z)$ 在 $z = 0$ 平面上是不连续的。磁场切向分量的不连续性相当于平面 $z = 0$ 上的表面电流密度。式(2.40)确定的源电流密度为

$$
\begin{aligned}
J(x,y,z) &= \hat{z}\hat{y}\left[H_y^{+}(x,y,0) - H_y^{-}(x,y,0)\right]\delta(z) \\
&= -\hat{x}\frac{2N}{k}\pi w_0^2 \delta(z)\int_{-\infty}^{\infty}\int_{-\infty}^{\infty} \mathrm{d}p_x \mathrm{d}p_y \exp\left[-\mathrm{i}2\pi(p_x x + p_y y)\right] \\
&\quad \times \exp\left[-\pi^2 w_0^2 (p_x^2 + p_y^2)\right]\zeta
\end{aligned}
\tag{2.41}
$$

由式(2.41)给出的源电流密度适用于亥姆霍兹波动方程。用式(2.6)中的第一项替换振幅中的 ζ，可得式(2.41)的近轴近似。计算式(2.41)中的积分可得

$$J_0(x,y,z) = -\hat{x}2N \exp\left(-\frac{x^2+y^2}{w_0^2}\right)\delta(z) \tag{2.42}$$

这与式(1.24)的解是相同的。在 Agrawal 和 Pattanayak 的工作中，对于精确全波，源电流密度可由式(2.41)给出。对于近似近轴波束，源电流密度可由式(2.42)给出。因此，这里讨论的基本高斯波与 Agrawal 和 Pattanayak 提出的全高斯波是不同的。

参 考 文 献

[1] S. R. Seshadri,"Quality of paraxial electromagnetic beams," Appl. Opt. 45, 5335–5345 (2006).

[2] G. P. Agrawal and D. N. Pattanayak,"Gaussian beam propagation beyond the paraxial approx-imation," J. Opt. Soc. Am. 69, 575–578 (1979).

第3章　复空间中点电流源起源

设一个全导体在 $z=0$ 平面上，只有在 $z>0$ 时，通过 $z=h$ 处且在 z 方向向上的点电偶极子才能激发电磁场。场在 $z>0$ 时输出，电场的切向分量在 $z=0+$ 时为零，且在 $z<0$ 时没有源或场。相关的物理空间是 $z>0$，其他的空间是外部物理空间。由点电偶极子激励的场确定如下，在实偶极子的镜像位置，即在 $z=-h$ 处，放置与实偶极子强度相同、方向一致的虚偶极子。将 $z=0$ 平面上的全导体去除，电磁理论在外部物理空间与物理空间内部一样有效。由虚偶极子产生的场按照与实偶极子相同的方法确定。由 $z=0+$ 表面实、虚偶极子产生的切向电场恒等于零。将一个全导体放入 $z=0$ 平面，$z=0+$ 所需要的边界条件可以继续得到满足。一个全导体是绝佳的绝缘体。将虚偶极子移除，$z<0$ 的场完全消失，$z>0$ 的场不受影响。因此，所有问题的需求都得到了满足。在 $z>0$ 处，实偶极子产生的场有输出，电场的切向分量在 $z=0+$ 处为零，并且在 $z<0$ 处没有源或场。因此，将虚拟源放置在相关物理空间外部的概念有助于合成 $z=0$ 平面上全导体前的垂直电偶极子产生的电磁场。如图 3.1 所示，实偶极子和虚偶极子分别位于 $z=h$ 和 $z=-h$ 处。

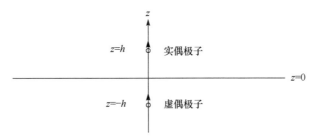

图 3.1　占据 $z=0$ 平面的全导体前的垂直点电偶极子

电磁问题可以作为边界值问题得到了系统解决，而不需要引入虚拟源。一些电磁边界值问题可以利用置于相关物理空间外部的虚拟源解决。

Deschamps 引入的虚拟源概念具有一些新颖的特点。通常的电磁场理论在虚拟源所处的区域是无效的。在复空间，虚拟源产生的场可以将近轴标量基本高斯波束的场再现到实空间振幅项内。下面介绍这种新颖的虚拟点源。

3.1　标量高斯波束

描述标量场的波函数满足亥姆霍兹方程，即

$$\left(\frac{\partial^2}{\partial x^2}+\frac{\partial^2}{\partial y^2}+\frac{\partial^2}{\partial z^2}+k^2\right)u^{\pm}(x,y,z)=0 \tag{3.1}$$

在传播方向($\pm z$)的一个小范围内，只有波向量的场可以表示为

$$u^{\pm}(x,y,z)=u_p^{\pm}(x,y,z)\exp(\pm ikz) \tag{3.2}$$

其中，指数函数表示快速变化的相位；$u_p^{\pm}(x,y,z)$表示慢速变化的振幅；p代表近轴。

将式(3.2)代入式(3.1)，按照式(C.1)～式(C.7)化简，可得近轴波动方程，即

$$\left(\frac{\partial^2}{\partial x^2}+\frac{\partial^2}{\partial y^2}+2ik\frac{\partial}{\partial z}\right)u_p^{\pm}(x,y,z)=0 \tag{3.3}$$

任何z处的场$u^{\pm}(x,y,z)$都需给定$z=0$时的场$u^{\pm}(x,y,0)$。注意，此时$u^{\pm}(x,y,0)=u_p^{\pm}(x,y,0)$。根据式(A.18)可得$u_p^{\pm}(x,y,0)$的二维傅里叶变换，即

$$\overline{u}_p^{\pm}(p_x,p_y,0)=\int_{-\infty}^{\infty}\int_{-\infty}^{\infty}\mathrm{d}_{x1}\mathrm{d}_{y1}u_p^{\pm}(x_1,y_1,0)\exp\left[i2\pi(p_xx_1+p_yy_1)\right] \tag{3.4}$$

将式(A.17)给出的$u_p^{\pm}(x,y,z)$傅里叶积分代入式(3.3)可得$\overline{u}_p^{\pm}(p_x,p_y,z)$微分方程。微分方程的解为

$$\overline{u}_p^{\pm}(p_x,p_y,z)=\overline{u}_p^{\pm}(p_x,p_y,0)\exp\left[-i\frac{2\pi^2}{k}(p_x^2+p_y^2)|z|\right] \tag{3.5}$$

将$u_p^{\pm}(x,y,0)$代入式(3.5)，并将$\overline{u}_p^{\pm}(p_x,p_y,z)$逆变换，可得

$$u_p^{\pm}(x,y,z)=\int_{-\infty}^{\infty}\int_{-\infty}^{\infty}\mathrm{d}_{x1}\mathrm{d}_{y1}u_p^{\pm}(x_1,y_1,0)\int_{-\infty}^{\infty}\int_{-\infty}^{\infty}\mathrm{d}p_x\mathrm{d}p_y\exp\left[-i\frac{2\pi^2}{k}(p_x^2+p_x^2)|z|\right]$$
$$\times\exp\left\{-i2\pi\left[p_x(x-x_1)+p_y(y-y_1)\right]\right\} \tag{3.6}$$

利用式(B.1)和式(B.6)进行求解，可得$u_p^{\pm}(x,y,z)$。由式(3.2)可得

$$u^{\pm}(x,y,z)=-\frac{ik}{2\pi|z|}\exp(\pm ikz)\int_{-\infty}^{\infty}\int_{-\infty}^{\infty}\mathrm{d}_{x1}\mathrm{d}_{y1}u^{\pm}(x_1,y_1,0)$$
$$\times\exp\left\{\frac{ik}{2\pi|z|}\left[(x-x_1)^2+(y-y_1)^2\right]\right\} \tag{3.7}$$

就输入场分布 $u^{\pm}(x,y,0)$ 而言，式(3.7)是 $u^{\pm}(x,y,z)$ 的菲涅耳积分表示。

假设 $u^{\pm}(x,y,0)$ 的输入值如式(F.3)所示。令 $X=\hat{x}x+\hat{y}y$，输入场分布的方差为 $2a/k=2\sigma_0^2$。给定输入场分布，有两种方法可以进行计算。首先，根据式(3.4)可得 $\bar{u}_p^{\pm}(p_x,p_y,0)$，根据式(2.5)可得 $\bar{u}_p^{\pm}(p_x,p_y,z)$。然后，转换 $\bar{u}_p^{\pm}(p_x,p_y,z)$ 得到 $u_p^{\pm}(x,y,z)$。最后，将快速变化相位代入式(3.2)获得 $u^{\pm}(x,y,z)$。该流程遵循推导矢势的过程，或者输入场分布 $u^{\pm}(x,y,0)$ 直接被式(3.7)中给出的菲涅耳积分替代，利用式(B.1)和式(B.6)可以求解积分，即

$$u^{\pm}(x,z)=\left(1+\mathrm{i}\frac{|z|}{a}\right)^{-1}\exp(\mathrm{i}k|z|)\exp\left(-\frac{kx^2}{2A}\right)\exp\left(\mathrm{i}\frac{kx^2}{2R}\right) \tag{3.8}$$

其中，A 在式(F.5)中给出。

$$R=|z|+\frac{a^2}{|z|} \tag{3.9}$$

Deschamps 只提供了+z 轴方向传播的详细说明。这里考虑 $\pm z$ 方向的传播，上标和下标对应于 $\pm z$ 方向的传播。

在式(3.8)中，前两项表示场 $u^{\pm}(0,z)$ 沿轴线的变化。第三项表示在(x,y)横截面方向波束的传播。截面分布方差为 $2A/k$，根据式(F.5)，这个方差随 z 呈二次增长。第四项给出了相前曲率半径。在 $|z|=0$ 和 $|z|=\infty$时，曲率半径无穷大；当 $|z|=a$ 时，曲率半径为最小值 $R_{\min}=2a$。波束在 z 截面处的两个实数(A,R)可以合成一个单复数 Z，如式(F.7)所示。定义复数 Z 为

$$Z=|z|-\mathrm{i}a \tag{3.10}$$

那么，式(3.8)中的 $u^{\pm}(x,z)$ 就可以表示为

$$u^{\pm}(x,z)=-\frac{\mathrm{i}a}{Z}\exp(\mathrm{i}k|z|)\exp\left(\mathrm{i}\frac{kX^2}{2Z}\right) \tag{3.11}$$

Deschamps 在 1967 年国际无线电科学联盟会议和 1968 年国际无线电科学联盟电磁波专题讨论会上对此结果做了简单的说明。

3.2 点 源 场

Deschamps 对式(3.1)给出了一个重要的说明。一个能产生标量场的强度为 4π 的点源满足以下非均匀亥姆霍兹方程，即

$$\left(\frac{\partial^2}{\partial x^2}+\frac{\partial^2}{\partial y^2}+\frac{\partial^2}{\partial z^2}+k^2\right)G(x,y,z)=-4\pi\delta(x)\delta(y)\delta(z) \tag{3.12}$$

点源位于原点，即 $x=y=z=0$。如附录 A 中的推导过程，式(3.12)的解为

$$G(x,z)=\frac{\exp(ikr)}{r} \tag{3.13}$$

其中，$r=(x^2+y^2+z^2)^{1/2}$。

如果 r 扩展至范围 $x^2+y^2\ll z^2$，可得

$$r=|z|+\frac{x^2+y^2}{2|z|} \tag{3.14}$$

将式(3.14)代入式(3.13)，仅保留振幅的第一项和相位的前两项，则有

$$G(x,z)=\frac{1}{|z|}\exp(ik|z|)\exp\left(i\frac{kx^2}{2|z|}\right) \tag{3.15}$$

如果保留展开式中振幅的第二项，可得比式(3.15)中振幅项更低一个数量级的项，因此它不需要被保留。如果将式(3.15)中的 $|z|$ 换为 Z，式(3.11)就等于式(3.15)，除了式(3.15)，有一个额外项，即 $-ia\exp(-ka)$。当 $|z|=0$ 时，$|Z|=a=\frac{1}{2}k(\sqrt{2}\sigma_0)^2$。瑞利距离 $a\gg\sqrt{2}\sigma_0$，其中 $\sqrt{2}\sigma_0$ 为束腰。通常束腰远远大于波长，即 $\sqrt{2}\sigma_0\gg\lambda=\frac{2\pi}{k}$，所以 $\sqrt{2}\sigma_0 k\gg1$。因此，式(3.15)和式(3.11)的关系对所有的 z 都是有效的，包括 $z=0$。当位置坐标是复数且存在非零虚部时，电磁理论是不存在的。因此，位于 $x=0$、$y=0$、$|z|=ia$ 的点源电磁场不能直接从当前的电磁理论应用中得到。然而，Deschamps 大胆地背离了惯例，假设虚拟点源的场恰好近似于存在一个幅度因子近轴波束场，这个幅度因子为 $k\sqrt{2}\sigma_0\gg1$。由于存在一个系统过程用于推导复空间中虚拟点源激发的真实空间中的场，因此这个复空间中点源的一个位置坐标是虚构的。这个场首先确定实数 z，然后将实数 z 连续解析为复数。

3.3　扩　　展

Deschamps 只考虑 $+z$ 方向的传播。在 $+z$ 方向上传播，虚拟源位置为 $x=0$、$y=0$、$z=ia$。在 $-z$ 方向上传播，虚拟源位置为 $x=0$、$y=0$、$|z|=ia$、$z=-ia$。对于两个相反的传播方向，虚拟源位置是不同的。需要注意的是，瑞利距离 a 通常比输入波束的束腰尺寸 $\sqrt{2}\sigma_0$ 大很多。

　　Deschamps 只探讨了标量场，研究成果可以延伸至矢量场。通常电磁场可以根据同一方向的磁矢势单一分量和电失势单一分量来确定。两个势能的近轴近似方法与标量场相同。电磁场可以通过两个势能的微分运算来确定。这些运算引入了比势能更高阶的项，忽略了它们可以获得电磁场的近轴近似。横向导数(x,y)仅作用于缓慢变化的振幅，且结果项在$1/k\sqrt{2}\sigma_0$中比势能小一个数量级。作用于快速变化相位的纵向(z)导数与势能是一个数量级，那么作用于缓慢变化振幅的纵向(z)导数产生的项在$1/k\sqrt{2}\sigma_0$中比势能小两个数量级，仅保留适合近轴近似的项，就可以获得近轴电磁高斯波束。

　　Deschamps 只探讨了远离源的场，即辐射场。这对于电流源、接近源，甚至源上的场都很重要[1,2]。换句话说，电流的输入特性对于找出电流源的激励机制也至关重要。对于点电流源，无功功率是无限的。无功功率的物理有限值可能只有通过考虑源的有限维度才能获得。因此，需要扩展 Deschamps 的工作，加入源的有限维度。

　　Fox 和 Li、Boyd 和 Gordon[3]、Boyd 和 Kogelnik、Kogelnik 和 Li[4]，以及 Arnaud 和 Kogelnik，对于谐振模式的分析求出了标量基本高斯波束，如式(3.8)所示。式(3.15)给出的场同式(3.11)给出的$u^{\pm}(x,z)$可能在近轴区$k\sqrt{2}\sigma_0 \gg 1$不同。例如，式(3.13)给出的格林函数$G(x,z)$，如式(3.10)中用z替换Z，对于$r=0$是奇异的。这个奇异点在圆心$z=0$的圆$x^2+y^2=a^2$处产生，并沿z轴方向。这个圆是函数$r(x,z)$的支线。由$z=0$和$|x|>a$定义的平面圆区域用于分支切割，与式(3.11)给出的$u^{\pm}(x,z)$近似的$G(x,z)$分支代表标量基本高斯波束，它沿$\pm z$方向传播并随$|x|$的增加而减少。

3.4　精　确　解

　　基本高斯波束是抛物线方程，即近似近轴波动方程的解。基本高斯波是精确亥姆霍兹方程的解。因此，基本高斯波可以比基本高斯波束更好地描述场。Deschamps 也给出获得亥姆霍兹方程精确解的方法。格林函数是亥姆霍兹方程的精确解。通过设置

$$r = \left[x^2 + (|z| - \mathrm{i}a)^2 \right]^{1/2} = r' + \mathrm{i}r''$$

可以使曲线形成共焦椭圆或双曲线系，其中r'和r''为常量。但是，Deschamps 没有提出具体的波函数。Deschamps 的建议已经被实施，如 Landesman 和 Barrett[5]确定了亥姆霍兹方程在扁长椭圆球坐标系下的精确解。

参 考 文 献

[1] S. R. Seshadri, "Constituents of power of an electric dipole of finite size," *J. Opt. Soc. Am. A* **25**,805–810 (2008).

[2] S. R. Seshadri, "Power of a simple electric multipole of finite size," *J. Opt. Soc. Am. A* **25**,1420–1425 (2008).

[3] G. D. Boyd and J. P. Gordon, "Confocal multimode resonator for millimeter through opticalwavelength masers," *Bell Syst. Tech. J.* **40**, 489–508 (1961).

[4] H. Kogelnik and T. Li, "Laser beams and resonators," *Appl. Opt.* **5**, 1550–1567 (1966); *Proc. IEEE* **54**, 1312–1329 (1966).

[5] B. T. Landesman and H. H. Barrett, "Gaussian amplitude functions that are exact solutions to thescalar Helmholtz equation," *J. Opt. Soc. Am. A* **5**, 1610–1619 (1988).

第4章 基本全高斯波

位于复空间的具有合适强度的点源场在近轴近似下可以再现基本高斯波束。全波可以定义为基本全高斯波。本章介绍产生基本全高斯波的矢势，得到电磁场，确定辐射强度分布，并对其特性进行描述。同时，获得基本全高斯波在+z 和−z 方向传输的时间平均功率。随着 kw_0 的增加，该功率单调递增并接近基本高斯波束的极限值，可以推导次级源平面 $z=0$ 上的表面电流密度。在近轴近似中，该电流密度降至产生基本高斯波束的源电流密度。在近轴近似中，基本高斯波和基本全高斯波都降至相同的基本高斯波束。对于基本全高斯波，无功功率是无限大的。相反，对于相应的近轴波束，即基本高斯波束的无功功率等于零。

4.1 复空间中的点源

Deschamps[1]假定，只要源的位置在复空间，由点源引起的场的近轴近似可以再现基本高斯波束。Felsen[2,3]指出，解析延拓可以解释复空间中点源引起的场及其在真实空间中同一源引起的场。Deschamps 和 Felsen 都只考虑物理空间 $0<z<\infty$ 中沿+z 向外的传播。物理空间 $-\infty<z<0$ 中沿−z 向外传播也需要包括在内。仅考虑标量点源，假设得到的场为磁矢势 $A_x^{\pm}(x,y,z)$ 的 x 分量。位于 $x=0$、$y=0$、$z=0$ 的点源引起的场解析延拓可以形成由 $x=0$、$y=0$、$|z|=ib$ 的点源引起的场，其中 $b=\frac{1}{2}kw_0^2$ 为瑞利距离。假设源的强度为 $(N/ik)\pi w_0^2 S_{ex}$，其中 S_{ex} 为激励系数，$(N/ik)\pi w_0^2$ 是为方便引入的。从式(A.15)和式(A.16)可得，解析延拓场为

$$A_x^{\pm}(x,y,z)=\frac{N}{ik}\pi w_0^2 S_{ex}\frac{\exp\left\{ik\left[x^2+y^2+(|z|-ib)^2\right]^{1/2}\right\}}{4\pi\left[x^2+y^2+(|z|-ib)^2\right]^{1/2}}\quad|z|=ib \qquad (4.1)$$

其中，±表示沿±z 方向传播。

当 $(|z|-ib)^2$ 取到平方根之外时，选择正实部 $(|z|-ib)$。在近轴近似中，$(x^2+y^2)/\left|(|z|-ib)^2\right|\ll 1$，式(4.1)可以化简为

$$A_x^\pm(x,y,z) = \frac{N}{\mathrm{i}k} \pi w_0^2 S_{ex} \frac{q_\pm^2}{-4\pi \mathrm{i}b} \exp(\pm \mathrm{i}kz) \times \exp(kb) \exp\left[-\frac{q_\pm^2(x^2+y^2)}{w_0^2} \right] \qquad (4.2)$$

在获得近轴近似时，$[x^2 + y^2 + (|z|-\mathrm{i}b)^2]^{1/2}$ 在小参数 $(x^2+y^2)/\left||z|-\mathrm{i}b)^2\right|$ 中扩展为幂级数。第一项在振幅中被保留，前两项在相位中被保留。选择激励系数为

$$S_{ex} = -2\mathrm{i}k \exp(-kb) \qquad (4.3)$$

式(4.2)可以化简为

$$A_x^\pm(x,y,z) = \exp(\pm \mathrm{i}kz) \frac{N}{\mathrm{i}k} q_\pm^2 \exp\left[-\frac{q_\pm^2(x^2+y^2)}{w_0^2} \right] \qquad (4.4)$$

这与式(1.11)给出的表达式相同。在式(4.1)中，利用式(4.3)替代 S_{ex}，那么全波解为

$$A_x^\pm(x,y,z) = \frac{N}{\mathrm{i}k} \left[-\pi w_0^2 2\mathrm{i}k \exp(-kb) \right] \times \frac{\exp\left\{ \mathrm{i}k\left[x^2 + y^2 + (|z|-\mathrm{i}b)^2 \right]^{1/2} \right\}}{4\pi \left[x^2 + y^2 + (|z|-\mathrm{i}b)^2 \right]^{1/2}} \qquad (4.5)$$

在近轴近似下，$A_x^\pm(x,y,z)$ 会恰当地减小到 $A_{x0}^\pm(x,y,z)$，其中 $A_{x0}^\pm(x,y,z)$ 为矢势的 x 分量。矢势在 $|z|>0$ 时产生基本高斯波束。在源区域外，$A_x^\pm(x,y,z)$ 满足齐次亥姆霍兹方程，因此在 $|z|>0$ 的物理空间，$A_x^\pm(x,y,z)$ 满足齐次亥姆霍兹方程。这并不意味着，构成物理空间和复空间边界的 $z=0$ 平面中，$A_x^\pm(x,y,z)$ 满足齐次亥姆霍兹方程。

因此，必须对 $A_x^\pm(x,y,z)$ 进行某些微分操作来推导相关的电磁场分量。如果对 $A_x^\pm(x,y,z)$ 进行二维傅里叶逆变换，这些微分将是很容易进行的。对于没有解析延拓的单位强度点源，积分表达式就是傅里叶逆变换，如式(A.26)所示。当包含源强度和解析延拓时，式(4.5)给出的 $A_x^\pm(x,y,z)$ 可表示为

$$A_x^\pm(x,y,z) = \frac{N}{\mathrm{i}} \pi w_0^2 \exp(-kb) \int_{-\infty}^{\infty} \int_{-\infty}^{\infty} \mathrm{d}p_x \mathrm{d}p_y \\ \times \exp\left[-\mathrm{i}2\pi(p_x x + p_y y) \right] \zeta^{-1} \exp\left[\mathrm{i}\zeta(|z|-\mathrm{i}b) \right] \qquad (4.6)$$

其中，ζ 由式(2.3)定义。

由 Dechamps 和 Felsen 引入的基本高斯波束全波泛化被定义为基本全高斯波。

4.2　电　磁　场

将式(4.6)的 $A_x^\pm(x, y, z)$ 代入式(D.30)~式(D.33)可以获得相关的电磁场。为了确定坡印亭矢量和复功率,只需要场分量 $E_x^\pm(x, y, z)$ 和 $H_x^\pm(x, y, z)$。由式(2.9)、式(2.10)和式(4.6)可得

$$
\begin{aligned}
E_x^\pm(x, y, z) = N\pi k w_0^2 \exp(-kb) \int_{-\infty}^{\infty} \int_{-\infty}^{\infty} \mathrm{d}p_x \mathrm{d}p_y \\
\times \left(1 - \frac{4\pi^2 p_x^2}{k^2}\right) \exp\left[-\mathrm{i}2\pi(p_x x + p_y y)\right] \times \zeta^{-1} \exp\left[\mathrm{i}\zeta(|z| - \mathrm{i}b)\right]
\end{aligned}
\tag{4.7}
$$

$$
\begin{aligned}
H_x^\pm(x, y, z) = \pm N\pi w_0^2 \exp(-kb) \int_{-\infty}^{\infty} \int_{-\infty}^{\infty} \mathrm{d}\overline{p}_x \mathrm{d}\overline{p}_y \\
\times \exp\left[-\mathrm{i}2\pi(\overline{p}_x x + \overline{p}_y y)\right] \exp\left[\mathrm{i}\overline{\zeta}(|z| - \mathrm{i}b)\right]
\end{aligned}
\tag{4.8}
$$

其中,$\overline{\zeta}$ 与 ζ 相同;$\overline{p}_x$ 和 $\overline{p}_y$ 替代 p_x 和 p_y。

将式(4.7)和式(4.8)代入式(1.13)可以确定 $\pm z$ 方向单位面积上的时间平均功率流量。通过在整个横截面将 $\pm S_z^\pm(x, y, z)$ 对 x 和 y 积分,可以获得基本全高斯波在 $\pm z$ 方向上传输的时间平均功率 $P_b^\pm$。$P_b^\pm$ 的表达式可通过类似于获得式(2.15)的方法进行简化,结果为

$$
\begin{aligned}
P_b^\pm = \frac{c}{2} N^2 \pi^2 k w_0^4 \exp(-2kb) \mathrm{Re} \int_{-\infty}^{\infty} \int_{-\infty}^{\infty} \mathrm{d}p_x \mathrm{d}p_y \\
\times \left(1 - \frac{4\pi^2 p_x^2}{k^2}\right) \zeta^{-1} \exp\left[\mathrm{i}|z|(\zeta - \zeta^*)\right] \exp\left[b(\zeta + \zeta^*)\right]
\end{aligned}
\tag{4.9}
$$

其中,N^2 的值由式(1.2)替代;$P_b^\pm$ 在近轴近似极限中为 $P_0^\pm = 1$。

对式(4.9)进行化简,可得[4]

$$
P_b^\pm = \int_0^{\pi/2} \mathrm{d}\theta^\pm \int_0^{2\pi} \mathrm{d}\phi \Phi(\theta^\pm, \phi)
\tag{4.10}
$$

其中

$$
\Phi(\theta^\pm, \phi) = \frac{(1 - \sin^2 \theta^\pm \cos^2 \phi) \exp\left[-k^2 w_0^2(1 - \cos \theta^\pm)\right]}{2\pi f_0^2}
\tag{4.11}
$$

根据式(2.24),定义

$$
\theta^- = \pi - \theta^+
\tag{4.12}
$$

从式(4.11)可以看到,基本全高斯波由一个波参数 kw_0 描述其特征。将式(4.11)

代入式(4.10)，对 ϕ 积分可得

$$P_b^{\pm} = \frac{1}{f_0^2}\left|\int_0^{\pi/2} \mathrm{d}\theta^{\pm}\sin\theta^{\pm}\left(1-\frac{1}{2}\sin^2\theta^{\pm}\right)\times\exp\left[-k^2 w_0^2(1-\cos\theta^{\pm})\right]\right| \quad (4.13)$$

积分变量变为

$$1-\cos\theta^{\pm} = f_0^2 t = (kw)^{-2}t \quad (4.14)$$

式(4.13)可简化为

$$P_b^{\pm} = \int_0^{k^2 w_0^2} \mathrm{d}t\left(1-f_0^2 t + \frac{1}{2}f_0^4 t^2\right)\exp(-t) \quad (4.15)$$

通过部分重复积分[4]，可得 $P_b^{\pm}$，即

$$P_b^{\pm} = 1 - f_0^2 + f_0^4 - \left(\frac{1}{2}+f_0^4\right)\exp(-k^2 w_0^2) \quad (4.16)$$

这个表达式在 $f_0^2 \ll 1$ (近轴近似或高频区域)估计 $P_b^{\pm}$ 的值时是有价值的。式 (4.16)是精确的，即使在低频区域($k^2 w_0^2 \ll 1$)也可以确定 $P_b^{\pm}$。从式(4.16)的形式看，低频行为不太清晰。如果 $\exp(-k^2 w_0^2)$ 被展开为一个幂级数，并且保留不超过 $k^6 w_0^6$ 的项，则 $P_b^{\pm}$ 中 $k^2 w_0^2$ 幂的主导项为

$$P_b^{\pm} = \frac{2}{3}k^2 w_0^2 \quad (4.17)$$

因此，在低频时，随着 kw_0 的增加，$2k^2 w_0^2 / 3$ 增加，$P_b^{\pm}$ 相应增加。如图 4.1 所示，$P_b^{\pm}$ 为 kw_0 的函数，其中 $1 < kw_0 < 10$。随着 kw_0 的增加，$P_b^{\pm}$ 是单调递增的，并接近基本高斯波束的极限值 $P_0^{\pm} = 1$。

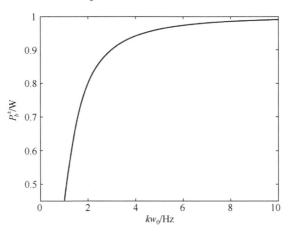

图 4.1　基本全高斯波在 $\pm z$ 方向上传输的时间平均功率 $P_b^{\pm}$

基本高斯波束时间平均功率 $P_0^\pm$ 与基本全高斯波时间平均功率 $P_b^\pm$ 之比对不同波参数 kw_0 下确定近轴波束逼近精确全波的质量是至关重要的[5]。当 kw_0 增加时，$P_b^\pm / P_0^\pm$ 接近于 1，所以近轴波束逼近全波的质量随着 kw_0 的增加而提高。

4.3 辐 射 强 度

辐射强度是单位立体角在指定方向上的时间平均功率流。因此，根据式(4.10)和式(4.11)，$\Phi(\theta^+,\phi)$ 和 $\Phi(\theta^-,\phi)$ 分别为 $z > 0$ 与 $z < 0$ 时的辐射强度。对于 $z > 0$，θ^+ 是相对于 $+z$ 轴定义的；对于 $z < 0$，θ^- 是相对于 $-z$ 轴定义的。考虑式(4.12)，$\Phi(\theta^-,\phi)$ 是 $\Phi(\theta^+,\phi)$ 对于 $z = 0$ 平面的镜像，因此仅描述 $z > 0$ 的辐射强度分布就足够了。

辐射强度 $\Phi(\theta^+,\phi)$ 是 ϕ 的函数，但是它关于 $\phi = (0°,180°)$ 和 $\phi = (90°,270°)$ 平面是反射对称的。因此，只讨论一个象限，既 $0° < \phi < 90°$ 内，$\Phi(\theta^+,\phi)$ 的变化。在每个 $\phi =$ 常数的方位角平面，当 $\theta^+ = 0°$ 时，$\Phi(\theta^+,\phi)$ 的值为 $1/2\pi f_0^2$，它随 θ^+ 的增加单调递减，在 $\theta^+ = 90°$ 时达到最小值。这个最小值在 $\phi = 0°$ 时最小为 0，到 $\phi = 90°$ 时增加到最大。基本全高斯波的波束宽度在 $\phi = 0°$ 有最小值，并随着 ϕ 的增加而连续增加，在 $\phi = 90°$ 时达到最大值。

如图 4.2 所示，在 $0° < \theta^+ < 90°$ 时，$kw_0 = 1.563$，基本全高斯波辐射强度曲线 $\Phi(\theta^+,\phi)$ 表示为 θ^+ 的函数，基本高斯波束总功率为 2W，基本全高斯波总功率为 1.4000W。为了对比，也给出了相应的基本高斯波束辐射强度曲线 $\Phi(\theta^+,\phi)$。$\Phi(\theta^+,\phi)$ 与 ϕ 无关。归一化使得沿 $+z$ 或 $-z$ 方向传播的基本高斯波束时间平均功率 $P_0^\pm$ 为 1W。对于 $0° < \theta^+ < 90°$ 时的所有 ϕ，$\Phi_0(\theta^+,\phi)$ 都可以很好地逼近 $\Phi(\theta^+,\phi)$。$\Phi(\theta^+,\phi)$ 与 $\Phi_0(\theta^+,\phi)$ 的一致性质量随着 ϕ 从 0° 增加到 90° 而增加。因此，$\Phi(\theta^+,\phi)$ 与 $\Phi_0(\theta^+,\phi)$ 的总体差异在 $\phi = 0°$ 时最大。

对比图 4.2 和图 2.2，基本全高斯波和基本高斯波的辐射强度曲线的基本特征几乎相同。

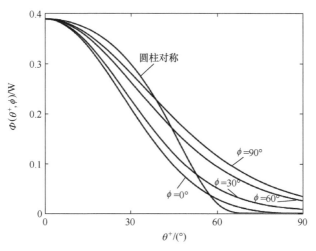

图 4.2　基本全高斯波的辐射强度曲线 $\Phi(\theta^+,\phi)$

4.4　辐射和无功功率

式(4.6)给出的 $A_x^\pm(x,y,z)$ 和式(4.7)给出的 $E_x^\pm(x,y,z)$ 在平面 $z=0$ 上是连续的。式(4.8)给出的 $H_y^\pm(x,y,z)$ 在平面 $z=0$ 上是不连续的。磁场切向分量的不连续性等价于平面 $z=0$ 上的表面电流密度。表面电流密度为

$$
\begin{aligned}
J(x,y,z) &= -\hat{z} \times \hat{y}\left[H_y^+(x,y,0) - H_y^-(x,y,0)\right]\delta(z) \\
&= -\hat{x}2N\pi w_0^2 \exp(-kb)\delta(z)\int_{-\infty}^{\infty}\int_{-\infty}^{\infty}\mathrm{d}\overline{p}_x\mathrm{d}\overline{p}_y \\
&\quad \times \exp\left[-\mathrm{i}2\pi(\overline{p}_x x + \overline{p}_y y)\right]\exp(\overline{\zeta}b)
\end{aligned}
\tag{4.18}
$$

将式(4.7)和式(4.18)代入式(D.18)可以确定复功率，即

$$
\begin{aligned}
P_C &= -\frac{c}{2}\int_{-\infty}^{\infty}\int_{-\infty}^{\infty}\int_{-\infty}^{\infty}\mathrm{d}x\mathrm{d}y\mathrm{d}z E(x,y,z)J^*(x,y,z) \\
&= \frac{c}{2}\int_{-\infty}^{\infty}\int_{-\infty}^{\infty}\mathrm{d}x\mathrm{d}y N\pi k w_0^2 \exp(-kb)\int_{-\infty}^{\infty}\int_{-\infty}^{\infty}\mathrm{d}p_x\mathrm{d}p_y \\
&\quad \times \left(1 - \frac{4\pi^2 p_x^2}{k^2}\right)\exp\left[-\mathrm{i}2\pi(p_x x + p_y y)\right]\zeta^{-1}\exp(\zeta b) \\
&\quad \times 2N\pi w_0^2 \exp(-kb)\int_{-\infty}^{\infty}\int_{-\infty}^{\infty}\mathrm{d}\overline{p}_x\mathrm{d}\overline{p}_y \\
&\quad \times \exp\left[\mathrm{i}2\pi(\overline{p}_x x + \overline{p}_y y)\right]\exp(\overline{\zeta}^*b)
\end{aligned}
\tag{4.19}
$$

式(4.19)给出的 P_C 可以化简为

$$P_C = P_{re} + \mathrm{i}P_{im}$$
$$= cN^2\pi^2kw_0^4\exp(-2kb)\int_{-\infty}^{\infty}\int_{-\infty}^{\infty}\mathrm{d}p_x\mathrm{d}p_x \times \left(1 - \frac{4\pi^2p_x^2}{k^2}\right)\zeta^{-1}\exp\left[b(\zeta + \zeta^*)\right] \quad (4.20)$$

N^2 的值由式(1.2)代替。在近轴近似极限中，相应的基本高斯波束在 $\pm z$ 方向传播的时间平均功率 $P_0^{\pm} = 1\mathrm{W}$。对式(4.20)进行简化，式(4.20)的实部就是 P_{re}，是复功率 P_C（对应于实值 ζ）的一部分。P_{re} 等于 $2P_b^{\pm}$，其中 $P_b^{\pm}$ 由式(4.9)给出。因此，有

$$P_{re} = 2P_b^{\pm} = P_b^+ + P_b^- \quad (4.21)$$

实功率等于基本全高斯波在 $+z$ 方向和 $-z$ 方向传播的总时间平均功率。实功率是由电流源产生的时间平均功率，它由整个电流源分布的体积积分决定。

用式(1.2)取代 N^2 的值，式(4.20)可以变换为

$$P_C = P_{re} + \mathrm{i}P_{im}$$
$$= \frac{w_0^2}{\pi}\exp(-2kb)\int_0^{\infty}\mathrm{d}pp\int_0^{2\pi}\mathrm{d}\phi \times \left(1 - \frac{p^2\cos^2\phi}{k^2}\right)\xi^{-1}\exp\left[kb(\xi + \xi^*)\right] \quad (4.22)$$

在 $k < p < \infty$ 时，关于 p 的积分值是虚数。对 ϕ 进行积分，由式(2.18)和式(4.22)得到的无功功率为

$$P_{im} = -2w_0^2\exp(-k^2w_0^2)\int_k^{\infty}\mathrm{d}pp\left(1 - \frac{p^2}{2k^2}\right)\left(\frac{p^2}{k^2} - 1\right)^{-1/2} \quad (4.23)$$

式(4.23)可以简化为

$$P_{im} = -k^2w_0^2\exp(-k^2w_0^2)\int_0^{\infty}\mathrm{d}\tau(1 - \tau^2) = \infty \quad (4.24)$$

基本全高斯波的无功功率 $P_{im} = \infty$ 并不出乎意料。对于物理空间中给定电流时刻的点电偶极子，实功率是有限的，但无功功率是无限的[6]。忽略源的、小的有限尺寸会导致无功功率变得无限大。当考虑电偶极子的有限尺寸时，无功功率是有限的，并且随着电偶极子尺寸的减小而迅速增加。对于基本全高斯波，虚拟源是一个点源，但位置坐标位于复空间。如果复空间的点源被广义化为有限宽度的电流分布，那么无功功率将变得有限，并且随着源的有效宽度减小而迅速增加。因此，为了获得有限的无功功率，由复数空间中点源产生的基本全高斯波必须泛化为与复数空间具有电流分布的源相关联的全高斯波。

4.5　一　般　说　明

    Deschamps 和 Felsen 开展了几何光学复值泛化的相关研究[7-9]。Kravtsov[7]构造了射线方程的复值解，并对基本高斯波束的衍射传播进行了处理。Arnaud[8]用高斯波束的复射线表示法分析了简并光学谐振腔的共振激发方法。Keller 和 Streifer [9]从复射线的角度分析了基本高斯波束。当场在平面 z=0 上时，他们利用复射线寻找区域 z>0 中的场，对近轴近似中 z=0 上的高斯场进行计算。该方法应用于平面 z=0 中的高斯场，可以获得 z>0 的高斯波束。Deschamps 和 Felsen 通过引入复空间中具有位置坐标的局部点源处理基本高斯波束的全波泛化。

    在复空间中，具有位置坐标的点源产生的基本高斯波已经得到应用。对于开放式光学谐振器的一般处理，可以通过两个端镜多次反射的基本高斯波束对谐振腔内的光建模。Cullen 和 Yu [10]提出一种改进的处理方法，通过两端球面反射器多次反射的线极化基本全高斯波对谐振腔内的光进行建模。基本全高斯波已经被用来解决折射、衍射和散射等电磁问题[1]。在通常的处理中，入射波被假定为平面波。由于无界平面波在物理上是不可实现的，利用基本全高斯波作为入射波更加实际，其辐射的总时间平均功率是有限的。

    基本全高斯波的缺点是与全波有关的无功功率是无限的。为了获得有限的无功功率，基本全高斯波必须被泛化，以产生一个与复空间具有电流分布的源相关的全高斯波。

参 考 文 献

[1] G. A. Deschamps, "Gaussian beam as a bundle of complex rays," *Electron. Lett.* **7**, 684–685(1971).

[2] L. B. Felsen, "Complex-source-point solutions of the field equations and their relation to thepropagation and scattering of Gaussian beams," *Symposia Matematica, Istituto Nazionale di AltaMatematica* (Academic, 1976), Vol. XVIII, pp. 40–56.

[3] L. B. Felsen, "Evanescent waves," *J. Opt. Soc. Am.* **66**, 751–760 (1976).

[4] S. R. Seshadri, "Dynamics of the linearly polarized fundamental Gaussian light wave," *J. Opt.Soc. Am. A* **24**, 482–492 (2007).

[5] S. R. Seshadri, "Quality of paraxial electromagnetic beams," *Appl. Opt.* **45**, 5335–5345 (2006).

[6] S. R. Seshadri, "Constituents of power of an electric dipole of finite size," *J. Opt. Soc. Am. A* **25**,805–810 (2008).

[7] Yu. A. Kravtsov, "Complex rays and complex caustics," *Radiophys. Quantum Electron.* **10**,719–730 (1967).

[8] J. A. Arnaud, "Degenerate optical cavities. II. Effects of misalignments," *Appl. Opt.* **8**, 1909–1917(1969).

[9] J. B. Keller and W. Streifer, "Complex rays with an application to Gaussian beams," *J. Opt. Soc.Am.* **61**, 40–43 (1971).

[10] A. L. Cullen and P. K. Yu, "Complex source-point theory of the electromagnetic open resonator,"*Proc. R. Soc. London, Ser. A* **366**, 155–171 (1979).

第 5 章　复源点理论

Deschamps[1]和 Felsen[2]通过引入复空间中具有位置坐标的标量点源，获得与基本高斯波束对应的精确全波。在复空间，除了基本高斯波束，很难对近轴波束进行所需的源假设。为了将 Deschamps 和 Felsen 的方法推广到任何近轴波束，文献[3]提出一种推导复空间所需源的方法。对于基本高斯波束，本章给出这种方法，并推导复空间所需点源的位置和强度。由于近轴波动方程只是全亥姆霍兹波动方程的近似，因此除了激励系数作为一个因子外，用于获取近轴波束的相同源被用于全亥姆霍兹方程，推导基本高斯波束在物理空间 $z>0$ 和 $z<0$ 中的全波泛化。首先，确定全波的渐进值($|z| \to \infty$)。从 $|z|$ 到 $|z|-ib$，全波的渐进值是解析延拓的，可以同时获得 $z>0$ 和 $z<0$ 中的全波。假设 ρ 域扩展为复值，全波同样适用于 $z=0$，并且经由围绕分支点的复 ρ 平面的下半部，ρ 是解析延拓的。该分支点在复 ρ 平面的实轴上。此外，介绍极限归并原理，并用于确定 $z=0$ 时基本全高斯波的有效性施加于 ρ 上的约束。在近轴近似下产生的基本全高斯波应该能精确再现初始选择的近轴波束，即激励系数。

5.1　复空间源的推导

考虑在 $z>0$ 中沿 $+z$ 方向向外传播，在 $z<0$ 中沿 $-z$ 方向向外传播。二次光源是位于平面 $z=0$ 的无限薄的电流片，它形成两个物理空间 $z>0$ 和 $z<0$ 之间的边界。源电流密度可以表示为

$$J_e(x,y,z) = J_{es}(x,y)\delta(z) \tag{5.1}$$

其中，$J_{es}(x,y)$ 为电流强度。

表面电流密度为 x 方向，磁矢势的 x 分量被激发。产生基本高斯光束的输入平面上的磁矢势 x 分量的近轴近似为

$$A_{x0}^{\pm}(x,y,0) = \frac{N}{\mathrm{i}k}\exp\left(-\frac{x^2+y^2}{w_0^2}\right) \tag{5.2}$$

归一化常量 N，近轴波束在 $+z$ 方向传播的时间平均功率 $P_0^\pm = 1\text{W}$。对于 $|z| > 0$，矢势缓变振幅的积分表达式为

$$
\begin{aligned}
a_{x0}^\pm(x,y,z) = & \frac{N}{\mathrm{i}k}\pi w_0^2 \int_{-\infty}^\infty \int_{-\infty}^\infty \mathrm{d}p_x \mathrm{d}p_y \exp\left[-\mathrm{i}2\pi(p_x x + p_y y)\right] \\
& \times \exp\left[-\frac{\pi^2 w_0^2 (p_x^2 + p_y^2)}{q_\pm^2}\right]
\end{aligned}
\tag{5.3}
$$

其中

$$
q_\pm = \left(1 + \mathrm{i}\frac{|z|}{b}\right)^{-1/2}
\tag{5.4}
$$

对于 $z>0$ 和 $z<0$ 的位置坐标，$1/q_\pm^2 \neq 0$，通过式(5.3)中的积分可以生成 $a_{x0}^\pm(x,y,z)$ 的闭型表达式。该式包含快速变化相位因子和基本高斯波束的常规表达式。

寻找 $a_{x0}^\pm(x,y,z)$ 的值，以使 $|z| - \mathrm{i}b = 0$ 成立。通过式(5.3)和式(5.4)可得 $1/q_\pm^2 = 0$，且有

$$
C_{s0}(x,y) = \frac{N}{\mathrm{i}k}\pi w_0^2 \delta(x)\delta(y), \quad |z| - \mathrm{i}b = 0
\tag{5.5}
$$

即 Deschamps 和 Felsen 假设的复空间中的点源，但它是从近轴波束的二维傅里叶积分中导出的。在复空间中，沿 $+z$ 方向传播的源位置是不同的，但是如式(5.5)给出的源，其对两个传播方向是相同的。

根据时间域内的麦克斯韦方程，由电流分布产生的瞬时功率可以根据式(D.6)得到，即

$$
P_{ge}(t) = -c\int_{V_s} \mathrm{d}V E(r,t) \cdot J_e(r,t)
\tag{5.6}
$$

其中，c 为自由空间电磁波速；$E(r,t)$ 为电场；$J_e(r,t)$ 为电流密度。

对包含电流源的整个体积 V_s 进行积分，所有函数的参数都是 $r(x,y,z)$ 和 t，所有数量都是实数。假设实数 $|z|$ 变为复数 $|z| - \mathrm{i}b$，其中 $b = \omega w_0^2 / 2c$，$\omega/2\pi$ 是波动频率，w_0 是输入平面上的束腰，参数 ω 出现在时谐麦克斯韦方程组中。瞬时功率 $P_{ge}(t)$ 变为复数，并失去其物理意义。Deschamps 和 Felsen 介绍的复空间具有位置坐标的点源，不是一个真实的源，而是虚拟源。

式(5.5)所述的复空间的点源仅对物理空间 $0 < z < \infty$ 和 $-\infty < z < 0$ 产生基本高斯波束有效。复空间点源不能在这两个物理空间外创建任何有效域。

5.2　渐　进　场

Deschamps 认为近轴区内物理空间中的场在复空间中具有其位置坐标。Felsen 指出从 $|z|$ 到 $|z|-ib$ 的解析延拓是解释复空间中具有位置坐标的点源引起场的一种方法。解析延拓必须在物理空间某个位置的场进行。因此，需要将物理空间中某一点的场与复空间中的点源相关联。

位于 $|z|-ib=0$ 的点源产生整个物理空间 $0<z$ 和 $z<0$ 的近轴波束。如果注意力仅限于 $|z|\to\infty$ 的场重建，即如果我们试图重建近轴波束的渐进值（$|z|\to\infty$），源位置从 $|z|-ib=0$ 移动到 $|z|=0$。因此，如果位于 $|z|=0$，只产生近轴波束的渐进值。为了重建近轴波束的渐进值，式(5.5)给出的源位于物理空间 $|z|=0$ 的边界。因此，对所有 $|z|>0$ 的场都可以进行评价，但只有场的渐进值是有效的。$|z|\to\infty$ 的运算导致源位置从 $|z|-ib=0$ 改变到 $|z|=0$。因此，通过对场渐进值从 $|z|$ 到 $|z|-ib$ 的解析延拓可以逆转该运算的效果，同时重新获得 $|z|>0$ 的场。

解析延拓仅在整个场进行。对于近轴波束，复点源仅用于重构波束慢速变化的振幅，并且包括快速变化的相位因子 $\exp(\pm ikz)$。由于近轴波动方程只是亥姆霍兹波动方程的一个近似，因此如式(5.5)中同样的复点源，除了作为因子的激励系数 S_{ex} 外，应该产生作为亥姆霍兹波动方程解的全波。根据式(5.5)可得基本高斯波束全波泛化的复点源，即

$$C_s(x,y)=\frac{N}{ik}\pi w_0^2 S_{ex}\delta(x)\delta(y)\ |z|-ib=0 \tag{5.7}$$

在近轴近似中，全波应能精确地重现最初选择的近轴波束。这可能导致全波激励系数 S_{ex} 出现。根据式(5.7)可得产生亥姆霍兹波动方程全波解渐进值的源，即

$$C_{s\infty}(x,y,z)=\frac{N}{ik}\pi w_0^2 S_{ex}\delta(x)\delta(y)\delta(z) \tag{5.8}$$

根据式(A.1)、式(A.15)和式(A.16)可以获得式(5.8)给出的源产生的场的渐进值，即

$$A_x^{\pm}(x,y,|z|\to\infty)=\frac{N}{ik}\pi w_0^2 S_{ex}\frac{\exp\left[ik(x^2+y^2+z^2)^{1/2}\right]}{4\pi(x^2+y^2+z^2)^{1/2}} \tag{5.9}$$

式(5.9)给出的全波的渐进值从 $|z|$ 到 $(|z|-ib)$ 是解析延拓的。基本高斯波束的全波泛化为

$$A_x^{\pm}(x,y,z) = \frac{N}{\mathrm{i}k}\pi w_0^2 S_{ex} \frac{\exp\left\{\mathrm{i}k\left[x^2+y^2+(|z|-\mathrm{i}b)^2\right]^{1/2}\right\}}{4\pi\left[x^2+y^2+(|z|-\mathrm{i}b)^2\right]^{1/2}} \tag{5.10}$$

这与式(4.1)的推导一样。由式(4.1)～式(4.4)可以看出，如果激励系数与式(4.3)给出的相同，由式(5.10)给出的 $A_x^{\pm}(x,y,z)$ 的近轴近似可以重现式(4.4)给出的基本高斯波束，即如果

$$S_{ex} = -2\mathrm{i}k\exp(-kb) \tag{5.11}$$

将式(5.11)代入式(5.10)，基本全高斯波的矢势可以根据下式获得，即

$$A_x^{\pm}(x,y,z) = \frac{N}{\mathrm{i}k}\left[-\mathrm{i}b\exp(-kb)\right]\frac{\exp\left[\mathrm{i}ks_{\pm}(z)\right]}{s_{\pm}(z)} \tag{5.12}$$

其中

$$s_{\pm}(z) = \left[x^2+y^2+(|z|-\mathrm{i}b)^2\right]^{1/2} \tag{5.13}$$

习惯上选择实部为正的复数平方根的分支。

5.3　解　析　延　拓

式(5.12)和式(5.13)给出了与输出基本全高斯波相关的精确矢势,其中 ± 表示在 ±z 方向的传播。为了方便，我们设定 $\rho^2 = x^2 + y^2$ 。在+z 方向，从 $z=-\infty$ 到 $z=\infty$ 传播的波是 $z<0$ 时的入射波和 $z>0$ 时的输出波。类似地，在−z 方向，从 $z=\infty$ 到 $z=-\infty$ 传播的波是 $z>0$ 时的入射波和 $z<0$ 时的输出波。波的特性在 $z=0$ 处发生改变，因此预期波将在 $z=0$ 处展现特殊特性。所以，分别对 $z>0$ 和 $z<0$ 的全波解进行处理。这里的处理仅限于输出波。因此，在+z 方向和−z 方向的传播分别对应 $z>0$ 和 $z<0$ 区域。

对应于式(5.12)的时变场可以表示为[4]

$$\tilde{A}_x^{\pm}(x,y,z;t) = \int_{Cr} \mathrm{d}\omega\exp(-\mathrm{i}\omega t)A_x^{\pm}(x,y,z;\omega) \tag{5.14}$$

即频域中的场添加了自变量 ω 。波浪线和自变量 t 用于标识时域中的场。$\omega = \omega_r + \mathrm{i}\omega_i$ ，其中 ω_r 和 ω_i 分别是 ω 的实部和虚部。围线 Cr 沿复 ω 平面上的实 ω_r 轴。假设对应于 $\tilde{A}_x^{\pm}(x,y,z;t)$ 的输出波对于 x、y、z 都是从 $t=0$ 开始，且只有在 $t>0$ 时存在。因此，当 $t<0$ 时，$\tilde{A}_x^{\pm}(x,y,z;t) = 0$ 。对于 $\omega_i \to \infty$ ，即 $-\mathrm{i}b_i \to \infty$ ，式(5.12)

和式(5.13)可以简化为

$$A_x^\pm(x,y,z;\omega) = \frac{N}{\mathrm{i}k} \exp\left(-\frac{\rho^2}{w_0^2}\right) \exp\left[(\mathrm{i}\omega_r - \omega_i)\frac{|z|}{c}\right], \quad \omega_i \to \infty \tag{5.15}$$

因此，对于 $z>0$ 和 $z<0$，当 $\omega_i \to \infty$ 时，$A_x^\pm(x,y,z;\omega)$ 为零。式(5.13)中平方根自变量的消失表明，复 ω 平面上存在如下分支点，即

$$\omega_0 = 2c\omega_0^{-2}(-\mathrm{i}|z| \pm \rho) \tag{5.16}$$

对于 $z>0$ 和 $z<0$，分支点位于 ω 平面的下半($\omega_i < 0$)部分。对于 $t<0$，当 $\omega_i \to \infty$ 时，$\exp(-\mathrm{i}\omega t) = \exp[(-\mathrm{i}\omega_r + \omega_i)t]$ 为零。当 $\omega_i \to \infty$ 时，$\exp(-\mathrm{i}\omega t)$ 和 $A_x^\pm(x,y,z;\omega)$ 均为零，式(5.14)中的积分围线 Cr 可以闭合，不会通过复 ω 平面上半部分($\omega_i > 0$)中心位于原点、无限大半径的半圆 Ci 改变积分值。在由 Cr 和无限半圆 Ci 组成的闭合围线内部，没有极点或分支点，因此当 $t<0$ 时，$\tilde{A}_x^\pm(x,y,z;t) = 0$。对于 $z>0$ 和 $z<0$，利用式(5.12)和式(5.13)通过 $|z|$ 到 $(|z|-\mathrm{i}b)$ 的解析延拓获得的 $A_x^\pm(x,y,z;\omega)$ 是有效的。这个有效性的发生是因为 $A_x^\pm(x,y,z;\omega)$ 在 ω 平面上半部分各处都是解析的，且在 $\omega_i \to \infty$ 时 $A_x^\pm(x,y,z;\omega) = 0$。特别是，$A_x^\pm(x,y,z;\omega)$ 在复 ω 平面上半部分没有奇异点，如极点和分支点。

对于 $z=0$，$\pm\omega_0$ 处的分支点位于 ω_r 轴，这里 $\omega_0 = 2cw_0^{-2}\rho$，因此期望得到 $z=0$ 的一些特性。围线 Cr 在 ω_r 轴上的这些奇异点($\omega_i > 0$)有缩进(图 5.1)。对于 z，当 $\omega_i \to \infty$ 时，$t<0$ 的 $\exp(-\mathrm{i}\omega t)$，以及 $A_x^\pm(x,y,z;\omega)$ 都为零，并且式(5.14)中的积分围线可以闭环，不会通过半圆 Ci 改变积分值。在由 Cr 和无限半圆 Ci 组成的闭合围

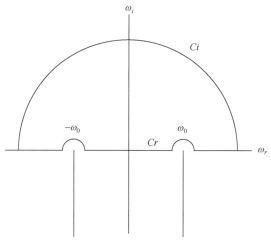

图 5.1　复 ω 平面上 ω_0 和 $-\omega_0$ 处分支点周围的解析延拓

线内部没有奇异点，当 $t<0$ 时，$\tilde{A}_x^\pm(x,y,z;t)=0$ 。因此，对于 $z=0$ ，根据式(5.12)和式(5.13)，通过 $|z|$ 到 $|z|-ib$ 的解析延拓获得的 $A_x^\pm(x,y,z;\omega)$ 是有效的。有效性的要求与 $z>0$ 和 $z<0$ 相同。

围线 Cr 在 ω_r 轴奇异点($\omega_i>0$)的凹口对 $z=0$ 时 $A_x^\pm(x,y,z;\omega)$ 的有效性施加了限制。围线 Cr 在 $\omega=\pm\omega_0$ 处的奇异点处有缩进(这里 $\omega_0=2cw_0^{-2}\rho$)，相当于要求 ω 在 $\omega_0=2cw_0^{-2}\rho$ 或者 $\rho=\omega_0w_0^2/2c=b_0$ 附近有一个小的正虚部。这要求扩展 ρ 的域包含复值，使 $\rho=\rho_r+i\rho_i$ ，其中 ρ_r 和 ρ_i 是 ρ 的实部值和虚部值。在复 ρ 平面，分支点出现在 $\rho=b$ 处。在奇异点附近，$\omega_i>0$ ，因此分支点出现在 $\rho_i>0$ 的区域。为了获得物理量，沿 ρ_r 轴，在 $0<\rho_r<\infty$ 时对 ρ_r 进行积分。当 $\omega_i\to0$ 时，分支点在 ρ 平面上半部分向 ρ_r 轴移动。为了保持 ρ_r 的积分不变，不允许分支点穿过积分围线。当 $\omega_i=0$ 时，分支点到达 $\rho_r=b_0$ 处，ρ_r 的积分围线经由复 ρ 平面的下半部分是解析延拓的。换句话说，当 ρ_r 接近分支点 b_0 时，ρ 被假定具有一个小的负虚部。

5.4　极　限　归　并

使用矩形坐标系统(x_r,y_r,z_r)和圆柱坐标系统(ρ_r,ϕ,z)。坐标 x_r、y_r、ρ_r 和 ϕ 都是实数。z_r 的域被扩展到复值 $z=z_r+iz_i$ ，其中 z_r 和 z_i 分别为 z 的实部和虚部。(x_r,y_r)、ρ_r 和 ϕ 的范围分别为 $-\infty<(x_r,y_r)<\infty$ 、$-\infty<\rho_r<\infty$ 和 $0<\phi<2\pi$ 。电流密度强度为 S 的虚点源朝向 x_r 方向，位于 $\rho_r=0$ 、$z=ib_r$ 处，其中实基本瑞利距离由下式给出，即

$$b_r=\frac{1}{2}k_rw_0^2 \tag{5.17}$$

其中，波数 k_r 为实数且定义为 $k_r=\omega(\mu\varepsilon)^{1/2}$ ，μ 和 ε 为磁导系数和介质常数。

输入平面 $z_i=0$ 和 $z_r=0$ 的近轴近似中的波束束腰由 w_0 给出。物理空间定义为 $z_i=0,z_r>0$ 和 $z_i=0,z_r<0$ 。在物理空间中，产生基本高斯波输出的矢势可以根据式(5.12)和式(5.13)重写，即

$$A_x^\pm(x_r,y_r,z_r;\omega)=S\frac{\exp\left[ik_rs_\pm(\rho_r,z_r)\right]}{4\pi s_\pm(\rho_r,z_r)} \tag{5.18}$$

其中，复距离为

$$s_\pm(\rho_r,z_r)=\left[\rho_r^2+\left(|z_r|-ib_r\right)^2\right]^{1/2} \tag{5.19}$$

且 $S = (N / \mathrm{i}k)[-4\pi \mathrm{i}b \exp(-kb)]$。当 $z_r = 0$ 时，$A_x^{\pm}(x_r, y_r, z_r; \omega)$ 有效性约束可以由下述极限归并原理导出[5]。

平方根的分支是一个双值函数，必须正确选择。当两个分支合并时，不可能分离出合适的分支，因此平方根自变量的零点是一个奇点，称为分支点。选择合适的 $s_{\pm}(\rho_r, z_r)$ 分支包括避免奇点。

我们希望得到 $s_{\pm}(\rho_r, z_r)$ 合适的分支。分支点是实数，即

$$\rho_r = b_r, \quad z_r = 0 \tag{5.20}$$

对于 $\rho_r > b_r$，$s_{\pm}(\rho_r, 0)$ 是实数。依照我们选择具有正实部分支的惯例，从式 (5.19) 中得到 $\rho_r > b_r$ 时，$s_{\pm}(\rho_r, 0)$ 合适的分支为

$$s_{\pm}(\rho_r, z_r) = (\rho_r^2 - b_r^2)^{1/2}, \quad \rho_r > b_r \tag{5.21}$$

对于 $\rho_r < b_r$，$s_{\pm}(\rho_r, 0)$ 是虚数。我们选择平方根合适分支的惯例不足以选择 $s_{\pm}(\rho_r, 0)$ 是虚数时的合适分支。当 $\rho_r < b_r$ 时，为了选择合适的平方根分支，介质包含一小部分损耗，那么 ε 就变为 $\varepsilon(1 + \mathrm{i}t_\ell)$，其中正实部损耗切线由 $t_\ell = \sigma / \omega \varepsilon$ 给出，σ 表示介质的电导率。波数和瑞利距离变为复数，即

$$k = k_r + \mathrm{i}k_i = k_r(1 + \mathrm{i}t_\ell)^{1/2} = k_r\left(1 + \mathrm{i}\frac{1}{2}t_\ell\right) \tag{5.22}$$

并且

$$b = b_r + \mathrm{i}b_i = b_r\left(1 + \mathrm{i}\frac{1}{2}t_\ell\right) \tag{5.23}$$

当存在损耗时，b_r 变为复数 b。ρ_r 域扩展到复数 $\rho = \rho_r + \mathrm{i}\rho_i$。在损耗存在的情况下，分支点变为复数，即

$$\rho = \rho_r + \mathrm{i}\rho_i = b_r\left(1 + \mathrm{i}\frac{1}{2}t_\ell\right), \quad z_r = 0 \tag{5.24}$$

分支点的实部是正的，虚部也是正的。正如之前的解释，在损耗减少到零的限度内，分支点到达 $\rho_r = b_r$ 处，ρ_r 积分的围线经由复 ρ 平面下半部分，是解析延拓的。围线沿实 ρ_r 轴方向，从原点 $O(\rho_r = 0)$ 到点 $A(\rho_r = b_r - \Delta)$，从点 $B(\rho_r = b_r + \Delta)$ 到无穷大 ($\rho_r = \infty$)(图 5.2)。从 A 到 B，围线沿半圆路径 ACB 缩进，半圆的中心在 $\rho_r = b_r$ 处且具有一个小的半径 Δ。沿半圆路径，$\rho_i < 0$，B 处的复距离被改写为

$$s_{\pm}(\rho_r, 0) = (\rho_r^2 - b_r^2)^{1/2} = \left[(2b_r + \Delta)\Delta\right]^{1/2} \tag{5.25}$$

当观察点从 B 顺时针方向沿着半圆形路径 BCA 经过角度 π 移动到 A。A 处的复距离变为

$$
\begin{aligned}
s_\pm(\rho_r,0) &= \left\{[2b_r + \Delta\exp(-\mathrm{i}\pi)]\Delta\exp(-\mathrm{i}\pi)\right\}^{1/2} \\
&= \left\{[2b_r - (b_r - \rho_r)](\rho_r,z_r)\right\}^{1/2}\exp(-\mathrm{i}\pi/2) \qquad (5.26)\\
&= -\mathrm{i}(b_r^2 - \rho_r^2)^{1/2}, \quad \rho_r < b_r
\end{aligned}
$$

因此，$s_\pm(\rho_r,0)$ 在 $\rho_r > b_r$ 时的合适分支由式(5.21)给出，在 $\rho_r = b_r$ 时，由式(5.26)给出。小距离 Δ 可以任意小但不能为零，因此复距离 $s_\pm(\rho_r,0)$ 永远不会为零。

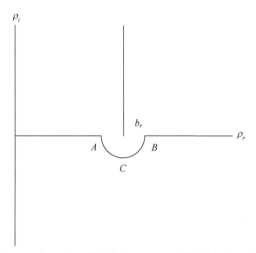

图 5.2　复 ρ 平面中分支点($\rho_r = b_r$)周围的解析延拓

当观察点从 B 逆时针方向沿着半圆形路径经过角度 π 移动到 A 时，A 处的复距离变为 $s_\pm(\rho_r,0) = \mathrm{i}(b_r^2 - \rho_r^2)^{1/2}$，这是 $s_\pm(\rho_r,0)$ 的第二个分支(不合适的)。通过引入分支切割可以消除不合适分支的产生。该分支切割从 $\rho = b_r + \mathrm{i}0$ 扩展到 $\rho = b_r + \mathrm{i}\infty$，平行于复 ρ 平面上半部分的 ρ_i 轴。这里引入另一个平面，称为不合适面。它与合适的面类似。这两个面以如下方式沿分支切口相连：穿过分支切口的观察点，从一面移动到另一面。如果观察点从 B 沿逆时针方向穿过分支切口，观察点进入不合适面；在不合适面沿逆时针反向旋转角度 2π，观察点穿过分支切口，重新进入合适面，并沿逆时针方向完整旋转角度 3π 后到达 A。A 处的复距离变得与式(5.26)给出的一样。因此，在具有分支切割的合适面上，只有 $s_\pm(\rho_r,0)$ 的适合分支。如式(5.26)所示，它与路径方向无关，顺时针或逆时针从 B 到 A。

总结一下，对于 $z = 0$，式(5.12)和式(5.13)通过从 $|z|$ 到 $|z| - \mathrm{i}b$ 的解析延拓获得

$A_x^{\pm}(x,y,z;\omega)$ 是有效的。约束是，ρ 域应该被扩展到复值，同时当 ρ_r 接近分支点 b_r 时，ρ 应该具有一个小的正虚部。这个约束是通过引入一个从 $\rho = b_r + \mathrm{i}0$ 扩展到 $\rho = b_r + \mathrm{i}\infty$，平行于 ρ_i 轴的分支切割实现的。

参 考 文 献

[1] G. A. Deschamps, "Gaussian beam as a bundle of complex rays," *Electron. Lett.* **7**, 684–685 (1971).

[2] L. B. Felsen, "Evanescent waves," *J. Opt. Soc. Am.* **66**, 751–760 (1976).

[3] S. R. Seshadri, "Linearly polarized anisotropic Gaussian light wave," *J. Opt. Soc. Am. A* **26**,1582–1587 (2009).

[4] S. R. Seshadri, "Independent waves in complex source point theory," *Opt. Lett.* **32**, 3218–3220(2007).

[5] S. R. Seshadri, "High-aperture beams: comment," *J. Opt. Soc. Am. A* **23**, 3238–3241 (2006).

第6章 扩展的全高斯波

基本高斯光束没有无功功率[1]。对于基本的全高斯波，无功功率是无限大的。为了获得有限的无功功率，需要通过电流分布而不是复空间中的点源产生全高斯波，进而获得这类基本高斯波束的扩展全波泛化[2]。这类扩展全高斯波的不同组成部分通过长度参数 b_t 识别，b_t 的范围为 $0 \leqslant b_t / b \leqslant 1$，其中 b 为瑞利距离。当 $b_t / b = 1$ 时，为基本全高斯波。对于极限情况 $b_t / b = 0$，基本高斯波束的源电流密度和扩展全高斯波的源电流密度是相同的。

本章推导产生扩展全高斯波的精确矢势，以及相关的电磁场分量；求解辐射强度分布，评估 $+z$ 和 $-z$ 方向上扩展全高斯波传播的时间平均功率；分析功率与 b_t / b 和 kw_0 的相关性；讨论辐射强度分布的特征，特别是其与 b_t / b 的相关性；推导次级源平面 $z=0$ 上的表面电流密度。对于 $0 \leqslant b_t / b \leqslant 1$ 范围内所有的 b_t / b，在近轴近似中，表面电流密度减小到产生相同基本高斯波束的源电流密度。同时，评估复功率，并确定无功功率，研究无功功率与 b_t / b 和 kw_0 的相关性。

6.1 复空间中有限范围的电流源

用于推导基本高斯波束全波泛化的方法允许确定一类全高斯波。这类全高斯波在近轴近似中减小至相同的基本高斯波束。在 $|z| - \mathrm{i}b_t = 0$ 处搜索所需的复空间源，其中 b_t 为实数。因此，$1 / q_{\pm}^2 = 1 - b_t / b$。假设 $0 \leqslant b_t / b \leqslant 1$，式(5.3)在复空间中产生的源为

$$C_{s0}(x,y) = \frac{N}{\mathrm{i}k} \frac{1}{(1 - b_t / b)} \exp\left[-\frac{x^2 + y^2}{w_0^2 (1 - b_t / b)}\right], \quad |z| - \mathrm{i}b_t = 0 \tag{6.1}$$

式(6.1)可以写为

$$C_{s0}(x,y) = \frac{N}{\mathrm{i}k} \pi w_0^2 C_{sx}(x) C_{sy}(y), \quad |z| - \mathrm{i}b_t = 0 \tag{6.2}$$

其中

$$C_{sx}(x) = \frac{1}{\sqrt{\pi} w_0 (1 - b_t / b)^{1/2}} \exp\left[-\frac{x^2}{w_0^2 (1 - b_t / b)}\right] \tag{6.3}$$

因为 $\int_{-\infty}^{\infty} dx C_{sx}(x) = 1$ ，所以 $C_{sx}(x)$ 的均方宽度为

$$\int_{-\infty}^{\infty} dx x^2 C_{sx}(x) = \frac{1}{2} w_0^2 \left(1 - \frac{b_t}{b} \right) \tag{6.4}$$

x 方向的源分布均方宽度在 $b_t = 0$ 时最大，随着 b_t 的增加而减小，当 $b_t = b$ 时最小，y 方向的源分布具有同样的特性。因此，当 b_t 从 0 增加到 b 时，源分布平均宽度减小。随着源分布宽度的减小，波束在传播方向上的扩展率增加。因此，传播时，期望 $b_t = t$ 时的波束比 $b_t = 0$ 时的波束宽。对基本高斯波束全波泛化的研究是为了在一定程度上稳妥地解释在某些激光输出中观察到的大波束宽度，近轴近似不足以满足此目的。因此，引入基本全高斯波是正当的。基本全高斯波的无功功率是无限的。为了获得有限的无功功率，复空间中的源分布必须是有限范围的。因此，对 $b_t < b$ 时全高斯波的处理导致有限范围复空间中源电流分布是有道理的。

式(6.1)给出的位于 $|z| - ib_t = 0$ 处的源，在 $|z| > 0$ 时产生近轴波束。当 $|z| \to \infty$ 时，源位置从 $|z| - ib_t = 0$ 移动到 $|z| = 0$ 。因此，式(6.1)给出的源移动到 $|z| = 0$ ，即移动到物理空间 $|z| > 0$ 的边界，用于确定近轴波束的渐进($|z| \to \infty$)值。当 $|z| \to \infty$ 时，复空间源从 $|z| - ib_t = 0$ 移动到 $|z| = 0$ ，因此通过从 $|z|$ 到 $|z| - ib_t$ 近轴波束渐近值的解析延拓，可重新获得将源从 $|z| = 0$ 移回 $|z| - ib_t = 0$ ，即原点位置的效果。对于近轴波束，渐近值仅适用于缓慢变化的振幅。但是，解析沿拓必须在整个场中进行，其中还包括快速变化的平面波相位，即 $\exp(\pm ikz)$ 。由于近轴波动方程只是全亥姆霍兹波动方程的一个近似，因此除了激励系数 S_{ex} ，从近轴波束导出的复空间源用于亥姆霍兹方程，也可以获得全高斯波的渐近值。从式(6.1)可得用于获得基本高斯波束全波泛化的复空间源，即

$$C_s(x,y) = \frac{N}{ik} \frac{S_{ex}}{(1 - b_t / b)} \exp\left[-\frac{x^2 + y^2}{w_0^2(1 - b_t / b)} \right], \quad |z| - ib_t = 0 \tag{6.5}$$

如前所述，在近轴近似中激发全波应精确地简化到初始选择的近轴波束。这样的要求允许对全波的激励系数进行评估。

根据式(6.5)可以获得产生亥姆霍兹波动方程全波解渐近值的源，即

$$C_{s\infty}(x,y,z) = \frac{N}{ik} \frac{S_{ex}}{(1 - b_t / b)} \exp\left[-\frac{x^2 + y^2}{w_0^2(1 - b_t / b)} \right] \delta(z) \tag{6.6}$$

对于式(6.6)给出的源项，$G(x,y,z)$ 可以作为亥姆霍兹方程的解。$G(x,y,z)$ 满足以下非齐次亥姆霍兹方程，即

$$\left(\frac{\partial^2}{\partial x^2} + \frac{\partial^2}{\partial y^2} + \frac{\partial^2}{\partial z^2} + k^2\right)G(x,y,z) = -\frac{N}{\mathrm{i}k}\frac{S_{ex}}{(1-b_t/b)}\exp\left[-\frac{x^2+y^2}{w_0^2(1-b_t/b)}\right]\delta(z) \quad (6.7)$$

其中，$G(x,y,z)$ 由其二维傅里叶积分表达式代替(式(A.17))。

$-S_{ex}\delta(z)$ 除以式(6.7)右边，与 $C_{s0}(x,y)$ 相等。$C_{s0}(x,y)$ 由其二维逆傅里叶变换代替。$G(x,y,z)$ 的傅里叶变换用 $\overline{G}(p_x,p_y,z)$ 表示。根据式(6.7)，可以发现 $\overline{G}(p_x,p_y,z)$ 满足如下微分方程，即

$$\left(\frac{\partial^2}{\partial z^2} + \zeta^2\right)\overline{G}(p_x,p_y,z) = -S_{ex}\frac{N}{\mathrm{i}k}\pi w_0^2\exp\left[-\pi^2 w_0^2(p_x^2+p_y^2)\left(1-\frac{b_t}{b}\right)\right]\delta(z) \quad (6.8)$$

其中

$$\zeta = \left[k^2 - 4\pi^2(p_x^2+p_y^2)\right]^{1/2} \quad (6.9)$$

根据式(A.19)～式(A.26)，式(6.8)的解可表示为

$$\overline{G}(p_x,p_y,z) = S_{ex}\frac{N}{2k}\pi w_0^2\exp\left[-\pi^2 w_0^2(p_x^2+p_y^2)\left(1-\frac{b_t}{b}\right)\right]\zeta^{-1}\exp(\mathrm{i}\zeta|z|) \quad (6.10)$$

从 $|z|$ 到 $|z|-\mathrm{i}b_t$，$\overline{G}(p_x,p_y,z)$ 是解析沿拓的，得到的矢势傅里叶变换为

$$\overline{A}_x^{\pm}(p_x,p_y,z) = S_{ex}\frac{N}{2k}\pi w_0^2\exp\left[-\pi^2 w_0^2(p_x^2+p_y^2)\left(1-\frac{b_t}{b}\right)\right]$$
$$\times \zeta^{-1}\exp\left[\mathrm{i}\zeta(|z|-\mathrm{i}b_t)\right] \quad (6.11)$$

近轴近似对应于 $4\pi^2(p_x^2+p_y^2)\ll k^2$。如式(C.17)所示，$\zeta$ 可以扩展为

$$\zeta = k - \frac{\pi^2 w_0^2(p_x^2+p_y^2)}{b} \quad (6.12)$$

在式(6.11)中，如果振幅中的 ζ 由式(6.12)中的第一项代替，相位中的 ζ 由式(6.12)中的前两项代替，可得式(6.11)的近轴近似，即

$$\overline{A}_x^{\pm}(p_x,p_y,z) = \exp(\pm\mathrm{i}kz)\frac{S_{ex}\pi w_0^2\exp(kb_t)}{2k}\frac{N}{k}$$
$$\times \exp\left[-\frac{\pi^2 w_0^2(p_x^2+p_y^2)}{q_{\pm}^2}\right] \quad (6.13)$$

其中，$q_{\pm}$ 由式(5.4)定义。

激励系数为

$$S_{ex} = -2\mathrm{i}k\exp(-kb_t) \tag{6.14}$$

那么式(6.13)可以简化为

$$\overline{A_x^\pm}(p_x, p_y, z) = \exp(\pm\mathrm{i}kz)\frac{N}{\mathrm{i}k}\pi w_0^2 \exp\left[-\frac{\pi^2 w_0^2(p_x^2 + p_y^2)}{q_\pm^2}\right] \tag{6.15}$$

式(6.15)的逆傅里叶变换为

$$A_x^\pm(x, y, z) = \exp(\pm\mathrm{i}kz)\frac{N}{\mathrm{i}k}q_\pm^2 \exp\left[-\frac{q_\pm^2(x^2 + y^2)}{w_0^2}\right] \tag{6.16}$$

这与式(4.4)给出的相同。如果激励系数由式(6.14)给出，式(6.11)中的 $\overline{A_x^\pm}(p_x, p_y, z)$ 可以正确地重现式(6.16)给出的基本高斯波束。将式(6.14)代入式(6.11)可以简化 $\overline{A_x^\pm}(p_x, p_y, z)$。$\overline{A_x^\pm}(p_x, p_y, z)$ 的逆傅里叶变换可以产生控制基本高斯波束全波泛化的矢势，即

$$
\begin{aligned}
A_x^\pm(x, y, z) = {} & \frac{N}{\mathrm{i}}\pi w_0^2 \exp(-kb_t)\int_{-\infty}^{\infty}\int_{-\infty}^{\infty}\mathrm{d}p_x p_y \exp\left[-\mathrm{i}2\pi(p_x x + p_y y)\right] \\
& \times \exp\left[-\pi^2 w_0^2(p_x^2 + p_y^2)\left(1 - \frac{b_t}{b}\right)\right]\zeta^{-1}\exp\left[\mathrm{i}\zeta(|z| - \mathrm{i}b_t)\right]
\end{aligned} \tag{6.17}
$$

由式(6.17)中的矢势产生的全波被指定为扩展全高斯波。当 $b_t = b$ 时，式(6.17)等于式(4.6)，当 $b_t = 0$ 时式(6.17)等于式(2.5)。基本高斯波($b_t = 0$)和基本全高斯波($b_t = b$)可以形成一类扩展全高斯波($0 \leqslant b_t \leqslant b$)的极限情况，所有这些在近轴近似下都可以简化至相同的基本高斯波束。

6.2 时间平均功率

从式(6.17)、式(D.30)得到的电磁场分量 $E_x^\pm(x, y, z)$ 和 $H_x^\pm(x, y, z)$ 如下，它需要获得坡印亭矢量和复功率，即

$$
\begin{aligned}
E_x^\pm(x, y, z) = {} & N\pi k w_0^2 \exp(-kb_t)\int_{-\infty}^{\infty}\int_{-\infty}^{\infty}\mathrm{d}p_x p_y \\
& \times \left(1 - \frac{4\pi^2 p_x^2}{k^2}\right)\exp\left[-\mathrm{i}2\pi(p_x x + p_y y)\right] \\
& \times \exp\left[-p^2 w_0^2(p_x^2 + p_y^2)\left(1 - \frac{b_t}{b}\right)\right] \\
& \times \zeta^{-1}\exp\left[\mathrm{i}\zeta(|z| - \mathrm{i}b_t)\right]
\end{aligned} \tag{6.18}
$$

$$H_y^\pm(x,y,z) = \pm N\pi w_0^2 \exp(-kb_t) \int_{-\infty}^{\infty}\int_{-\infty}^{\infty} \mathrm{d}\overline{p}_x\overline{p}_y$$

$$\times \exp\left[-\mathrm{i}2\pi(\overline{p}_x x + \overline{p}_y y)\right]$$

$$\times \exp\left[-\pi^2 w_0^2(\overline{p}_x^2 + \overline{p}_y^2)\left(1 - \frac{b_t}{b}\right)\right] \qquad (6.19)$$

$$\times \exp\left[\mathrm{i}\overline{\zeta}(|z| - \mathrm{i}b_t)\right]$$

将式(6.18)和式(6.19)代入式(1.13)中，可得 $\pm z$ 方向单位面积时间平均功率流 $[\pm S_z^\pm(x,y,z)]$。在整个横截面上，对 $[\pm S_z^\pm(x,y,z)]$ 关于 x 和 y 进行积分，可得扩展全高斯波在 $\pm z$ 方向传播的时间平均功率 $P_e^\pm$。利用类似于获得式(2.15)的方法，可以将 $P_e^\pm$ 转换为

$$P_e^\pm = \frac{c}{2}N^2\pi^2 kw_0^4 \exp(-2kb_t)\,\mathrm{Re}\int_{-\infty}^{\infty}\int_{-\infty}^{\infty}\mathrm{d}p_x p_y$$

$$\times \left(1 - \frac{4\pi^2 p_x^2}{k^2}\right)\exp\left[-2\pi^2 w_0^2(p_x^2 + p_y^2)\left(1 - \frac{b_t}{b}\right)\right] \qquad (6.20)$$

$$\times \zeta^{-1}\exp\left[\mathrm{i}|z|(\zeta - \zeta^*)\right]\exp\left[b_t(\zeta + \zeta^*)\right]$$

其中，N^2 的值由式(1.2)替代。

$P_e^\pm$ 在近轴近似极限中等于 $P_0^\pm = 1\mathrm{W}$。对式(6.20)的操作与利用式(2.15)获得式(2.21)、式(2.22)、式(2.25)和式(2.26)相同[3]，即

$$P_e^\pm = \int_0^{\pi/2}\mathrm{d}\theta^\pm \sin\theta^\pm \int_0^{2\pi}\mathrm{d}\phi\,\Phi_e(\theta^\pm,\phi) \qquad (6.21)$$

其中

$$\Phi_e(\theta^\pm,\phi) = \frac{(1 - \sin^2\theta^\pm\cos^2\phi)}{2\pi f_0^2}\exp\left[-\frac{1}{2}k^2 w_0^2\left(1 - \frac{b_t}{b}\right)\sin^2\theta^\pm\right]$$

$$\times \exp\left[-k^2 w_0^2 \frac{b_t}{b}(1 - \cos\theta^\pm)\right] \qquad (6.22)$$

同时，根据式(2.24)，定义

$$\theta^- = \pi - \theta^+ \qquad (6.23)$$

由式(6.21)和式(6.22)可以看出，$P_e^+ = P_e^-$。由式(6.22)可以看出，扩展全高斯波通过 $kw_0(=1/f_0)$ 和 b_t/b 两个参数描述。将式(6.22)代入式(6.21)，解析地对 ϕ 进行积分，并对 θ^+ 进行数值积分，可以获得 kw_0 固定时，以 b_t/b 为变量的函数 P_e^+ 和

b_t / b 固定时以 kw_0 为变量的函数 P_e^+。在图 6.1 中，当 $kw_0 = 1.563$，$0 \leqslant b_t / b \leqslant 1$ 时，$P_e^\pm$ 是 b_t / b 的函数。对极限情况，b_t / b 等于 1 或者 0 时，分别对应于基本全高斯波和基本高斯波。当 b_t / b 从 1 减少到 0 时，P_e^+ 是单调递增的。对于相应的近轴波束，也就是基本高斯波束，在 $\pm z$ 方向传播的时间平均功率为 $P_0^\pm = 1\text{W}$。从图 6.1 可以看到，当 b_t / b 从 1 降为 0 时，功率比 $P_0^\pm / P_e^\pm$ 接近 1。因此，当 b_t / b 从 1 降为 0 时，全波近轴近似的特性可以得到改善[4]。特别地，比起基本全高斯波，基本高斯波束更接近基本高斯波。在图 6.2 中，当 $b_t / b = 0.5$，$1 < kw_0 < 10$ 时，$P_e^\pm$ 是 kw_0 的函数。随着 kw_0 的增加，P_e^+ 单调递增并接近对应于基本高斯波束的极限值 $P_0^\pm = 1\text{W}$。随着 kw_0 的增加，$P_e^\pm / P_0^\pm$ 接近 1，因此全波近轴近似的特性随着 kw_0 的增加得到改善[4]。

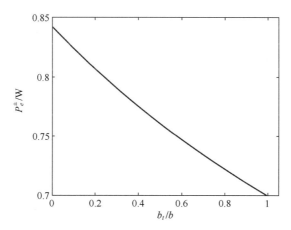

图 6.1　扩展全高斯波在 $\pm z$ 方向传播的时间平均功率 $P_e^\pm$ 是 b_t / b 的函数

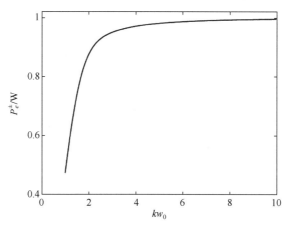

图 6.2　扩展全高斯波在 $\pm z$ 方向传播的时间平均功率 $P_e^\pm$ 是 kw_0 的函数

6.3　辐　射　强　度

式(6.21)和式(6.22)中的 $\Phi_e(\theta^+,\phi)$ 是 (θ^+,ϕ) 规定方向上单位立体角的时间平均功率流。因此，$\Phi_e(\theta^+,\phi)$ 和 $\Phi_e(\theta^-,\phi)$ 分别是 $z>0$ 和 $z<0$ 时的辐射强度。对于 $z>0$，θ^+ 相对于 $+z$ 轴定义；对于 $z<0$，θ^- 相对于 $-z$ 轴定义。鉴于式(6.23)，$z<0$ 时的 $\Phi_e(\theta^-,\phi)$ 是 $z>0$ 时 $\Phi_e(\theta^+,\phi)$ 关于 $z=0$ 平面的镜像。因此，这里仅讨论 $z>0$ 时的辐射强度分布。

辐射强度 $\Phi_e(\theta^+,\phi)$ 是 ϕ 的函数，具有关于 $\phi=(0°,180°)$ 和 $\phi=(90°,270°)$ 平面的反射对称性。因此，仅对一个象限，即 $0°<\phi<90°$ 内 $\Phi_e(\theta^+,\phi)$ 的变化进行处理。在每一个 $\phi=$ 常量的方位平面内，当 $\theta^+=0°$ 时，$\Phi_e(\theta^+,\phi)$ 的值为 $1/2\pi f_0^2$，随着 θ^+ 的增加，$\Phi_e(\theta^+,\phi)$ 的值单调递减，并在 $\theta^+=90°$ 时达到最小值。根据式(6.21)和式(6.22)可得最小值，即

$$\Phi_e(\theta^+=90°,\phi)=\frac{\sin^2\phi}{2\pi f_0^2}\exp\left[-\frac{1}{2}k^2w_0^2\left(1+\frac{b_t}{b}\right)\right] \tag{6.24}$$

最小值从 $\phi=0°$ 时的 0 增加到 $\phi=90°$ 的最大值。当 $\phi=0°$ 时，扩展全高斯波的波束宽度具有最小值，随着 ϕ 的增加，波束宽度单调递增，并在 $\phi=90°$ 时达到最大值。

在图 6.3 中，当 $0°<\theta^+<90°$ 时，$kw_0=1.563$、$b_t/b=0.5$，扩展全高斯波的辐射强度曲线 $\Phi_e(\theta^+,\phi)$ 被描述为 θ^+ 的函数；近轴高斯波束功率为 1W，扩展全高斯波功率为 0.7612W。为了加以对比，还给出相应基本高斯波束的辐射强度曲线 $\Phi_0(\theta^+,\phi)$。$\Phi_0(\theta^+,\phi)$ 与 ϕ 无关。在 $+z$ 或 $-z$ 方向传播的基本高斯波束时间平均功率 $P_0^\pm$ 是 1W。对于 ϕ，当 $0°<\theta^+<90°$ 时，$\Phi_0(\theta^+,\phi)$ 是 $\Phi_e(\theta^+,\phi)$ 很好的近似。随着 ϕ 从 $0°$ 增加到 $90°$，$\Phi_e(\theta^+,\phi)$ 与 $\Phi_0(\theta^+,\phi)$ 之间的一致性提高。因此，在 $\phi=0°$ 时，$\Phi_e(\theta^+,\phi)$ 与 $\Phi_0(\theta^+,\phi)$ 之间的差异最大。

将图 6.3 与图 2.2 和图 4.2 进行对比可以看出，$b_t/b=0.5$ 时的扩展全高斯波辐射强度曲线一般特征与基本高斯波和基本全高斯波相同。如前所述，基本高斯波和基本全高斯波也是扩展全高斯波在 $b_t/b=0$ 和 $b_t/b=1$ 的特殊和极限情况。因此，随着参数 b_t/b 从 0 变到 1，扩展全高斯波的辐射强度曲线不发生显著变化。对应于 b_t/b 在 0 到 1 的扩展，全高斯波在近轴近似中减小到同样的基本高斯波束。当 θ^+ 向 $90°$ 增加时，扩展全高斯波不同部分的辐射强度曲线差异变得明显。当 θ^+ 从 $0°$ 增加到 $90°$ 时，指数项对辐射强度的贡献迅速减小。

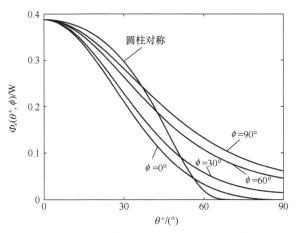

图 6.3　扩展全高斯波的辐射强度 $\Phi_e(\theta^+, \phi)$ 在不同 ϕ 值时的曲线分布

为了给出不同 b_t / b 值下辐射强度曲线的这些特征，如图 6.4 所示，扩展全高斯波辐射强度曲线图 $\Phi_e(\theta^+, \phi)$ 被表示为，当 $0° < \theta^+ < 90°$、$\phi = 0°$、$kw_0 = 1.563$ 时，在 b_t / b 为两种极限值 0 和 1 情况下 θ^+ 的函数，其中近轴高斯波束功率为 1W，扩展全高斯波功率在 $b_t / b = 1$ 时为 0.7001W，在 $b_t / b = 0$ 时为 0.8428W。如图 6.4 所示，θ^+ 在从 0° ～ 90° 整个范围内扩展全高斯波的辐射强度分布 $\Phi_e(\theta^+, \phi)$ 对于 b_t / b 从 0～1 的变化是相当不敏感的。

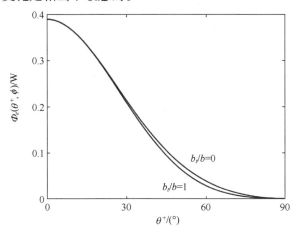

图 6.4　扩展全高斯波辐射强度 $\Phi_e(\theta^+, \phi)$ 在不同 b_t / b 值时的曲线分布

6.4　辐射功率和无功功率

由式(6.17)和式(6.18)分别给出的 $A_x^\pm(x, y, z)$ 和 $E_x^\pm(x, y, z)$ 在 $z = 0$ 平面上是连

续的。式(6.19)给出的 $H_y^\pm(x,y,z)$ 在 $z=0$ 平面具有不连续性。$H_y^\pm(x,y,z)$ 的不连续性相当于 $z=0$ 平面上的平面电流密度。根据式(6.19)得到的表面电流密度为

$$
\begin{aligned}
J(x,y,z) &= \hat{z} \times \hat{y}\left[H_y^+(x,y,0) - H_y^-(x,y,0) \right] \\
&= -\hat{x} 2N\pi w_0^2 \exp(-kb_t)\delta(z)\int_{-\infty}^{\infty}\int_{-\infty}^{\infty} \mathrm{d}\overline{p}_x \overline{p}_y \exp\left[-\mathrm{i}2\pi(\overline{p}_x x + \overline{p}_y y) \right] \\
&\quad \times \exp\left[-\pi^2 w_0^2 (\overline{p}_x^2 + \overline{p}_y^2)\left(1 - \frac{b_t}{b}\right)\right]\exp(\overline{\zeta} b_t)
\end{aligned}
\tag{6.25}
$$

将式(6.18)和式(6.25)代入式(D.18)可得

$$
\begin{aligned}
P_C &= cN^2 \pi^2 k w_0^4 \exp(-2kb_t)\int_{-\infty}^{\infty}\int_{-\infty}^{\infty} \mathrm{d}p_x p_y \\
&\quad \times \left(1 - \frac{4\pi^2 p_x^2}{k^2}\right)\exp\left[-2\pi^2 w_0^2 (p_x^2 + p_y^2)\left(1 - \frac{b_t}{b}\right)\right] \\
&\quad \times \zeta^{-1} \exp\left[b_t(\zeta + \zeta^*)\right]
\end{aligned}
\tag{6.26}
$$

获得式(6.26)的过程与式(6.20)相同。N^2 的值由式(1.2)替代。在近轴近似的极限中，相应基本高斯波束在 $\pm z$ 方向传输的时间平均功率 $P_0^\pm = 1\mathrm{W}$。用根据式(2.15)推导式(2.21)、式(2.22)、式(2.25)和式(2.26)同样的方法对式(6.26)进行转换，式(6.26)的实功率 P_{re} 是复功率 P_C 的一部分，对应于实部值 ζ。P_{re} 等于 $2P_e^\pm$，其中 $P_e^\pm$ 由式(6.21)～式(6.23)得到，即

$$
P_{re} = 2P_e^\pm = P_e^+ + P_e^-
\tag{6.27}
$$

因此，实功率等于扩展全高斯波在 $+z$ 和 $-z$ 方向传输的总时间的平均功率。实功率是由电流源分布产生的时间平均功率。它通过对存在电流的整个次级源平面 $z=0$ 的积分确定。

根据式(1.2)替代 N^2 的值，同时根据式(2.16)改变积分变量，那么式(6.26)可转换为

$$
\begin{aligned}
P_C &= P_{re} + \mathrm{i}P_{im} = \frac{w_0^2}{\pi}\exp(-2kb_t)\int_0^{\infty}\mathrm{d}pp\int_0^{2\pi} d\left(1 - \frac{p^2 \cos^2 \phi}{k^2}\right) \\
&\quad \times \exp\left[-\frac{w_0^2}{2}\left(1 - \frac{b_t}{b}\right)p^2 \right]\xi^{-1}\exp\left[kb_t(\xi + \xi^*)\right]
\end{aligned}
\tag{6.28}
$$

其中，$\xi = (1 - p^2/k^2)^{1/2}$。

当 $k < p < \infty$ 时，ξ 为虚数。根据式(6.28)，可得 P_C 的虚部或无功功率，即

$$P_{im} = -\frac{w_0^2}{\pi} \exp(-2kb_t) \int_k^\infty \mathrm{d}p\, p \int_0^{2\pi} \mathrm{d}\phi \left(1 - \frac{p^2 \cos^2 \phi}{k^2}\right)$$

$$\times \exp\left[-\frac{w_0^2}{2}\left(1 - \frac{b_t}{b}\right)p^2\right]\xi_{im}^{-1} \tag{6.29}$$

其中

$$\xi_{im} = (p^2/k^2 - 1)^{1/2} \tag{6.30}$$

式(6.29)关于 ϕ 进行了积分。积分变量依据下式变化，即

$$p^2/k^2 = 1 + \tau^2 \tag{6.31}$$

因此，可以将 P_{im} 简化为

$$P_{im} = -k^2 w_0^2 \exp\left[-\frac{k^2 w_0^2}{2}\left(1 + \frac{b_t}{b}\right)\right]$$

$$\times \int_k^\infty \mathrm{d}\tau(1 - \tau^2)\exp\left[-\frac{k^2 w_0^2}{2}\left(1 - \frac{b_t}{b}\right)\tau^2\right] \tag{6.32}$$

对积分进行计算，结果为

$$P_{im} = -\left(\frac{\pi}{2}\right)^{1/2} kw_0\left(1 - \frac{b_t}{b}\right)^{-1/2}\exp\left[-\frac{k^2 w_0^2}{2}\left(1 + \frac{b_t}{b}\right)\right]$$

$$\times \left[1 - \frac{1}{k^2 w_0^2(1 - b_t/b)}\right] \tag{6.33}$$

　　根据参数 kw_0 和 b_t/b 可得无功功率的显式表达式。当 $b_t/b = 0$ 时，式(6.33)与式(2.36)相同，即在 $b_t/b = 0$ 的极限情况下，式(6.33)可以正确地再现基本高斯波的无功功率。当 $b_t/b = 1$ 时，式(6.33)表明无功功率是无穷大的。因此，对于另一种 $b_t/b = 1$ 的极限情况，式(6.33)同样可以正确地再现基本全高斯波的无功功率。对于参数 kw_0 和 b_t/b 的特定组合，无功功率为零，存在共振。对于 kw_0 和 b_t/b 的适当变化，无功功率从电感性变为电容性，反之亦然。

　　如图 6.5 所示，在 $0 \leqslant b_t/b \leqslant 1$、$kw_0 = 1.563$ 时，无功功率 P_{im} 是 b_t/b 的函数，相应近轴波束中的时间平均功率为 $P_0^\pm = 1\text{W}$。当 b_t/b 从 0 增加到 1 时，实功率降低，但是随着 b_t/b 从 0 增加到 1，无功功率增加。当 $kw_0 = 1.563$ 时，扩展全高斯波存在共振，$b_t/b = 0.5905$ 时，$P_{im} = 0$。当 b_t/b 接近 1 时，P_{im} 迅速增加，在 b_t/b 达到 1 时，P_{im} 变为无穷大。如图 6.6 所示，当 $0.2 < kw_0 < 1.2$、$b_t/b = 0.5$ 时，无功功率为 kw_0 的函数，相应近轴波束中的时间平均功率为 $P_0^\pm = 1\text{W}$。当 $b_t/b < 1$ 时，随着 kw_0 的增加，无功功率减小并接近零。

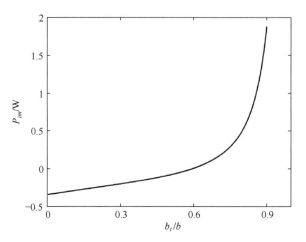

图 6.5　扩展全高斯波的无功功率 P_{im} 是 b_t / b 的函数

近轴近似对应于 $kw_0 \to \infty$。在近轴近似中，无功功率 $P_{im} = 0$。从图 6.6 可以看出，当 $kw_0 = 1.2$ 时，达到近轴近似。

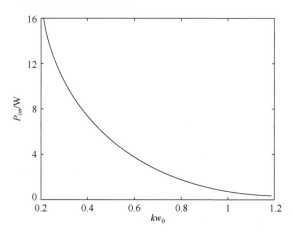

图 6.6　扩展全高斯波的无功功率 P_{im} 是 kw_0 的函数

参 考 文 献

[1] S. R. Seshadri, "Reactive power in the full Gaussian light wave," *J. Opt. Soc. Am. A* **26**, 2427–2433(2009).

[2] S. R. Seshadri, "Full-wave generalizations of the fundamental Gaussian beam," *J. Opt. Soc. Am. A* **26**, 2515–2520 (2009).

[3] S. R. Seshadri, "Dynamics of the linearly polarized fundamental Gaussian light wave," *J. Opt. Soc. Am. A* **24**, 482–492 (2007).

[4] S. R. Seshadri, "Quality of paraxial electromagnetic beams," *Appl. Opt.* **45**, 5335–5345 (2006).

第7章 圆柱对称横磁全高斯波

由磁/电矢势产生的基本高斯波束和波,垂直于传播方向。如果矢势平行于传播方向,并且是圆柱对称的,则激发横磁(transverse magnetic,TM)和横电(transverse electric,TE)波束和波[1-5]。低阶解用于矢势,与基本高斯波束和波相同。产生的电磁场比基本高斯波束的电磁场高一个数量级, 比 kw_0 小一个数量级。对于 TM 近轴波束,电场分量 $E_\rho(\rho,z)$ 在次级源平面 $z=0$ 上是不连续的,导致在次级源平面上产生方位定向磁流片。因此, 可以直接用电磁场和源电流密度的形式提出圆柱对称的 TM 高斯近轴波束和全波的问题。首先, 在近轴近似中获得该解,确定电磁场并获得实功率、辐射强度分布和无功功率特性。TM 高斯波束的无功功率为零。

对圆柱对称的 TM 近轴波束进行全波泛化。该过程包括从 $|z|$ 到 $|z|-ib_t$ 渐进 ($z \to \infty$)区域的解析延拓,其中长度参数 b_t 的范围为 $0 \leqslant b_t \leqslant b$, b 为瑞利距离。$b_t/b=1$ 的极限情况与 Deschamps[6]和 Felsen[7]对基本高斯波束提出的全波处理是相同的[4]。对于圆柱对称 TM 全高斯波,本章推导所需的磁流密度,并确定产生电磁场的相关分量;分析实功率、无功功率和辐射强度分布的特征;研究不同物理量特性对 b_t/b 和 kw_0 的依赖关系。

7.1 圆柱对称横磁波束

考虑当 $z>0$,沿 $+z$ 方向和 $-z$ 方向外传播的情况。次级源是位于 $z=0$ 平面上的极薄电流片。电流在 ϕ(方位角)方向没有变化,因此所有激发场都与 ϕ 无关。假设电流在 ϕ 方向上,磁流密度和电流密度分别用 $\hat{\phi}J_m(\rho,z)$ 和 $\hat{\phi}J_e(\rho,z)$ 表示。麦克斯韦方程(式(D.8)和式(D.9))分量可以分成独立的两组,即

$$ikH_\phi - J_m = \frac{\partial E_\rho}{\partial z} - \frac{\partial E_z}{\partial \rho} \tag{7.1}$$

$$-ikE_\rho = -\frac{\partial H_\phi}{\partial z} \tag{7.2}$$

$$-ikE_z = \frac{1}{\rho}\frac{\partial(\rho H_\phi)}{\partial \rho} = \left(\frac{\partial}{\partial \rho} + \frac{1}{\rho}\right)H_\phi \tag{7.3}$$

$$-\mathrm{i}kE_\phi + J_e = \frac{\partial H_\rho}{\partial z} - \frac{\partial H_z}{\partial \rho} \tag{7.4}$$

$$\mathrm{i}kH_\rho = -\frac{\partial E_\phi}{\partial z} \tag{7.5}$$

$$\mathrm{i}kH_z = \frac{1}{\rho}\frac{\partial(\rho E_\phi)}{\partial \rho} = \left(\frac{\partial}{\partial \rho} + \frac{1}{\rho}\right)E_\phi \tag{7.6}$$

式(7.1)～式(7.3)给出的第一组场分量 (H_ϕ, E_ρ, E_z) 由磁流密度 J_m 激发。由于磁场 H_ϕ 垂直于传播方向 $(\pm z)$，因此该组分量形成 TM 模式。极化是参照横向电场说明的，因此 TM 模式是径向极化的。式(7.4)～式(7.6)给出的第二组场分量 (E_ϕ, H_ρ, H_z) 由电流密度 J_e 产生。由于电场 E_ϕ 垂直于传播方向，因此该组分量形成 TE 模式。TE 模式是方位极化的。第二组分量通过以下对偶关系从第一组中获得，即

$$E_\rho \to H_p, \quad E_z \to H_z, \quad H_\phi \to -E_\phi, \quad J_m \to -J_e \tag{7.7}$$

由于第二组是第一组的对偶，因此只处理具有径向极化的 TM 模式。将式(7.2)和式(7.3)中的 E_ρ 和 E_z 分别代入式(7.1)，可得 H_ϕ 满足的微分方程，即

$$\left(\frac{\partial^2}{\partial \rho^2} + \frac{1}{\rho}\frac{\partial}{\partial \rho} - \frac{1}{\rho^2} + \frac{\partial^2}{\partial z^2} + k^2\right)H_\phi(\rho, z) = -\mathrm{i}kJ_m(\rho, z) \tag{7.8}$$

电流密度为

$$J_m(\rho, z) = J_m(\rho)\delta(z) \tag{7.9}$$

根据式(7.8)和式(7.9)，$H_\phi(\rho, z)$ 在 $z = 0$ 平面上是连续的。方位角方向电流不能存在于 $\rho = 0$ 处，即要求在 $\rho = 0$ 时 $J_m(\rho)$ 为零。当 $\rho = 0$ 时，$H_\phi(\rho, 0)$ 应该为零。因此，可以为 $H_\phi(\rho, z)$ 的输出值 $(z = 0)$ 假定一个简单形式，即

$$H_{\phi 0}(\rho, 0) = N\rho \exp(-\rho^2 / w_0^2) \tag{7.10}$$

其中，w_0 为径向场变化的标度长度；N 为分析后期确定的归一化常数；下标 0 表示近轴。

由式(7.9)可知，$|z| > 0$ 时，式(7.8)的右侧为零。我们可以从式(7.8)和式(7.10)出发，获得 $|z| > 0$ 时，TM 近轴波束的传播特性。

将平面波相位因子分离出来可得

$$H_{\phi 0}^\pm(\rho, z) = \exp(\pm\mathrm{i}kz)h^\pm(\rho, z) \tag{7.11}$$

其中，$\pm$ 表示在 $\pm z$ 方向上传播；$h^{\pm}(\rho, z)$ 表示缓慢变化的振幅。

将式(7.11)代入式(7.8)，利用近轴近似可得 $h^{\pm}(\rho, z)$ 满足的近轴波动方程，即

$$\left(\frac{\partial^2}{\partial\rho^2} + \frac{1}{\rho}\frac{\partial}{\partial\rho} - \frac{1}{\rho^2} \pm 2\mathrm{i}k\frac{\partial}{\partial z}\right)h^{\pm}(\rho, z) = 0 \tag{7.12}$$

由于

$$\left(\frac{\partial^2}{\partial\rho^2} + \frac{1}{\rho}\frac{\partial}{\partial\rho} + \eta^2 - \frac{1}{\rho^2}\right)J_1(\eta\rho) = 0 \tag{7.13}$$

其中，J_1 为 1 阶贝塞尔函数。

以下的贝塞尔函数变换可以用于求解式(7.12)，即

$$h^{\pm}(\rho, z) = \int_0^{\infty} \mathrm{d}\eta\, \eta J_1(\eta\rho)\overline{h}^{\pm}(\eta, z) \tag{7.14}$$

$$\overline{h}^{\pm}(\eta, z) = \int_0^{\infty} \mathrm{d}\rho\, \rho J_1(\eta\rho)h^{\pm}(\rho, z) \tag{7.15}$$

将式(7.14)代入式(7.12)，可得

$$\left(\frac{\partial}{\partial z} \pm \frac{\mathrm{i}\eta^2 w_0^2}{4b}\right)\overline{h}^{\pm}(\eta, z) = 0 \tag{7.16}$$

其中，$b = \frac{1}{2}kw_0^2$ 为瑞利距离。

式(7.16)的解为

$$\overline{h}^{\pm}(\eta, z) = \overline{h}^{\pm}(\eta, 0)\exp\left(-\frac{\eta^2 w_0^2}{4}\frac{\mathrm{i}|z|}{b}\right) \tag{7.17}$$

根据式(7.10)和式(7.15)，可得 $h^{\pm}(\rho, 0)[= H_{\phi 0}(\rho, 0)]$ 的贝塞尔变换为

$$\overline{h}^{\pm}(\eta, 0) = N\int_0^{\infty} \mathrm{d}\rho\, \rho J_1(\eta\rho)\rho\exp(-\rho^2 / w_0^2) \tag{7.18}$$

利用积分关系[8]，即

$$\int_0^{\infty} \mathrm{d}t\, t^{n+1}J_n(at)\exp(-p^2t^2) = \frac{a^n}{(2p^2)^{n+1}}\exp\left(-\frac{a^2}{4p^2}\right) \tag{7.19}$$

得到的 $\overline{h}^{\pm}(\eta, 0)$ 为

$$\overline{h}^{\pm}(\eta, 0) = N\frac{w_0^4}{4}\eta\exp\left(-\frac{\eta^2 w_0^2}{4}\right) \tag{7.20}$$

将式(7.20)代入式(7.17)，并利用式(7.14)进行逆贝塞尔变换可得

$$h^{\pm}(\rho, z) = N\frac{w_0^4}{4}\int_0^{\infty} \mathrm{d}\eta\, \eta^2 J_1(\eta\rho)\exp\left(-\frac{\eta^2 w_0^2}{4q_{\pm}^2}\right) \tag{7.21}$$

其中

$$q_\pm = (1 + i|z|/b)^{-1/2} \tag{7.22}$$

对于物理空间的位置坐标，$1/q_\pm^2 \neq 0$，利用式(7.19)从式(7.21)可得 $h^\pm(\rho, z)$，即

$$h^\pm(\rho, z) = N q_\pm^4 \rho \exp(-q_\pm^2 \rho^2 / w_0^2) \tag{7.23}$$

根据式(7.11)和式(7.23)可得

$$H_{\phi 0}^\pm(\rho, z) = \exp(\pm i k z) N q_\pm^4 \rho \exp(-q_\pm^2 \rho^2 / w_0^2) \tag{7.24}$$

这是圆柱对称 TM 近轴波束场。根据式(7.2)和式(7.24)，在近轴近似中，$E_{\rho 0}^\pm(\rho, z)$ 为

$$E_{\rho 0}^\pm(\rho, z) = \pm \exp(\pm i k z) N q_\pm^4 \rho \exp(-q_\pm^2 \rho^2 / w_0^2) \tag{7.25}$$

为了找到时间平均坡印亭矢量和复功率，只需要横向场分量 $H_{\phi 0}^\pm(\rho, z)$ 和 $E_{\rho 0}^\pm(\rho, z)$，不需要其他场分量，即纵向场分量 $E_{z 0}^\pm(\rho, z)$。

时间平均坡印亭矢量的 z 分量 $S_{z 0}^\pm(\rho, z)$ 可以根据式(7.24)和式(7.25)推导。通过在整个横向平面上对 $\pm S_{z 0}^\pm(\rho, z)$ 进行积分，可以确定 TM 近轴波束在 $+z$ 和 $-z$ 方向传播的时间平均功率 $P_0^\pm$，即

$$
\begin{aligned}
P_0^\pm &= 2\pi \int_0^\infty \mathrm{d}\rho\, \rho \left(\pm \frac{c}{2} \right) \mathrm{Re}\left[E_{\rho 0}^\pm(\rho, z) H_{\phi 0}^{\pm *}(\rho, z) \right] \\
&= \frac{c N^2 \pi}{(1 + z^2 / b^2)^2} \int_0^\infty \mathrm{d}\rho\, \rho^3 \exp\left[-\frac{2\rho^2}{w_0^2 (1 + z^2 / b^2)} \right] \\
&= \frac{c N^2 \pi w_0^4}{8}
\end{aligned} \tag{7.26}
$$

选择归一化常量为

$$N = (8 / c\pi w_0^4)^{1/2} \tag{7.27}$$

那么，$P_0^\pm = 1\mathrm{W}$。归一化使 TM 近轴波束在 $\pm z$ 方向上传播的时间平均功率变为 $P_0^\pm = 1\mathrm{W}$。

对 $z > 0$，找到时间平均坡印亭矢量 $S_{z 0}^\pm(\rho, z)$ 的 z 分量，并用式(7.27)代替 N^2，可得

$$S_{z 0}^+(\rho, z) = \frac{4}{\pi w_0^4} \frac{\rho^2}{(1 + z^2 / b^2)} \exp\left[-\frac{2\rho^2}{w_0^2 (1 + z^2 / b^2)} \right] \tag{7.28}$$

使用球面坐标 (r, θ^+, ϕ)，则 $\rho = r \sin\theta^+$、$z = r \cos\theta^+$，其中 θ^+ 是相对于 $+z$ 轴定义

的。由于 $\hat{z} = \hat{r}\cos\theta^+ - \hat{\theta}\sin\theta^+$，时间平均坡印亭矢量的径向分量由 $S_{r0}^+(r,\theta^+,\phi) = \cos\theta^+ S_{z0}^+(\rho,z)$ 给出，因此可以确定 $z > 0$ 时的辐射强度为

$$\begin{aligned}\Phi_0(\theta^+,\phi) &= \operatorname*{Lim}_{kr\to\infty} r^2 S_{r0}^+(r,\theta^+,\phi)\\ &= \frac{k^4 w_0^4}{4\pi}\frac{\tan^2\theta^+}{\cos\theta^+}\exp\left(-\frac{1}{2}k^2 w_0^2\tan^2\theta^+\right)\end{aligned} \tag{7.29}$$

对于 $z < 0$，可得 $S_{z0}^-(\rho,z)$ 为

$$S_{z0}^-(\rho,z) = -S_{z0}^+(\rho,z) \tag{7.30}$$

使用球面坐标 (r,θ^-,ϕ)。这里 θ^- 是相对于 $-z$ 轴定义的，因此 $\rho = r\sin\theta^-$，$-z = r\cos\theta^-$。同样，因为 $-\hat{z} = \hat{r}\cos\theta^- - \hat{\theta}\sin\theta^-$，所以时间平均坡印亭矢量的径向分量为 $S_{r0}^-(r,\theta^-,\phi) = -\cos\theta^- S_{z0}^-(\rho,z)$。$z < 0$ 时的辐射强度为

$$\begin{aligned}\Phi_0(\theta^-,\phi) &= \operatorname*{Lim}_{kr\to\infty} r^2 S_{r0}^-(r,\theta^-,\phi)\\ &= \frac{k^4 w_0^4}{4\pi}\frac{\tan^2\theta^-}{\cos\theta^-}\exp\left(-\frac{1}{2}k^2 w_0^2\tan^2\theta^-\right)\end{aligned} \tag{7.31}$$

通过 $z = 0$ 平面的反射，可以根据 $z > 0$ 时的辐射强度分布 $\Phi_0(\theta^+,\phi)$ 得到 $z < 0$ 时的辐射强度分布 $\Phi_0(\theta^-,\phi)$。

从式(7.24)和式(7.25)可知，$H_{\phi0}^\pm(\rho,z)$ 在 $z = 0$ 平面上是连续的，$E_{\rho0}^\pm(\rho,z)$ 在 $z = 0$ 平面是不连续的。切向电场的不连续性等价于次级源平面上感应的磁流密度。从式(7.25)可以推导感应磁流密度，即

$$\begin{aligned}J_{m0}(\rho,z) &= -\hat{z}\times\hat{\rho}(E_\rho^+(\rho,0) - E_\rho^-(\rho,0))\delta(z)\\ &= -\hat{\phi}2N\rho\exp(-\rho^2/w_0^2)\delta(z)\end{aligned} \tag{7.32}$$

根据式(7.24)、式(7.32)和式(D.22)得到的复功率为

$$\begin{aligned}P_C &= -\frac{c}{2}2\pi\int_0^\infty \mathrm{d}\rho\rho\int_{-\infty}^\infty \mathrm{d}z H_0^\pm(\rho,z) J_{m0}^*(\rho,z)\\ &= c\pi2\int_0^\infty \mathrm{d}\rho\rho N^2\rho^2\exp\left(-\frac{2\rho^2}{w_0^2}\right)\\ &= 2\end{aligned} \tag{7.33}$$

将 N^2 的值代入式(7.27)可得式(7.33)。圆对称 TM 近轴波束没有无功功率，即 $P_{im} = 0$。实功率 $P_{re} = P_0^+ + P_0^- = 2\mathrm{W}$，其中 1W 沿 $+z$ 方向流动，另 1W 沿 $-z$ 方向流动。

基本高斯波束的无功功率为零。我们发现，圆柱对称 TM 近轴波束的无功功

率也是零。对于基本高斯波束和圆柱对称的 TM 近轴波束，都需要对近轴波束进行全波泛化。

7.2　复空间中的电流源

对于物理空间中的位置坐标，式(7.21)产生圆柱对称 TM 波束的常规表达式。找到 $|z|-\mathrm{i}b=0$ 时的 $h^{\pm}(\rho,z)$ 值，根据 $1/q_{\pm}^2=0$ 和式(7.21)，可得复空间的源，即

$$C_{s0}(\rho,z)=N\frac{w_0^4}{4}\int_0^\infty \mathrm{d}\eta\eta^2 J_1(\eta\rho),\quad |z|-\mathrm{i}b=0 \tag{7.34}$$

由于 $J_1(\eta\rho)=-J_0'(\eta\rho)$，质数表示关于自变量的微分，且 $(\partial/\partial\rho)J_0(\eta\rho)=\eta J_0'(\eta\rho)$，式(7.34)可以改写为

$$C_{s0}(\rho,z)=-N\frac{w_0^4}{4}\frac{\partial}{\partial\rho}\int_0^\infty \mathrm{d}\eta\eta J_0(\eta\rho),\quad |z|-\mathrm{i}b=0 \tag{7.35}$$

考虑如下贝塞尔变换方程，用 $J_0(\eta\rho)$ 代替 $J_1(\eta\rho)$，则有

$$f(\rho,z)=\int_0^\infty \mathrm{d}\eta\eta J_0(\eta\rho)\bar{f}(\eta,z) \tag{7.36}$$

$$\bar{f}(\eta,z)=\int_0^\infty \mathrm{d}\rho\rho J_0(\eta\rho)f(\rho,z) \tag{7.37}$$

使 $f(\rho,z)=\delta(\rho)/\rho$。由 $J_0(0)=1$ 可知，$\bar{f}(\eta,z)=1$。根据式(7.36)可得

$$\int_0^\infty \mathrm{d}\eta\eta J_0(\eta\rho)=\frac{\delta(\rho)}{\rho} \tag{7.38}$$

将式(7.38)代入式(7.35)可得

$$C_{s0}(\rho,z)=-N\frac{w_0^4}{4}\frac{\partial}{\partial\rho}\frac{\delta(\rho)}{\rho},\quad |z|-\mathrm{i}b=0 \tag{7.39}$$

因此，复空间中对应于 $|z|-\mathrm{i}b=0$ 的源是一个高阶点源。对于基本高斯波束，复空间中对应的源为一点源，但是它没有导数。由于复空间中的源是高阶点源，就像基本全高斯波，以及对于圆柱对称 TM 波束的全波泛化，无功功率预期是无限大的。为了获得有限的无功功率，有必要在复空间寻找电流分布而不是高阶点源。

在 $|z|-\mathrm{i}b_t=0$ 上搜索期望的复空间源，其中 b_t 为实数。于是，$1/q_{\pm}^2=1-b_t/b$。假设 $0\leqslant b_t/b\leqslant 1$，式(7.19)和式(7.21)在复空间中产生的源为

$$C_{s0}(\rho,z)=N\frac{w_0^4}{4}\int_0^\infty \mathrm{d}\eta\eta^2 J_1(\eta\rho)\exp\left[-\frac{\eta^2 w_0^2}{4}\left(1-\frac{b_t}{b}\right)\right] \tag{7.40}$$

$$= N \frac{\rho}{(1-b_t / b)^2} \exp\left[-\frac{\rho^2}{w_0^2 (1-b_t / b)}\right] \tag{7.41}$$

式(7.40)或式(7.41)给出位于 $|z|-\mathrm{i}b_t = 0$ 的源，产生所有 $|z|>0$ 的近轴波束。当 $|z|\to\infty$ 时，源移动到 $|z|=0$ 处。因此，将源移动到 $|z|=0$ 处可以确定近轴波束的渐进值，通过从 $|z|$ 到 $|z|-\mathrm{i}b_t$ 的近轴波束渐进值的解析沿拓实现将源移回 $|z|-\mathrm{i}b_t = 0$。对于近轴波束，仅对缓慢变化的振幅找到渐进值。解析沿拓必须在整个场进行，其中还包括快速变化的平面波相位，即 $\exp(\pm \mathrm{i}kz)$。近轴波动方程只是全亥姆霍兹波动方程的一个近似。因此，除了激励系数 S_{ex}，从近轴波束推导的复空间源被用于亥姆霍兹方程以获得全高斯波的渐进值。由式(7.40)可得 TM 波束全波泛化的复空间源，即

$$C_{s0}(\rho,z) = S_{ex} N \frac{w_0^4}{4} \int_0^\infty \mathrm{d}\eta\,\eta^2 J_1(\eta\rho) \exp\left[-\frac{\eta^2 w_0^2}{4}\left(1-\frac{b_t}{b}\right)\right] \tag{7.42}$$

近轴近似要求全波应该正确重现初始选择的近轴波束，由此可得激励系数 S_{ex}。根据式(7.42)可得产生亥姆霍兹方程全波解渐进值的源为

$$C_{s\infty}(\rho,z) = S_{ex} N \frac{w_0^4}{4} \delta(z) \int_0^\infty \mathrm{d}\eta\,\eta^2 J_1(\eta\rho) \exp\left[-\frac{\eta^2 w_0^2}{4}\left(1-\frac{b_t}{b}\right)\right] \tag{7.43}$$

7.3　圆柱对称 TM 全波

设 $G(\rho,z)$ 为式(7.43)给出的源的亥姆霍兹方程的解，那么 $G(\rho,z)$ 满足以下非齐次亥姆霍兹方程，即

$$\left(\frac{\partial^2}{\partial\rho^2} + \frac{1}{\rho}\frac{\partial}{\partial\rho} - \frac{1}{\rho^2} + \frac{\partial^2}{\partial z^2} + k^2\right)G(\rho,z)$$
$$= -S_{ex} N \frac{w_0^4}{4}\delta(z) \int_0^\infty \mathrm{d}\eta\,\eta^2 J_1(\eta\rho) \times \exp\left[-\frac{\eta^2 w_0^2}{4}\left(1-\frac{b_t}{b}\right)\right] \tag{7.44}$$

$G(\rho,z)$ 可以用贝塞尔变换表达式代替，因此 $G(\rho,z)$ 的贝塞尔变换 $\overline{G}(\rho,z)$ 满足以下微分方程，即

$$\left(\frac{\partial^2}{\partial z^2} + \zeta^2\right)\overline{G}(\rho,z) = -S_{ex} N \frac{w_0^4}{4}\eta \exp\left[-\frac{\eta^2 w_0^2}{4}\left(1-\frac{b_t}{b}\right)\right]\delta(z) \tag{7.45}$$

其中

$$\zeta = \begin{cases} (k^2 - \eta^2)^{1/2}, & k^2 > \eta^2 \\ \mathrm{i}(k^2 - \eta^2)^{1/2}, & k^2 < \eta^2 \end{cases} \tag{7.46}$$

式(7.45)的解为

$$\overline{G}(\eta,z) = \mathrm{i}S_{ex}N\frac{w_0^4}{8}\eta\exp\left[-\frac{\eta^2 w_0^2}{4}\left(1-\frac{b_t}{b}\right)\right] \\ \times \zeta^{-1}\exp\left[\mathrm{i}\zeta(|z|)\right] \tag{7.47}$$

$\overline{G}(\rho,z)$ 从 $|z|$ 到 $|z|-\mathrm{i}b_t$ 是解析沿拓的，可得磁场的贝塞尔变换，即

$$\overline{H}_\phi^\pm(\eta,z) = \mathrm{i}S_{ex}N\frac{w_0^4}{8}\eta\exp\left[-\frac{\eta^2 w_0^2}{4}\left(1-\frac{b_t}{b}\right)\right] \\ \times \zeta^{-1}\exp\left[\mathrm{i}\zeta(|z|-\mathrm{i}b_t)\right] \tag{7.48}$$

近轴近似对应于 $\eta^2 \ll k^2$，ζ 可扩展为

$$\zeta = k - \eta^2 w_0^2 / 4b \tag{7.49}$$

在式(7.48)中，如果振幅中的 ζ 由式(7.49)的第一项代替，相位中 ζ 由式(7.49)的前两项代替，可得式(7.48)的近轴近似为

$$\overline{H}_\phi^\pm(\eta,z) = \exp(\pm\mathrm{i}kz)\mathrm{i}S_{ex}N\frac{w_0^4}{8k}\exp(kb_t)\eta\exp\left(-\frac{\eta^2 w_0^2}{4q_\pm^2}\right) \tag{7.50}$$

式(7.50)的逆贝塞尔变换为

$$H_\phi^\pm(\rho,z) = \exp(\pm\mathrm{i}kz)\frac{\mathrm{i}S_{ex}}{2k}\exp(kb_t)Nq_\pm^4\rho\exp\left(-\frac{q_\pm^2\rho^2}{w_0^2}\right) \tag{7.51}$$

选择激励系数为

$$S_{ex} = -\mathrm{i}2k\exp(-kb_t) \tag{7.52}$$

对比式(7.51)和式(7.24)可以看出，式(7.48)的近轴近似可以正确地重现最初选择的近轴波束。将式(7.52)中的 S_{ex} 代入式(7.48)并进行逆贝塞尔变换，可得

$$H_\phi^\pm(\eta,z) = k\exp(-kb_t)N\frac{w_0^4}{4}\int_0^\infty \mathrm{d}\eta\eta^2 J_1(\eta\rho) \\ \times \exp\left[-\frac{\eta^2 w_0^2}{4}\left(1-\frac{b_t}{b}\right)\right]\zeta^{-1}\exp\left[\mathrm{i}\zeta(|z|-\mathrm{i}b_t)\right] \tag{7.53}$$

圆柱对称 TM 近轴波束的全波泛化由式(7.53)给出，可将其指定为圆柱对称

TM 全高斯波。

7.4　实　功　率

根据式(7.2)和式(7.53)，可得圆柱对称 TM 全波的横向电场，即

$$
\begin{aligned}
E_\rho^\pm(\rho,z) &= \frac{1}{ik}\frac{\partial H_\phi^\pm(\rho,z)}{\partial z} \\
&= \pm\exp(-kb_t)N\frac{w_0^4}{4}\int_0^\infty \mathrm{d}\overline{\eta}\,\overline{\eta}^2 J_1(\overline{\eta}\rho) \\
&\quad\times\exp\left[-\frac{\overline{\eta}^2 w_0^2}{4}\left(1-\frac{b_t}{b}\right)\right]\exp\left[i\overline{\zeta}(|z|-ib_t)\right]
\end{aligned}
\tag{7.54}
$$

其中，$\overline{\zeta}$ 和 ζ 一样，并用 $\overline{\eta}$ 代替 η。

$E_\rho^\pm(\rho,z)$ 在 $z=0$ 平面的不连续性等同于在次级源平方上感应到的磁流密度。根据式(7.54)可得感应磁流密度，即

$$
\begin{aligned}
J_m(\rho,z) &= -\hat{z}\hat{\rho}\left[E_\rho^+(\rho,0)-E_\rho^-(\rho,0)\right]\delta(z) \\
&= -\hat{\phi}2\exp(-kb_t)N\frac{w_0^4}{4}\delta(z)\int_0^\infty \mathrm{d}\overline{\eta}\,\overline{\eta}^2 J_1(\overline{\eta}\rho) \\
&\quad\times\exp\left[-\frac{\overline{\eta}^2 w_0^2}{4}\left(1-\frac{b_t}{b}\right)\right]\exp(\overline{\zeta}b_t)
\end{aligned}
\tag{7.55}
$$

根据式(7.53)、式(7.55)和式(D.22)可以确定复功率，即

$$
\begin{aligned}
Pc &= -\frac{c}{2}\int_0^\infty \mathrm{d}\rho\rho\int_0^{2\pi}\mathrm{d}\phi\int_{-\infty}^\infty \mathrm{d}z H^\pm(\rho,z)J_m^{\pm*}(\rho,z) \\
&= -\frac{c}{2}\int_0^\infty \mathrm{d}\rho\rho\int_0^{2\pi}\mathrm{d}\phi k\exp(-kb_t)N\frac{w_0^4}{4}\int_0^\infty \mathrm{d}\eta\,\eta^2 J_1(\eta\rho) \\
&\quad\times\exp\left[-\frac{\eta^2 w_0^2}{4}\left(1-\frac{b_t}{b}\right)\right]\zeta^{-1}\exp(\zeta b_t) \\
&\quad\times(-2)\exp(-kb_t)N\frac{w_0^4}{4}\int_0^\infty \mathrm{d}\overline{\eta}\,\overline{\eta}^2 J_1(\overline{\eta}\rho) \\
&\quad\times\exp\left[-\frac{\overline{\eta}^2 w_0^2}{4}\left(1-\frac{b_t}{b}\right)\right]\exp(\overline{\zeta}^* b_t)
\end{aligned}
\tag{7.56}
$$

在式(7.14)中，$\overline{h}^\pm(\eta,z)=\delta(\eta-\overline{\eta})/\eta$，那么 $h^\pm(\rho,z)=J_1(\overline{\eta}\rho)$。将 $\overline{h}^\pm(\eta,z)$ 和 $h^\pm(\rho,z)$ 代入式(7.15)可得

$$\frac{\delta(\eta - \overline{\eta})}{\eta} = \int_0^\infty \mathrm{d}\rho\rho J_1(\eta\rho)J_1(\overline{\eta}\rho) \tag{7.57}$$

利用式(7.57)对式(7.56)中的 ρ 进行积分，然后对 $\overline{\eta}$ 积分可得

$$
\begin{aligned}
Pc = {}& \frac{c}{2}k\exp(-2kb_t)\frac{N^2 w_0^8}{8}\int_0^{2\pi}\mathrm{d}\phi\int_0^\infty \mathrm{d}\eta\eta^3 \\
& \times \exp\left[-\frac{\eta^2 w_0^2}{4}\left(1-\frac{b_t}{b}\right)\right]\zeta^{-1}\exp\left[b_t(\zeta+\zeta^*)\right]
\end{aligned}
\tag{7.58}
$$

当 $\eta < k$ 时，$\zeta = (k^2 - \eta^2)^{1/2}$ 是实数且其积分是实数。当 $\eta > k$ 时，$\zeta = \mathrm{i}(\eta^2 - k^2)^{1/2}$ 是虚数且其积分是虚数。因此，P_C 的实部 P_{re} 为

$$P_{re} = k\exp(-2kb_t)\frac{w_0^4}{2\pi}\int_0^{2\pi}\mathrm{d}\phi\int_0^k \mathrm{d}\eta\eta^3\exp\left[-\frac{\eta^2 w_0^2}{2}\left(1-\frac{b_t}{b}\right)\right]\zeta^{-1}\exp(2b_t\zeta) \tag{7.59}$$

将 N^2 的值代入式(7.59)，可得

$$\eta = k\sin\theta^+, \quad \zeta = k\left|\cos\theta^+\right| \tag{7.60}$$

当 $\eta = 0$ 时，$\theta^+ = 0$ 或 π；当 $\eta = k$ 时，$\theta^+ = \pi/2$。P_{re} 可变换为

$$
\begin{aligned}
P_{re} = {}& \frac{k^4 w_0^4}{4\pi}\int_0^{2\pi}\mathrm{d}\phi\left(\int_0^{\pi/2}+\int_\pi^{\pi/2}\right)\mathrm{d}\theta^+\cos\theta^+\sin^3\theta^+ \\
& \times \exp\left[-\frac{k^2 w_0^2}{2}\left(1-\frac{b_t}{b}\right)\sin^2\theta^+\right]\frac{\exp\left[-2kb_t(1-\left|\cos\theta^+\right|)\right]}{\left|\cos\theta^+\right|}
\end{aligned}
\tag{7.61}
$$

当 $0 < \theta^+ < \pi/2$ 时，$\left|\cos\theta^+\right| = \cos\theta^+$；当 $\pi > \theta^+ > \pi/2$ 时，$\left|\cos\theta^+\right| = -\cos\theta^+$，可使

$$\theta^- = \pi - \theta^+, \quad \pi > \theta^+ > \pi/2 \tag{7.62}$$

那么，$\pi > \theta^+ > \pi/2$ 变为 $0 < \theta^- < \pi/2$ 且 $\cos\theta^+ = -\cos\theta^-$。因此，式(7.61)中的 P_{re} 可以表示为

$$P_{re} = P_{\mathrm{TM}}^+ + P_{\mathrm{TM}}^- \tag{7.63}$$

其中

$$P_{\mathrm{TM}}^\pm = \int_0^{\pi/2}\mathrm{d}\theta^\pm\sin\theta^\pm\int_0^{2\pi}\mathrm{d}\phi\Phi_{\mathrm{TM}}(\theta^\pm,\phi) \tag{7.64}$$

$$\Phi_{TM}(\theta^{\pm},\phi) = \frac{k^4 w_0^4}{4\pi} \sin^2 \theta^{\pm} \exp\left[-\frac{k^2 w_0^2}{2}\left(1-\frac{b_t}{b}\right)\sin^2 \theta^{\pm}\right]$$

$$\times \exp\left[-k^2 w_0^2 \frac{b_t}{b}(1-\left|\cos \theta^{\pm}\right|)\right] \tag{7.65}$$

实功率 P_{re} 是由磁流源产生的时间平均功率。圆柱对称 TM 全波在 $+z$ 和 $-z$ 方向传输的时间平均功率分别由 P_{TM}^{+} 和 P_{TM}^{-} 给出。根据式(7.64)和式(7.65)可得 $P_{TM}^{+}=P_{TM}^{-}$。进行归一化,相应的近轴波束在 $+z$ 方向上传输的时间平均功率为 $P_0^{\pm}=1W$。

式(7.64)解析地对 ϕ 进行了积分,并对 $\theta^{\pm}$ 进行数字积分获得 $P_{TM}^{\pm}$。$P_{TM}^{\pm}$ 是 b_t/b 和 kw_0 的函数。在图 7.1 中, $P_{TM}^{\pm}$ 在 $0<b_t/b<1$ 时是 b_t/b 的函数,且曲线 a 中 $kw_0=1.563$,曲线 b 中 $kw_0=2.980$,相应近轴波束在 $\pm z$ 方向上传输的时间平均功率为 $P_0^{\pm}=1W$。可以看出,随着 b_t/b 从 0 增加到 1, $P_{TM}^{\pm}$ 是单调递减的。对一个固定的 b_t/b,较大 kw_0 对应的 $P_{TM}^{\pm}$ 通常较大。在图 7.2 中,当 $1<kw_0<10$ 时, $P_{TM}^{\pm}$ 被描述为 kw_0 的函数,且曲线 a 中 $b_t/b=0$,曲线 b 中 $b_t/b=0.5$,曲线 c 中 $b_t/b=1$,相应近轴波束在 $\pm z$ 方向传输的时间平均功率为 $P_0^{\pm}=1W$。对于所有 b_t/b 的曲线都有一个低频区域和高频或近轴区域。在低频区域中, $P_{TM}^{\pm}$ 随着 kw_0 的增加而增加,在高频或近轴区域中, $P_{TM}^{\pm}$ 随着 kw_0 的增加接近 $P_0^{\pm}=1W$。当 $b_t/b=0$ 时, $P_{TM}^{\pm}$ 曲线具有一个共振峰,其峰值大于 $P_0^{\pm}=1W$,位于低频区和高频区之间。随着 b_t/b 的增加,共振峰减小并消失, $P_{TM}^{\pm}$ 随着 kw_0 增加单调递增,接近 $P_0^{\pm}=1W$。对于一个固定的 b_t/b,除了一个很小范围的 kw_0, $P_{TM}^{\pm}/P_0^{\pm}$ 随着 kw_0 增加接近 kw_0。因此,对于固定的 $P_0^{\pm}=1W$,全波近轴近似的质量随着 kw_0 增加而提高[4]。

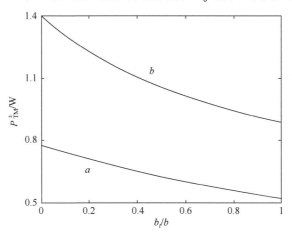

图 7.1　圆柱对称 TM 全高斯波在 $+z$ 方向传输的时间平均功率 $P_{TM}^{\pm}$ 是 b_t/b 的函数

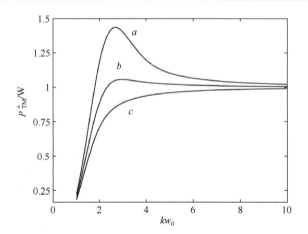

图 7.2　圆柱对称 TM 全高斯波在 $+z$ 方向传输的时间平均功率 $P_{\mathrm{TM}}^{\pm}$ 是 kw_0 的函数

7.5　无　功　功　率

对于 $k < \eta < \infty$，ζ 为虚数，在式(7.58)中，被积函数是虚数。因此，无功功率 P_{im} 可以表示为

$$P_{im} = -k\exp(-2kb_t)\frac{w_0^4}{2\pi}\int_0^{2\pi}\mathrm{d}\phi\int_k^\infty \mathrm{d}\eta\,\eta^3$$
$$\times\exp\left[-\frac{\eta^2 w_0^2}{2}\left(1-\frac{b_t}{b}\right)\right](\eta^2-k^2)^{-1/2} \tag{7.66}$$

对 ϕ 进行积分，变量 η 变为 $\eta^2 = k^2(1+\tau^2)$，则式(7.66)可以变换为

$$P_{im} = -k^4 w_0^4\exp\left[-\frac{k^2 w_0^2}{2}\left(1+\frac{b_t}{b}\right)\right]\int_0^\infty \mathrm{d}\tau(1+\tau^2)$$
$$\times\exp\left[-\frac{k^2 w_0^2}{2}\left(1-\frac{b_t}{b}\right)\tau^2\right] \tag{7.67}$$

对 τ 进行积分可得

$$P_{im} = -\left(\frac{\pi}{2}\right)^{1/2}k^3 w_0^3\left(1-\frac{b_t}{b}\right)^{-1/2}\exp\left[-\frac{k^2 w_0^2}{2}\left(1+\frac{b_t}{b}\right)\right]$$
$$\times\left[1+\frac{1}{k^2 w_0^2(1-b_t/b)}\right] \tag{7.68}$$

根据 b_t/b 和 kw_0 可得 P_{im} 的表达式。通常，P_{im} 可能是正的也可能是负的，这

里它是负的。对于一个固定的 kw_0 ，在 $b_t / b = 1$ 附近，$|P_{im}|$ 迅速增加；在 $b_t / b = 1$ 时，它变为无穷大。

如图 7.3 所示，当 $0 \leqslant b_t / b \leqslant 1$ 、$kw_0 = 1.563$ 时，它是 b_t / b 的函数，对应近轴波束的时间平均功率为 $P_0^{\pm} = 1\mathrm{W}$ 。对于固定的 kw_0 ，随着 b_t / b 从 0 增加到 1，实功率 $P_{re} = P_{\mathrm{TM}}^{+} + P_{\mathrm{TM}}^{-}$ 减少。随着 b_t / b 从 0 增加到 1，$|P_{im}|$ 逐渐减少并达到最小值，然后增加。当 b_t / b 接近 1 时，在 $b_t / b = 1$ 附近，$|P_{im}|$ 迅速增加，且在 $b_t / b = 1$ 处变为无穷大。如图 7.4 所示，当 $0.2 < kw_0 < 10$ 、$b_t / b = 0.5$ 时，$|P_{im}|$ 是 kw_0 的函数，对应近轴波束的时间平均功率为 $P_0^{\pm} = 1\mathrm{W}$ 。当 $b_t / b < 1$ 时，$|P_{im}|$ 增加并达到最大值，然后随着 kw_0 的增加而减少，并接近 0。

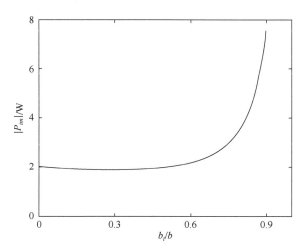

图 7.3 圆柱对称 TM 全高斯波无功功率振幅 $|P_{im}|$ 是 b_t / b 的函数

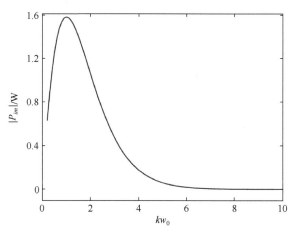

图 7.4 圆柱对称 TM 全高斯波无功功率振幅 $|P_{im}|$ 是 kw_0 的函数

在近轴近似($kw_0 \to \infty$)中，无功功率 $P_{im} = 0$。图 7.4 表明，当 $kw_0 = 6$ 时，可得近轴波束结果。

7.6　辐射强度分布

由式(7.64)和式(7.65)可知，$\Phi_{TM}(\theta^+,\phi)$ 和 $\Phi_{TM}(\theta^-,\phi)$ 分别为 $z > 0$ 和 $z < 0$ 时的 TM 高斯波辐射强度。这里，θ^+ 和 θ^- 是相对于 $+z$ 和 $-z$ 轴定义的。鉴于式(7.62)，$z < 0$ 时的 $\Phi_{TM}(\theta^-,\phi)$ 是 $z > 0$ 时 $\Phi_{TM}(\theta^+,\phi)$ 相对平面 $z = 0$ 的镜像。因此，仅讨论 $z > 0$ 的辐射强度分布。

$\Phi_{TM}(\theta^+,\phi)$ 与 ϕ 无关。一个重要的特性是，$\Phi_{TM}(\theta^+,\phi)$ 在传播方向上有一个零值。因此，w_0 被认为是式(7.10)给出的输入分布的零值宽度。

在图 7.5 和图 7.6 中，当 $0° < \theta^+ < 90°$，且 b_t / b 为两个极值时，TM 高斯波的辐射强度曲线 $\Phi_{TM}(\theta^+,\phi)$ 可以描述为 θ^+ 的函数。近轴波束的时间平均功率为 $P_0^{\pm} = 1\text{W}$。为了进行对比，同时给出了相应近轴波束的辐射强度曲线 $\Phi_0(\theta^+,\phi)$，图 7.5 中 $kw_0 = 1.563$，图 7.6 中 $kw_0 = 2.980$。$\Phi_0(\theta^+,\phi)$ 同样与 ϕ 无关。近轴波束在 $+z$ 和 $-z$ 方向传输的时间平均功率为 $P_0^{\pm} = 1\text{W}$。只有在近轴区域，$\Phi_0(\theta^+,\phi)$ 是 $\Phi_{TM}(\theta^+,\phi)$ 很好的近似。这个结果是意料之中的，由于全波的构建，在近轴近似中，对于整个 $0 < b_t / b < 1$ 区域的 b_t / b，全波降至相同的近轴波束。如果根据传输功率评价近轴波束近似于全波的质量，在 kw_0 固定的情况下，近轴波束近似于全波的质量随着 b_t / b 从 1 减小到 0 而提高。对于近轴区域，$0 < b_t / b < 1$ 范围内所有的 b_t / b 值，TM 高斯波的辐射强度曲线本质上是相同的，但它们在近轴区域外有显

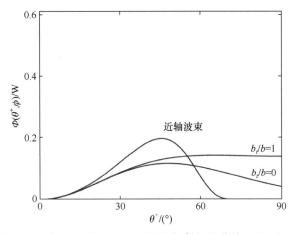

图 7.5　当 $kw_0 = 1.563$、$z > 0$ 时的辐射强度曲线 $\Phi(\theta^+,\phi)$

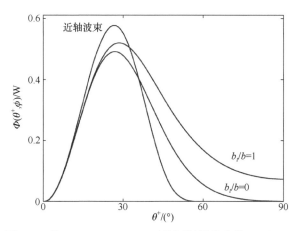

图 7.6　当 $kw_0 = 2.980$、$z > 0$ 时的辐射强度曲线 $\Phi(\theta^+, \phi)$

著差别。特别是，接近对应于 $\theta^+ = 90°$ 的侧边区域。传播方向辐射强度曲线的零点锐度随着 kw_0 的增加而增加。

　　本章对 TM 高斯波进行了处理。在极化上，TM 波是径向极化的，TE 波是方位极化的。对于 TM 波，次级源是方位向磁流片，但是对于 TE 波，次级源是方位向电流片。实功率、无功功率和辐射强度分布的特性都保持不变。

　　对于扩展($0 \leqslant b_t / b \leqslant 1$)全高斯波(第 6 章)，以及基本高斯波(第 2 章)的特殊情况($b_t = 0$)和基本全高斯波(第 4 章)的特殊情况($b_t = b$)，辐射强度曲线在传播方向($\pm z$)具有一个峰值。相反，对于圆柱对称 TM/TE 扩展全高斯波，辐射强度曲线在传播方向上具有一个零点。这些波被认为是空心波。相对而言，扩展全高斯波在传播方向上具有辐射强度峰值，称为实心波。空心 TM/TE 波是圆柱对称的，而实心扩展全高斯波的辐射强度曲线在方位方向上是变化的。圆柱对称空心波不承载轨道角动量。它承载轨道角动量的方位变化空心波，可应用于原子导引和聚焦的研究。

参 考 文 献

[1] L. W. Davis and G. Patsakos, "TM and TE electromagnetic beams in free space," *Opt. Lett.* **6**, 22–23 (1981).

[2] S. R. Seshadri, "Partially coherent Gaussian Schell-model electromagnetic beams," *J. Opt. Soc.Am. A* **16**, 1373–1380 (1999). Section 3.

[3] S. R. Seshadri, "Electromagnetic Gaussian beam," *J. Opt. Soc. Am. A* **15**, 2712–2719 (1998). Section 2.

[4] S. R. Seshadri, "Quality of paraxial electromagnetic beams," *Appl. Opt.* **45**, 5335–5345 (2006). Appendix A.2.

[5] C. J. R. Sheppard and S. Saghafi, "Transverse-electric and transverse-magnetic beam modes

beyondthe paraxial approximation," *Opt. Lett.* **24**, 1543–1545 (1999).

[6] G. A. Deschamps, "Gaussian beam as a bundle of complex rays," *Electron. Lett.* **7**, 684–685 (1971).

[7] L. B. Felsen, "Evanescent waves," *J. Opt. Soc. Am.* **66**, 751–760 (1976).

[8] W. Magnus and F. Oberhettinger, *Functions of Mathematical Physics* (Chelsea Publishing Company, New York, 1954), p. 35.

[9] J. Arlt, T. Hitami, and K. Dholakia, "Atom guiding along Laguerre-Gaussian and Bessel lightbeams," *Appl. Phys. B, Laser and Optics*, **71**, 549–554 (2000).

第8章 两个高阶全高斯波

为了实现基本高斯波束的全波泛化，Deschamps[1]和Felsen[2]引入全波的复空间点源。所需复空间的假设对于除基本高斯波束外的光源是困难的。最近实现的两种高阶高斯波束是一项非常困难的任务。Bandres 和 Gutierrez-Vega[3]发现复空间中的高阶点源，用于高阶空心高斯波束的全波泛化。文献[4]发现，复空间中的点源系统可以获取双曲余弦高斯傍轴波束相应的全波[5]。

本章提出一种高阶空心高斯波束的处理方法，介绍在复空间中需要的高阶点源，推导由复空间源产生的高阶空心全高斯波。基本全高斯波是作为高阶空心全高斯波的一种特殊情况得到的。利用二维傅里叶变换技术可以推导双曲余弦高斯傍轴波束。此外，本章还介绍位于复空间正方形四角所需的点源阵列，确定双曲余弦高斯波束的全波泛化。当正方形的边减小到零时，作为全双曲余弦高斯波的一个特例，可以得到基本全高斯波。

8.1 高阶空心高斯波

1. 近轴波束

高阶空心高斯波束在方位角方向上是变化的。在表示波束的函数中，方位相关性可分离为

$$S^{\pm}(\rho,\phi,z) = \text{trig}(m\phi)S_{0,m}^{\pm}(\rho,z) \tag{8.1}$$

其中，$\text{trig}(m\phi)$代表$\cos(m\phi)$或$\sin(m\phi)$，m是一个正整数，当$\text{trig}(m\phi)$代表$\cos(m\phi)$时m从0开始，当$\text{trig}(m\phi)$代表$\sin(m\phi)$时m从1开始；径向ρ和方位角ϕ方向的模数分别用0和m表示。

波函数$S_{0,m}^{\pm}(\rho,z)$满足约化亥姆霍兹方程，即

$$\left(\frac{\partial^2}{\partial\rho^2} + \frac{1}{\rho}\frac{\partial}{\partial\rho} - \frac{m^2}{\rho^2} + \frac{\partial^2}{\partial z^2} + k^2\right)S_{0,m}^{\pm}(\rho,z) = 0 \tag{8.2}$$

当$z>0$时，沿$+z$方向向外传播；当$z<0$时，沿$-z$方向向外传播。平面波相位因子$\exp(\pm ikz)$分离为

$$S_{0,m}^{\pm}(\rho,z) = \exp(\pm ikz)s_{0,m}^{\pm}(\rho,z) \tag{8.3}$$

在近轴近似中，缓慢变化的振幅 $S_{0,m}^{\pm}(\rho,z)$ 满足近轴波动方程，即

$$\left(\frac{\partial^2}{\partial\rho^2}+\frac{1}{\rho}\frac{\partial}{\partial\rho}-\frac{m^2}{\rho^2}\pm 2\mathrm{i}k\frac{\partial}{\partial z}\right)s_{0,m}^{\pm}(\rho,z)=0 \tag{8.4}$$

为了激发高阶空心高斯波束，输入分布假设为

$$s_{0,m}^{\pm}(\rho,0)=S_{0,m}^{\pm}(\rho,0)=2^{m/2}\frac{\rho^m}{w_0^m}\exp\left(-\frac{\rho^2}{w_0^2}\right) \tag{8.5}$$

其中，w_0 为输入分布的高斯部分的 e 折叠距离；系数 $2^{m/2}$ 是为了之后使用方便。

为了得到传播方向的近轴波束，我们需要使用具有 m 阶贝塞尔函数的贝塞尔变换对。式(8.5)的贝塞尔变换为

$$\overline{s}_{0,m}^{\pm}(\eta,0)=\overline{S}_{0,m}^{\pm}(\eta,0)=2^{-m/2}\frac{w_0^2}{2}w_0^m\eta^m\exp\left(-\frac{\eta^2 w_0^2}{4}\right) \tag{8.6}$$

将 $S_{0,m}^{\pm}(\rho,z)$ 的贝塞尔变换代入式(8.4)，它满足的微分方程为

$$\left(\frac{\partial}{\partial z}\pm\frac{\mathrm{i}\eta^2 w_0^2}{4b}\right)\overline{s}_{0,m}^{\pm}(\eta,z)=0 \tag{8.7}$$

其中，$b=\frac{1}{2}kw_0^2$ 为瑞利距离。

式(8.7)的解为

$$\overline{s}_{0,m}^{\pm}(\eta,z)=\overline{s}_{0,m}^{\pm}(\eta,0)\exp\left(-\frac{\eta^2 w_0^2}{4}\frac{\mathrm{i}|z|}{b}\right) \tag{8.8}$$

根据式(8.6)，将 $\overline{s}_{0,m}^{\pm}(\eta,0)$ 代入式(8.8)。对 $\overline{s}_{0,m}^{\pm}(\eta,z)$ 进行逆贝塞尔变换，得到的 $S_{0,m}^{\pm}(\rho,z)$ 为

$$s_{0,m}^{\pm}(\rho,z)=2^{-m/2}\frac{w_0^2}{2}w_0^m\int_0^{\infty}\mathrm{d}\eta\eta J_m(\eta\rho)\eta^m\exp\left(-\frac{\eta^2 w_0^2}{4q_{\pm}^2}\right) \tag{8.9}$$

其中

$$q_{\pm}=(1+\mathrm{i}|z|/b)^{-1/2} \tag{8.10}$$

利用式(8.3)，$S_{0,m}^{\pm}(\rho,z)$ 可表示为

$$S_{0,m}^{\pm}(\rho,z)=\exp(\pm\mathrm{i}kz)2^{-m/2}\frac{w_0^2}{2}w_0^m\int_0^{\infty}\mathrm{d}\eta\eta J_m(\eta\rho)\eta^m\exp\left(-\frac{\eta^2 w_0^2}{4q_{\pm}^2}\right) \tag{8.11}$$

式(8.11)中的积分可通过式(7.19)计算，结果为

$$S_{0,m}^{\pm}(\rho,z) = \exp(\pm \mathrm{i}kz)2^{m/2} q_{\pm}^{m+2} \left(\frac{q \pm \rho}{w_0} \right)^m \exp\left(-\frac{q_{\pm}^2 \rho^2}{w_0^2} \right) \tag{8.12}$$

高阶空心高斯傍轴波束的波函数可以通过式(8.1)和式(8.12)给出。对于方位角模数 $m = 0$，式(8.5)减小为基本高斯波束的输入 $(z = 0)$ 场分布，式(8.1)和式(8.12)再现了 $|z| > 0$ 时的基本高斯波束。

2. 复空间源

Bandres 和 Gutierrez-Vega[3]发现了复空间中产生高阶空心高斯波束全波泛化的高阶点源。高阶点源位于 $|z| - \mathrm{i}b = 0$。这个复空间源为

$$C_{s,m}(\rho,z) = 2^{-m/2} \frac{w_0^2}{2} w_0^m (-1)^m \rho^m \left(\frac{1}{\rho} \frac{\partial}{\partial \rho} \right)^m \frac{\delta(\rho)}{\rho}, \quad |z| - \mathrm{i}b = 0 \tag{8.13}$$

当 $m = 0$ 时，式(8.13)可简化为

$$C_{s,0}(\rho,z) = \pi w_0^2 \frac{\delta(\rho)}{2\pi\rho}, \quad m = 0 \text{ 且 } |z| - \mathrm{i}b = 0 \tag{8.14}$$

由式(8.13)给出的复空间源可以正确地简化为由式(5.5)给出的基本高斯波束的复空间源。除归一化因子 $N/\mathrm{i}k$，对于高阶空心高斯波束，这里不包括该因子。关键的一步是将式(8.13)表示为具有 m 阶贝塞尔函数的逆贝塞尔变换。利用式(7.38)，可以将式(8.13)表示为具有零阶贝塞尔函数的逆贝塞尔变换，即

$$C_{s,m}(\rho,z) = 2^{-m/2} \frac{w_0^2}{2} w_0^m (-1)^m \rho^m \left(\frac{1}{\rho} \frac{\partial}{\partial \rho} \right)^m \int_0^\infty \mathrm{d}\eta\, \eta J_0(\eta\rho), \quad |z| - \mathrm{i}b = 0$$

$$\tag{8.15}$$

为了将式(8.15)变换为具有 m 阶贝塞尔函数的逆贝塞尔变换，我们考虑将算子 $(1/\rho)(\partial/\partial\rho)$ 应用于 $J_m(\eta\rho)/\rho^m$。通过利用贝塞尔变换关系[6]可得

$$\frac{\partial J_m(\eta\rho)}{\partial \rho} - \frac{m}{\rho} J_m(\eta\rho) = -\eta J_{m+1}(\eta\rho) \tag{8.16}$$

生成的结果为

$$\frac{1}{\rho} \frac{\partial}{\partial \rho} \frac{J_m(\eta\rho)}{\rho^m} = -\eta \frac{J_{m+1}(\eta\rho)}{\rho^{m+1}} \tag{8.17}$$

从 $m = 0$ 开始，重复 m 次操作，由式(8.17)可知

$$\left(\frac{1}{\rho}\frac{\partial}{\partial\rho}\right)^m J_0(\eta\rho) = (-1)^m \eta^m \frac{J_m(\eta\rho)}{\rho^m} \tag{8.18}$$

将式(8.18)代入式(8.15)可得

$$C_{s,m}(\rho,z) = 2^{-m/2}\frac{w_0^2}{2}w_0^m\int_0^\infty \mathrm{d}\eta\eta J_m(\eta\rho)\eta^m \tag{8.19}$$

由式(8.19)给出的位于 $|z|-\mathrm{i}b=0$ 的源产生 $|z|>0$ 的近轴波束。移动到 $|z|=0$ 的同一个源可以生成近轴波束的渐近值。近轴波动方程只是完整亥姆霍兹波动方程的近似，因此近轴波束推导的复空间源，除了激励系数 S_{ex}，可用于亥姆霍兹方程获得全高斯波的渐近值。因此，可以从式(8.19)得到获取高阶空心高斯波束全波泛化的复空间源，即

$$C_{s,m}(\rho,z) = S_{ex}2^{-m/2}\frac{w_0^2}{2}w_0^m\int_0^\infty \mathrm{d}\eta\eta J_m(\eta\rho)\eta^m \tag{8.20}$$

其中，S_{ex} 由近轴近似中的要求确定，即全波应正确再现最初选择的近轴波束。

产生亥姆霍兹方程全波解渐近值的源为

$$C_{s\infty,m}(\rho,z) = S_{ex}2^{-m/2}\frac{w_0^2}{2}w_0^m\delta(z)\int_0^\infty \mathrm{d}\eta\eta J_m(\eta\rho)\eta^m \tag{8.21}$$

3. 空心高斯波

对于式(8.21)给出的源，设 $G_{0,m}(\rho,z)$ 为式(8.2)约化亥姆霍兹方程的解。$G_{0,m}(\rho,z)$ 满足下列微分方程，即

$$\left(\frac{\partial^2}{\partial\rho^2}+\frac{1}{\rho}\frac{\partial}{\partial\rho}-\frac{m^2}{\rho^2}+\frac{\partial^2}{\partial z^2}+k^2\right)G_{0,m}(\rho,z) = -S_{ex}2^{-m/2}\frac{w_0^2}{2}w_0^m\delta(z)\int_0^\infty \mathrm{d}\eta\eta J_m(\eta\rho)\eta^m$$

$$\tag{8.22}$$

该微分方程的求解方法与式(7.44)相同，不同的是用 $J_m(\eta\rho)$ 的贝塞尔变换代替 $J_1(\eta\rho)$。结果如下，即

$$C_{0,m}(\rho,z) = \frac{\mathrm{i}S_{ex}}{2}2^{-m/2}\frac{w_0^2}{2}w_0^m\int_0^\infty \mathrm{d}\eta\eta J_m(\eta\rho)\eta^m\zeta^{-1}\exp(\mathrm{i}\zeta|z|) \tag{8.23}$$

其中

$$\zeta = (k^2-\eta^2)^{1/2} \tag{8.24}$$

$G_{0,m}(\rho,z)$ 是从 $|z|$ 到 $|z|-\mathrm{i}b$ 的解析沿拓，得到的 $S_{0,m}^{\pm}(\rho,z)$ 为

$$S_{0,m}^{\pm}(\rho,z) = \frac{\mathrm{i}S_{ex}}{2}2^{-m/2}\frac{w_0^2}{2}w_0^m\int_0^\infty \mathrm{d}\eta\eta J_m(\eta\rho)\eta^m\zeta^{-1}\exp\left[\mathrm{i}\zeta(|z|-\mathrm{i}b)\right] \tag{8.25}$$

近轴近似对应于 $\eta^2\ll k^2$。式(8.25)的近轴近似为

$$S_{0,m}^{\pm}(\rho,z) = \exp(\pm \mathrm{i}kz)\frac{\mathrm{i}S_{ex}}{2k}\exp(kb)2^{-m/2}\frac{w_0^2}{2}w_0^m\int_0^\infty \mathrm{d}\eta\eta J_m(\eta\rho)\eta^m\exp\left(-\frac{\eta^2 w_0^2}{4q_{\pm}^2}\right)$$

$$(8.26)$$

激励系数选择为

$$S_{ex} = -\mathrm{i}2k\exp(-kb) \qquad (8.27)$$

那么式(8.26)与式(8.11)相同，式(8.25)的近轴近似可以准确地再现最初选择的近轴波束。将式(8.27)的 S_{ex} 代入式(8.25)，式(8.11)给出的高阶空心高斯波束产生的全波泛化为

$$S_{0,m}^{\pm}(\rho,z) = k\exp(-kb)2^{-m/2}\frac{w_0^2}{2}w_0^m\int_0^\infty \mathrm{d}\eta\eta J_m(\eta\rho)\eta^m\zeta^{-1}\exp\left[\mathrm{i}\zeta\left(|z|-\mathrm{i}b\right)\right]$$

$$(8.28)$$

用式(8.1)与式(8.28)表示的全波泛化被指定为高阶空心全高斯波。

当 $m=0$ 时，利用式(A.15)、式(A.16)和式(A.36)，式(8.28)可以简化为

$$s_{0,0}^{\pm}(\rho,z) = \left[-\pi w_0^2 2\mathrm{i}k\exp(-kb)\right]\frac{\exp\left\{\mathrm{i}k\left[\rho^2+\left(|z|-\mathrm{i}b\right)^2\right]^{1/2}\right\}}{4\pi\left[\rho^2+\left(|z|-\mathrm{i}b\right)^2\right]^{1/2}} \qquad (8.29)$$

由式(8.28)给出的高阶空心全高斯波可以正确地简化为基本全高斯波(式(4.5))，归一化因子 $N/\mathrm{i}k$ 除外，高阶全高斯波不包括这个因子。如果包括归一化因子 $N/\mathrm{i}k$，对于 $m=0$，式(8.28)在近轴近似产生基本高斯波束，在全波泛化中产生基本全高斯波。

8.2 双曲余弦-高斯波

1. 双曲余弦-高斯波束

Casperson 等[5]介绍了双曲余弦高斯波束。为了生成线性的极化双曲余弦高斯波束，输入平面 $(z=0)$ 上磁矢势 x 分量的近轴近似假定为

$$A_{x0}^{\pm}(x,y,0) = \frac{N}{\mathrm{i}k}\exp\left(-\frac{x^2+y^2}{w_0^2}\right)\exp\left(-\frac{a^2}{2w_0^2}\right)\cosh\left(\frac{ax}{w_0^2}\right)\cosh\left(\frac{ay}{w_0^2}\right) \qquad (8.30)$$

其中，N 为归一化常数；w_0 为高斯部分分布的 e 折叠距离；a 为长度参数。

对双曲余弦项进行展开，重新排列式(8.30)，可得

$$A_{x0}^{\pm}(x,y,0) = \frac{N}{ik}\frac{1}{4}\left(\exp\left\{-\frac{1}{w_0^2}\left[\left(x-\frac{a}{2}\right)^2+\left(y-\frac{a}{2}\right)^2\right]\right\}\right.$$
$$+\exp\left\{-\frac{1}{w_0^2}\left[\left(x-\frac{a}{2}\right)^2+\left(y+\frac{a}{2}\right)^2\right]\right\}$$
$$+\exp\left\{-\frac{1}{w_0^2}\left[\left(x+\frac{a}{2}\right)^2+\left(y-\frac{a}{2}\right)^2\right]\right\}$$
$$\left.+\exp\left\{-\frac{1}{w_0^2}\left[\left(x+\frac{a}{2}\right)^2+\left(y+\frac{a}{2}\right)^2\right]\right\}\right) \tag{8.31}$$

式(8.31)中典型项的傅里叶变换计算如下，即

$$I_x = \int_{-\infty}^{\infty}\mathrm{d}x\exp(\mathrm{i}2\pi p_x x)\exp\left[-\frac{1}{w_0^2}\left(x-\frac{a}{2}\right)^2\right]$$
$$= \exp(\mathrm{i}\pi p_x a)\int_{-\infty}^{\infty}\mathrm{d}\xi\exp(\mathrm{i}2\pi p_x\xi)\exp\left(-\frac{\xi^2}{w_0^2}\right) \tag{8.32}$$

其中，变量根据 $x = a/2 + \xi$ 变化。

通过式(B.1)和式(B.6)可以计算式(8.32)中的积分，即

$$I_x = \exp(\mathrm{i}\pi p_x a)\pi^{1/2} w_0\exp(-\pi^2 w_0^2 p_x^2) \tag{8.33}$$

其他项也同样处理。式(8.31)的傅里叶变换如下，即

$$\overline{A}_{x0}^{\pm}(p_x,p_y,0) = \frac{N}{ik}\frac{1}{4}\pi w_0^2\exp\left[-\pi^2 w_0^2(p_x^2+p_y^2)\right]$$
$$\times\left\{\exp\left[\mathrm{i}\pi(p_x+p_y)a\right]+\exp\left[\mathrm{i}\pi(p_x-p_y)a\right]\right.$$
$$\left.+\exp\left[-\mathrm{i}\pi(p_x-p_y)a\right]+\exp\left[-\mathrm{i}\pi(p_x+p_y)a\right]\right\} \tag{8.34}$$

$A_{x0}^{\pm}(x,y,z)$ 被分离出来，即

$$A_{x0}^{\pm}(x,y,z) = \exp(\pm\mathrm{i}kz)a_{x0}^{\pm}(x,y,z) \tag{8.35}$$

缓慢变化的振幅 $a_{x0}^{\pm}(x,y,z)$ 满足近轴波动方程，即

$$\left(\frac{\partial^2}{\partial x^2}+\frac{\partial^2}{\partial y^2}\pm 2\mathrm{i}k\frac{\partial}{\partial z}\right)a_{x0}^{\pm}(x,y,z) = 0 \tag{8.36}$$

将 $a_{x0}^{\pm}(x,y,z)$ 的傅里叶变换表示代入式(8.36)，可得下列微分方程，即

$$\left[\frac{\partial}{\partial z}\pm\frac{\mathrm{i}\pi^2 w_0^2}{b}(p_x^2+p_y^2)\right]\overline{a}_{x0}^{\pm}(p_x,p_y,z)=0 \tag{8.37}$$

可以求得 $a_{x0}^{\pm}(x,y,z)$ 的傅里叶变换 $\overline{a}_{x0}^{\pm}(p_x,p_y,z)$。式(8.37)的解为

$$\overline{a}_{x0}^{\pm}(p_x,p_y,z)=\overline{a}_{x0}^{\pm}(p_x,p_y,0)\exp\left[-\pi^2 w_0^2(p_x^2+p_y^2)\frac{\mathrm{i}|z|}{b}\right] \tag{8.38}$$

式(8.35)表明，$\overline{A}_{x0}^{\pm}(p_x,p_y,0)=\overline{a}_{x0}^{\pm}(p_x,p_y,0)$。$\overline{a}_{x0}^{\pm}(p_x,p_y,0)$ 替换到式(8.38)中，用来求解 $\overline{a}_{x0}^{\pm}(p_x,p_y,z)$。对其进行傅里叶逆变变换，可得

$$
\begin{aligned}
a_{x0}^{\pm}(x,y,z)=&\frac{N}{\mathrm{i}k}\frac{\pi w_0^2}{4}\int_{-\infty}^{\infty}\int_{-\infty}^{\infty}\mathrm{d}p_x\mathrm{d}p_y\exp\left[-\frac{\pi^2 w_0^2(p_x^2+p_x^2)}{q_{\pm}^2}\right]\\
&\times\left\{\exp\left[-\mathrm{i}2\pi p_x\left(x-\frac{a}{2}\right)-\mathrm{i}2\pi p_y\left(y-\frac{a}{2}\right)\right]\right.\\
&+\exp\left[-\mathrm{i}2\pi p_x\left(x-\frac{a}{2}\right)-\mathrm{i}2\pi p_y\left(y+\frac{a}{2}\right)\right]\\
&+\exp\left[-\mathrm{i}2\pi p_x\left(x+\frac{a}{2}\right)-\mathrm{i}2\pi p_y\left(y-\frac{a}{2}\right)\right]\\
&\left.+\exp\left[-\mathrm{i}2\pi p_x\left(x+\frac{a}{2}\right)-\mathrm{i}2\pi p_y\left(y+\frac{a}{2}\right)\right]\right\}
\end{aligned} \tag{8.39}
$$

利用式(B.1)和式(B.6)求解积分可得 $a_{x0}^{\pm}(x,y,z)$。然后，由式(8.35)和式(8.39)，可得

$$
\begin{aligned}
A_{x0}^{\pm}(x,y,z)=&\exp(\pm\mathrm{i}kz)\frac{N}{\mathrm{i}k}\frac{1}{4}q_{\pm}^2\\
&\times\left(\exp\left\{-\frac{q_{\pm}^2}{w_0^2}\left[\left(x-\frac{a}{2}\right)^2+\left(y-\frac{a}{2}\right)^2\right]\right\}\right.\\
&+\exp\left\{-\frac{q_{\pm}^2}{w_0^2}\left[\left(x-\frac{a}{2}\right)^2+\left(y+\frac{a}{2}\right)^2\right]\right\}\\
&+\exp\left\{-\frac{q_{\pm}^2}{w_0^2}\left[\left(x+\frac{a}{2}\right)^2+\left(y-\frac{a}{2}\right)^2\right]\right\}\\
&\left.+\exp\left\{-\frac{q_{\pm}^2}{w_0^2}\left[\left(x+\frac{a}{2}\right)^2+\left(y+\frac{a}{2}\right)^2\right]\right\}\right)
\end{aligned} \tag{8.40}
$$

式(8.40)表示双曲余弦高斯波束的矢势。

对于 $a=0$ ，式(8.30)减少为基本高斯波束输入 $(z=0)$ 场分布。同样，对于 $a=0$ ，式(8.40)重现了 $|z|>0$ 的基本高斯波束。

2. 复空间源

文献[4]在复空间中发现一组点源，可以产生双曲余弦高斯波束的基本全波泛化。Sheppard 对余弦-高斯波束[7]也得到类似的结果。点源位于 $|z|-ib=0$ 。有四个点源位于中心在原点、边为 a 的正方形的角上。这个正方形的边平行于 x 轴和 y 轴。所有的点源都有相同的强度，即 $(N/ik)(\pi w_0^2/4)$ 。这个复空间的点源系统为

$$C_s(x,y,z) = \frac{N}{ik}\frac{\pi w_0^2}{4}\left[\delta\left(x-\frac{a}{2}\right)\delta\left(y-\frac{a}{2}\right) + \delta\left(x-\frac{a}{2}\right)\delta\left(y+\frac{a}{2}\right)\right.$$
$$\left. + \delta\left(x+\frac{a}{2}\right)\delta\left(y-\frac{a}{2}\right) + \delta\left(x+\frac{a}{2}\right)\delta\left(y+\frac{a}{2}\right)\right], \quad |z|-ib=0 \tag{8.41}$$

当 $a=0$ 时，式(8.41)可简化为

$$C_s(x,y,z) = \frac{N}{ik}\pi w_0^2 \delta(x)\delta(y), \quad a=0, |z|-ib=0 \tag{8.42}$$

式(8.41)给出的复空间点源系统可以正确地简化为式(5.5)给出的基本高斯波束的系统。由式(8.41)给出的位于 $|z|-ib=0$ 的源可以产生 $|z|=0$ 时的近轴波束。在 $|z|=0$ 处，同样的源产生近轴波束的渐近场。近轴波动方程只是整个亥姆霍兹波动方程的近似，因此源于近轴波束的复空间源，除激励系数 S_{ex} 外，还用于亥姆霍兹方程推导双曲余弦-高斯全波的渐近值。从式(8.41)可以得到用于获得双曲余弦-高斯波束全波泛化的复空间源，即

$$C_s(x,y,z) = S_{ex}\frac{N}{ik}\frac{\pi w_0^2}{4}\left[\delta\left(x-\frac{a}{2}\right)\delta\left(y-\frac{a}{2}\right)\right.$$
$$+ \delta\left(x-\frac{a}{2}\right)\delta\left(y+\frac{a}{2}\right) + \delta\left(x+\frac{a}{2}\right)\delta\left(y-\frac{a}{2}\right)$$
$$\left. + \delta\left(x+\frac{a}{2}\right)\delta\left(y+\frac{a}{2}\right)\right], \quad |z|-ib=0 \tag{8.43}$$

近轴近似要求全波必须正确地再现最初选择的傍轴波束，这使我们能够确定 S_{ex} 。从式(8.43)可以得到产生亥姆霍兹方程全波解渐近值的源，即

$$C_s(x,y,z) = S_{ex}\frac{N}{ik}\frac{\pi w_0^2}{4}\delta(z)\left[\delta\left(x-\frac{a}{2}\right)\delta\left(y-\frac{a}{2}\right)\right.$$
$$+\delta\left(x-\frac{a}{2}\right)\delta\left(y+\frac{a}{2}\right)+\delta\left(x+\frac{a}{2}\right)\delta\left(y-\frac{a}{2}\right)$$
$$\left.+\delta\left(x+\frac{a}{2}\right)\delta\left(y+\frac{a}{2}\right)\right] \tag{8.44}$$

3. 双曲余弦-高斯波

设 $G(x,y,z)$ 是式(8.44)给出的源的亥姆霍兹方程的解。这个源由强度为 $S_{ex}(N/ik)(\pi w_0^2/4)$ 的 4 个点源组成。点源位于 $x=\pm a/2$、$y=\pm a/2$、$z=0$。式(A.1) 给出了位于 $x=0$、$y=0$、$z=0$ 处的单位强度点源相应的方程。根据式(A.15)和式(A.16)可得式(8.44)给出的源对应的 $G(x,y,z)$。从分析的角度来看，$G(x,y,z)$ 从 $|z|$ 到 $|z|-ib$ 是解析沿拓的，可以求得精确的矢势，即

$$A_x^{\pm}(x,y,z) = S_{ex}\frac{N}{ik}\frac{\pi w_0^2}{4}\left[\frac{\exp(ikr_{++})}{4\pi r_{++}}+\frac{\exp(ikr_{+-})}{4\pi r_{+-}}+\frac{\exp(ikr_{-+})}{4\pi r_{-+}}+\frac{\exp(ikr_{--})}{4\pi r_{--}}\right] \tag{8.45}$$

其中

$$r_{++} = \left[\left(x-\frac{a}{2}\right)^2+\left(y-\frac{a}{2}\right)^2+(|z|-ib)^2\right]^{1/2} \tag{8.46}$$

$$r_{+-} = \left[\left(x-\frac{a}{2}\right)^2+\left(y+\frac{a}{2}\right)^2+(|z|-ib)^2\right]^{1/2} \tag{8.47}$$

$$r_{-+} = \left[\left(x+\frac{a}{2}\right)^2+\left(y-\frac{a}{2}\right)^2+(|z|-ib)^2\right]^{1/2} \tag{8.48}$$

$$r_{--} = \left[\left(x+\frac{a}{2}\right)^2+\left(y+\frac{a}{2}\right)^2+(|z|-ib)^2\right]^{1/2} \tag{8.49}$$

近轴近似对应于 $(x\pm a/2)^2+(y\pm a/2)^2\ll\left||z|-ib|^2\right|$。式(8.45)的近轴近似为

$$A_{x0}^{\pm}(x,y,z) = \exp(\pm ikz)S_{ex}\frac{N}{ik}\frac{\pi w_0^2}{4}\frac{\exp(kb)}{(-4\pi ib)}q_{\pm}^2$$
$$\times\left(\exp\left\{-\frac{q_{\pm}^2}{w_0^2}\left[\left(x-\frac{a}{2}\right)^2+\left(y-\frac{a}{2}\right)^2\right]\right\}+3\text{个相似项}\right) \tag{8.50}$$

　　激励系数的选择与式(8.27)中的相同。因此，式(8.45)的近轴近似可以正确地再现最初选择的近轴波束。将式(8.27)中的 S_{ex} 代入式(8.45)，可以得到双曲余弦-高斯波束的全波泛化，即

$$A_x^{\pm}(x,y,z) = \frac{N}{ik}\frac{\left[-\pi w_0^2 \, 2ik \exp(-kb)\right]}{4}\left[\frac{\exp(ikr_{++})}{4\pi r_{++}}\right.$$
$$\left.+\frac{\exp(ikr_{+-})}{4\pi r_{+-}}+\frac{\exp(ikr_{-+})}{4\pi r_{-+}}+\frac{\exp(ikr_{--})}{4\pi r_{--}}\right] \tag{8.51}$$

式(8.51)给出的双曲余弦-高斯近轴波束的全波泛化是基本全双曲余弦-高斯波。

　　当 $a=0$ 时，式(8.51)可简化为

$$A_x^{\pm}(x,y,z) = \frac{N}{ik}\left[-\pi w_0^2 \, 2ik \exp(-kb)\right]\frac{\exp\left\{ik\left[x^2+y^2+(|z|-ib)^2\right]^{1/2}\right\}}{4\pi\left[x^2+y^2+(|z|-ib)^2\right]^{1/2}} \tag{8.52}$$

　　当 $a=0$ 时，式(8.30)成为基本高斯波束的输入场分布。当 $a=0$ 时，式(8.40)在近轴近似中可以再现基本高斯波束，式(8.51)在全波泛化中可简化为基本的全高斯波。

参 考 文 献

[1] G. A. Deschamps, "Gaussian beam as a bundle of complex rays," Electron. Lett. 7, 684–685 (1971).

[2] L. B. Felsen, "Evanescent waves"J. Opt. Soc. Am. 66, 751–760 (1976).

[3] M. A. Bandres and J. C. Gutierrez-Vega, "Higher-order complex source for elegant Laguerre Gaussian waves" Opt. Lett. 29, 2213–2215 (2004).

[4] Y. Zhang, Y. Song, Z. Chen, J. Ji, and Z. Shi, "Virtual sources for cosh-Gaussian beam" Opt. Lett. 32, 292–294 (2007).

[5] L. W. Casperson, D. G. Hall, and A. A. Tovar, "Sinusoidal-Gaussian beams in complex optical systems" J. Opt. Soc. Am. A 14, 3341–3348 (1997).

[6] W. Magnus, and F. Oberhettinger, "Functions of Mathematical Physics"(Chelsea PublishingCompany, New York, 1954), p.16.

[7] C. J. R. Sheppard, "Complex source point theory of paraxial and nonparaxial cosine-Gauss and Bessel-Gauss beams"Opt. Lett, 38, 564–566(2013).

第9章 基本全复变拉盖尔-高斯波

圆柱坐标系中的近轴波动方程具有一系列高阶解，称为复变拉盖尔-高斯波束[1,2]。这一系列的本征函数是一个完整的集合。这些高阶高斯波束可以由径向模数 n 和方位模数 m 表征。基本高斯波束是这个集合中最低阶的 $(n=0, m=0)$ 模式。本章介绍复变拉盖尔-高斯波束的处理方法，推导复变拉盖尔-高斯波束全波泛化所需的复空间高阶点源，确定复空间源产生的基本全复变拉盖尔-高斯波[3,4]，计算基本全高阶波的实功率和无功功率。正如所料，对于基本全高斯波，无功功率是无穷大的。因此，本章还研究实功率的一般特征。随着 kw_0 值的增加，实功率是单调递增的，接近近轴波束的极限值。一般来说，对于固定的 kw_0，实功率随着模态阶数的增加而减少。

9.1 复变拉盖尔-高斯波束

1. 近轴波束

次级源是位于 $z=0$ 平面的一个无限薄的电流片。源产生的波在 $z>0$ 中沿 $+z$ 方向向外传播，在 $z<0$ 中沿 $-z$ 方向向外传播。源电流密度沿 x 方向，磁矢势的 x 分量被激发。矢势在 $z=0$ 上是连续的。为了激发线极化电磁复变拉盖尔-高斯波束，次级源平面上磁矢势所需的 x 分量可以指定为

$$a_{x0}^{\pm}(\rho,\phi,0) = A_{x0}^{\pm}(\rho,\phi,0)$$

$$= \frac{N_{nm}}{\mathrm{i}k}(-1)^n n! 2^{2n+m/2} \cos m\phi \left(\frac{\rho^2}{w_0^2}\right)^{m/2} L_n^m\left(\frac{\rho^2}{w_0^2}\right) \exp\left(-\frac{\rho^2}{w_0^2}\right) \quad (9.1)$$

其中，N_{nm} 为归一化常数；k 为波数；n 为径向模数；m 为方位模数；$L_n^m(\bullet)$ 为相关的或广义的拉盖尔多项式，n 为阶数，m 为度，归一化常数取决于模数 n 和 m。

当 $m=0$ 时，拉盖尔多项式可用 $L_n(\bullet)$ 表示。$L_n^m(x)$ 的定义如下，即

$$L_n^m(x) = \frac{1}{n!} x^{-m} \mathrm{e}^x \frac{\partial^n}{\partial x^n}(x^{n+m}\mathrm{e}^{-x}) \quad (9.2)$$

$$= \sum_{r=0}^{r=n} \frac{(-1)^r (n+m)! x^r}{(n-r)! r! (m+r)!} \quad (9.3)$$

当 $n=0$ 时，由式(9.2)可知

$$L_0^m(x) = 1 \tag{9.4}$$

$|z|>0$ 中的介质关于 z 轴圆柱对称，因此 $a_{x0}^{\pm}(\rho,\phi,z)$ 和 $A_{x0}^{\pm}(\rho,\phi,z)$ 中 ϕ 的相关性与输入平面 $z=0$ 的 $\cos m\phi$ 相同，即 ϕ 对传播的依赖关系保持不变。为了明确，可以使用 $\cos m\phi$。模数 m 是一个从 0 开始的正整数。此外，可以用 $\sin m\phi$ 代替 $\cos m\phi$，m 从 1 开始。

磁矢势 x 分量的近轴近似可以由 $A_{x0}^{\pm}(\rho,\phi,z)$ 给出。设附加下标 0 用于表示近轴，将快速变化的相位分离出来可得

$$A_{x0}^{\pm}(\rho,\phi,z) = \exp(\pm ikz) a_{x0}^{\pm}(\rho,\phi,z) \tag{9.5}$$

缓变振幅 $a_{x0}^{\pm}(\rho,\phi,z)$ 满足的简化近轴波动方程为

$$\left(\frac{\partial^2}{\partial \rho^2} + \frac{1}{\rho}\frac{\partial}{\partial \rho} - \frac{m^2}{\rho^2} \pm 2ik\frac{\partial}{\partial z} \right) a_{x0}^{\pm}(\rho,\phi,z) = 0 \tag{9.6}$$

将 $a_{x0}^{\pm}(\rho,\phi,z)$ 的 m 阶贝塞尔变换代入式(9.6)可得

$$\left(\frac{\partial}{\partial z} \pm \frac{\eta^2 w_0^2}{4}\frac{\mathrm{i}}{b} \right) \bar{a}_{x0}^{\pm}(\eta,\phi,z) = 0 \tag{9.7}$$

其中，$b = \frac{1}{2}kw_0^2$；$\bar{a}_{x0}^{\pm}(\eta,\phi,z)$ 为 $a_{x0}^{\pm}(\rho,\phi,z)$ 的 m 阶贝塞尔变换。

在 m 阶贝塞尔变换中，贝塞尔函数的阶数为 m。式(9.7)的解为

$$\bar{a}_{x0}^{\pm}(\eta,\phi,z) = \bar{a}_{x0}^{\pm}(\eta,\phi,0) \exp\left(-\frac{\eta^2 w_0^2}{4}\frac{\mathrm{i}|z|}{b} \right) \tag{9.8}$$

其中

$$\begin{aligned} \bar{a}_{x0}^{\pm}(\eta,\phi,0) = &\frac{N_{nm}}{\mathrm{i}k}(-1)^n n! 2^{2n+m/2} \cos m\phi \\ &\times \int_0^{\infty} \mathrm{d}\rho\rho J_m(\eta\rho)\left(\frac{\rho^2}{w_0^2}\right)^{m/2} L_n^m\left(\frac{\rho^2}{w_0^2}\right) \exp\left(-\frac{\rho^2}{w_0^2}\right) \end{aligned} \tag{9.9}$$

Bandres 和 Gutierrez-Vega[4]确立了如下 m 阶贝塞尔变换关系，即

$$\int_0^{\infty} \mathrm{d}\eta\eta J_m(\eta\rho)\eta^{2n+m}\exp(-p^2\eta^2) = \frac{n!}{2}\frac{1}{p^{2(n+1+m/2)}}\left(\frac{\rho^2}{4p^2}\right)^{m/2} L_n^m\left(\frac{\rho^2}{4p^2}\right) \exp\left(-\frac{\rho^2}{4p^2}\right) \tag{9.10}$$

$$\int_0^\infty \mathrm{d}\rho\rho J_m(\eta\rho)\left(\frac{\rho^2}{4p^2}\right)^{m/2}L_n^m\left(\frac{\rho^2}{4p^2}\right)\exp\left(-\frac{\rho^2}{4p^2}\right)=\frac{2}{n!}p^{2(n+1+m/2)}\eta^{2n+m}\exp(-p^2\eta^2)$$

(9.11)

从文献[5]可以得到相应的零阶贝塞尔变换关系式。利用式(9.11)可以求出式(9.9)中的积分，即

$$\bar{a}_{x0}^{\pm}(\eta,\phi,0)=\frac{N_{nm}}{\mathrm{i}k}(-1)^n 2^{-1-m/2}w_0^2\cos m\phi(\eta^2 w_0^2)^{n+m/2}\exp\left(-\frac{\eta^2 w_0^2}{4}\right)\qquad(9.12)$$

从式(9.12)可知，用 $\bar{a}_{x0}^{\pm}(\eta,\phi,0)$ 替换式(9.8)。$\bar{a}_{x0}^{\pm}(\eta,\phi,z)$ 的贝塞尔逆变换结果可以表示为

$$\bar{a}_{x0}^{\pm}(\rho,\phi,z)=\frac{N_{nm}}{\mathrm{i}k}(-1)^n 2^{-m/2}\frac{w_0^2}{2}w_0^{2n+m}\cos m\phi\int_0^\infty\mathrm{d}\eta\eta J_m(\eta\rho)\eta^{2n+m}\exp\left(-\frac{\eta^2 w_0^2}{4q_\pm^2}\right)$$

(9.13)

其中

$$q_\pm=\left(1+\mathrm{i}\frac{|z|}{b}\right)^{-1/2}\qquad(9.14)$$

利用式(9.10)可以确定式(9.13)中的积分，即

$$a_{x0}^{\pm}(\rho,\phi,z)=\frac{N_{nm}}{\mathrm{i}k}(-1)^n n!2^{2n+m/2}q_\pm^{2n+m+2}\cos m\phi\left(\frac{q_\pm^2\rho^2}{w_0^2}\right)^{m/2}L_n^m\left(\frac{q_\pm^2\rho^2}{w_0^2}\right)\exp\left(-\frac{q_\pm^2\rho^2}{w_0^2}\right)$$

(9.15)

从式(9.5)和式(9.15)可知，$|z|>0$ 发射的复变拉盖尔-高斯波束为

$$A_{x0}^{\pm}(\rho,\phi,z)=\exp(\pm\mathrm{i}kz)\frac{N_{nm}}{\mathrm{i}k}(-1)^n n!2^{2n+m/2}q_\pm^{2n+m+2}$$

$$\times\cos m\phi\left(\frac{q_\pm^2\rho^2}{w_0^2}\right)^{m/2}L_n^m\left(\frac{q_\pm^2\rho^2}{w_0^2}\right)\exp\left(-\frac{q_\pm^2\rho^2}{w_0^2}\right)$$

(9.16)

从式(9.13)可以看出，复变拉盖尔-高斯波束的一个重要特征是它具有闭合形式的贝塞尔变换表示。

2. 时均功率

从式(1.12)可得与近轴波束相关的电磁场，即

$$E_{x0}^{\pm}(\rho,\phi,z) = \pm H_{y0}^{\pm}(\rho,\phi,z) = \mathrm{i}kA_{x0}^{\pm}(\rho,\phi,z) \tag{9.17}$$

式(9.16)和式(9.17)表明，$A_{x0}^{\pm}(\rho,\phi,z)$ 和 $E_{x0}^{\pm}(\rho,\phi,z)$ 是连续的，但是 $H_{y0}^{\pm}(\rho,\phi,z)$ 在次级源平面 $z=0$ 处是不连续的。$H_{y0}^{\pm}(\rho,\phi,z)$ 的不连续性等价于 $z=0$ 平面上产生的电流密度。利用式(9.17)可求出感应电流密度，即

$$J_0(\rho,\phi,z) = \hat{z} \times \hat{y} \left[H_y^+(\rho,\phi,0) - H_y^-(\rho,\phi,0) \right] \delta(z) = -\hat{x}2\mathrm{i}kA_{x0}^{\pm}(\rho,\phi,0)\delta(z) \tag{9.18}$$

利用式(9.5)和式(9.17)得到的复功率为

$$\begin{aligned} P_C &= P_{re} + \mathrm{i}P_{im} \\ &= -\frac{c}{2}\int_0^\infty \mathrm{d}\rho\rho\int_0^{2\pi}\mathrm{d}\phi\int_{-\infty}^\infty \mathrm{d}zE_0^{\pm}(\rho,\phi,z)J_0^*(\rho,\phi,z) \\ &= ck^2\int_0^\infty \mathrm{d}\rho\rho\int_0^{2\pi}\mathrm{d}\phi a_{x0}^{\pm}(\rho,\phi,0)a_{x0}^{\pm*}(\rho,\phi,0) \end{aligned} \tag{9.19}$$

其中，P_C 为实数；虚部 P_{im} 为零，即

$$P_{im} = 0 \tag{9.20}$$

即复变拉盖尔-高斯波束的无功功率消失了。

用 m 阶贝塞尔变换代替式(9.19)中的 $a_{x0}^{\pm}(\rho,\phi,0)$，并利用式(9.20)可得

$$P_{re} = ck^2\int_0^\infty \mathrm{d}\rho\rho\int_0^{2\pi}\mathrm{d}\phi\int_0^\infty \mathrm{d}\eta\eta J_m(\eta\rho)\overline{a}_{x0}^{\pm}(\eta,\phi,0)\int_0^\infty \mathrm{d}\overline{\eta}\,\overline{\eta}J_m(\overline{\eta}\rho)\overline{a}_{x0}^{\pm*}(\overline{\eta},\phi,0) \tag{9.21}$$

由 m 阶贝塞尔变换对，可以建立如下关系，即

$$\int_0^\infty \mathrm{d}\rho\rho J_m(\eta\rho)J_m(\overline{\eta}\rho) = \frac{\delta(\eta-\overline{\eta})}{\eta} \tag{9.22}$$

利用式(9.22)，对式(9.21)中的 ρ 进行积分，可得 $\overline{\eta}$ 积分，即

$$P_{re} = ck^2\int_0^{2\pi}\mathrm{d}\phi\int_0^\infty \mathrm{d}\eta\eta\overline{a}_{x0}^{\pm}(\eta,\phi,0)\overline{a}_{x0}^{\pm*}(\eta,\phi,0) \tag{9.23}$$

由式(9.12)，将 $\overline{a}_{x0}^{\pm}(\eta,\phi,0)$ 代入式(9.23)，并进行 ϕ 积分可得

$$P_{re} = c\pi\varepsilon_m N_{nm}^2 \frac{1}{2^{m+2}} w_0^{4n+2m+4}\int_0^\infty \mathrm{d}\eta\eta\eta^{4n+2m}\exp\left(-\frac{\eta^2 w_0^2}{2}\right) \tag{9.24}$$

当 $m=0$ 时，$\varepsilon_m = 2$；当 $m \geqslant 1$ 时，$\varepsilon_m = 1$。积分变量变为 $\tau = \eta^2 w_0^2/2$。式(9.24)可简化为

$$P_{re} = c\pi\varepsilon_m \frac{N_{nm}^2 w_0^2}{4}2^n\int_0^\infty \mathrm{d}\tau\tau^{2n+m}\exp(-\tau) = \frac{c\pi w_0^2 \varepsilon_m 2^{2n}}{4}(2n+m)!N_{nm}^2 \tag{9.25}$$

归一化常数选择为

$$N_{nm} = \left[\frac{8}{c\pi w_0^2 \varepsilon_m 2^{2n}(2n+m)!} \right]^{1/2} \tag{9.26}$$

结果为

$$P_{re} = 2 \tag{9.27}$$

近轴波束沿 $+z$ 方向传播的时均功率为 $P_{CL}^{\pm}$。通过对称，$P_{CL}^{+} = P_{CL}^{-}$。实功率 P_{re} 是当前电流源产生的时均功率。这个功率的一半沿 $+z$ 方向传播，另一半沿 $-z$ 方向传播。由式(9.27)可知

$$P_{CL}^{+} = P_{CL}^{-} = \frac{1}{2}P_{re} = 1 \tag{9.28}$$

选择归一化常数 N_{nm}，近轴波束沿 $+z$ 方向传输的时均功率由 $P_{CL}^{\pm} = 1\text{W}$ 给出。

9.2　复 空 间 源

为了获得复空间中的源，以便对复变拉盖尔-高斯波束进行全波泛化，在 $|z| - \mathrm{i}b = 0$ 处寻找源。然后，由式(9.13)可得复空间源，即

$$C_{s,nm}(\rho,\phi,z) = \frac{N_{nm}}{\mathrm{i}k}(-1)^n 2^{-m/2} \frac{w_0^2}{2} w_0^{2n+m} \cos m\phi I(\rho,n,m), \quad |z| - \mathrm{i}b = 0 \tag{9.29}$$

其中

$$I(\rho,n,m) = \int_0^\infty \mathrm{d}\eta\, \eta J_m(\eta\rho)\eta^{2n+m} \tag{9.30}$$

首先，考虑 $m = 0$ 时的圆柱对称情况。设横向拉普拉斯算子为

$$\nabla_{tm}^2 = \frac{\partial^2}{\partial\rho^2} + \frac{1}{\rho}\frac{\partial}{\partial\rho} - \frac{m^2}{\rho^2} \tag{9.31}$$

获 $J_m(\eta\rho)$ 认可的微分方程为

$$(\nabla_{tm}^2 + \eta^2)J_m(\eta\rho) = 0 \tag{9.32}$$

由式(9.30)~式(9.32)和式(7.38)，可得

$$I(\rho,n,0) = (-1)^n(\nabla_{t0}^2)^n \frac{\delta(\rho)}{\rho}, \quad |z| - \mathrm{i}b = 0 \tag{9.33}$$

文献[3]为了对圆柱对称复变拉盖尔-高斯波束进行全波泛化，引入复空间中的高阶点源。其次，考虑径向模数为 $n = 0$ 的方位变化 $(m \geqslant 1)$ 波束。在这种情况下，

由式(9.30)可以导出

$$I(\rho,0,m) = \int_0^\infty \mathrm{d}\eta\eta J_m(\eta\rho)\eta^m \tag{9.34}$$

利用式(8.18)，我们可以将式(9.34)转换为

$$I(\rho,0,m) = (-1)^m \rho^m \left(\frac{1}{\rho}\frac{\partial}{\partial\rho}\right)^m \int_0^\infty \mathrm{d}\eta\eta J_0(\eta\rho) \tag{9.35}$$

将式(7.38)代入式(9.35)可得

$$I(\rho,0,m) = (-1)^m \rho^m \left(\frac{1}{\rho}\frac{\partial}{\partial\rho}\right)^m \frac{\delta(\rho)}{\rho}, \quad |z|-\mathrm{i}b=0 \tag{9.36}$$

为了对径向模数 $n=0$ 的方位变化复变拉盖尔-高斯波束进行全波泛化，文献[4]引入复空间中的高阶点源。除了归一化因子 N_{0m}/ik ，式(9.29)和式(9.36)给出的复空间源与式(8.13)引入的复空间源相同。Bandres 和 Gutierrez-Vega[4]将式(9.36)中的算子与式(9.33)中的源结合，得到方位变化的复变拉盖尔-高斯波束的全波泛化。为关注式(9.36)给出的复空间中的高阶点源，针对 8.1 节方位变化的高阶空心全高斯波，我们独立讨论 Bandres 和 Gutierrez-Vega[4]介绍的源。

通常先分离方位依赖关系，径向本征函数取决于方位角模数 m 。式(9.31)也包含方位角模数 m ，完全可以用式(9.31)给出的横向拉普拉斯算子表示源。根据式(9.32)，式(9.30)可变为

$$I(\rho,n,m) = (-1)^n (\nabla_{tm}^2)^n \int_0^\infty \mathrm{d}\eta\eta J_m(\eta\rho)\eta^m \tag{9.37}$$

文献[6]引入一个小长度参数 ρ_{ex} ，即

$$\mathop{\mathrm{Lim}}\limits_{\rho_{ex}\to 0} J_m(\eta\rho_{ex}) = \frac{\rho_{ex}^m \eta^m}{2^m m!} \tag{9.38}$$

将式(9.37)变换为

$$I(\rho,n,m) = \mathop{\mathrm{Lim}}\limits_{\rho_{ex}\to 0} \frac{2^m m!}{\rho_{ex}^m}(-1)^n (\nabla_{tm}^2)^n \int_0^\infty \mathrm{d}\eta\eta J_m(\eta\rho)J_m(\eta\rho_{ex}) \tag{9.39}$$

由 m 阶贝塞尔变换对，可以推导与式(9.22)相似的另一种关系，即

$$\int_0^\infty \mathrm{d}\eta\eta J_m(\eta\rho)J_m(\eta\rho_{ex}) = \frac{\delta(\rho-\rho_{ex})}{\rho} \tag{9.40}$$

利用式(9.40)， $I(\rho,n,m)$ 作为高阶点源，即

$$I(\rho,n,m) = \mathop{\mathrm{Lim}}\limits_{\rho_{ex}\to 0} \frac{2^m m!}{\rho_{ex}^m}(-1)^n (\nabla_{tm}^2)^n \frac{\delta(\rho-\rho_{ex})}{\rho}, \quad |z|-\mathrm{i}b=0 \tag{9.41}$$

将 $I(\rho,n,m)$ 转化为式(9.41)给出的形式，只是为了确定在复空间中源的高度局域化。因为对于全波只能得到一个积分表达式，而不是像波束那样的封闭解，所以式(9.29)和式(9.30)表示的复空间源的形式足以推导全波的表达式。

在 $|z|-\mathrm{i}b=0$ 处，式(9.29)和式(9.30)给出的源产生 $|z|>0$ 时的近轴波束。在 $|z|=0$ 处，同一源产生近轴波束的渐近极限。近轴方程只是亥姆霍兹方程的近似。因此，除了激励系数 S_{ex} 外，从近轴波束推导的复空间源用于亥姆霍兹方程，可以求得全波的渐近极限。从式(9.29)中可以得到激发亥姆霍兹方程全波解渐近极限的源，即

$$C_{s\infty,nm}(\rho,\phi,z)=S_{ex}\frac{N_{nm}}{\mathrm{i}k}(-1)^n 2^{-m/2}\frac{w_0^2}{2}w_0^{2n+m}\cos m\phi\,\delta(z)I(\rho,n,m) \qquad (9.42)$$

9.3　复变拉盖尔-高斯波

设 $G_{n,m}(\rho,\phi,z)$ 是式(9.42)给出的源的简化亥姆霍兹方程(式(8.2))的解，那么 $G_{n,m}(\rho,\phi,z)$ 满足以下微分方程，即

$$\left(\frac{\partial^2}{\partial\rho^2}+\frac{1}{\rho}\frac{\partial}{\partial\rho}-\frac{m^2}{\rho^2}+\frac{\partial^2}{\partial z^2}+k^2\right)G_{n,m}(\rho,\phi,z)$$

$$=-S_{ex}\frac{N_{nm}}{\mathrm{i}k}(-1)^n 2^{-m/2}\frac{w_0^2}{2}w_0^{2n+m}\cos m\phi\times\delta(z)\int_0^\infty \mathrm{d}\eta\,\eta J_m(\eta\rho)\eta^{2n+m}$$

$$\qquad (9.43)$$

这个微分方程的求解方法与式(7.44)和式(8.22)相同，结果为

$$C_{n,m}(\rho,\phi,z)=\frac{\mathrm{i}S_{ex}}{2}\frac{N_{nm}}{\mathrm{i}k}(-1)^n 2^{-m/2}\frac{w_0^2}{2}w_0^{2n+m}\cos m\phi\int_0^\infty \mathrm{d}\eta\,\eta J_m(\eta\rho)\eta^{2n+m}\zeta^{-1}\exp(\mathrm{i}\zeta|z|)$$

$$\qquad (9.44)$$

其中

$$\zeta=(k^2-\eta^2)^{1/2} \qquad (9.45)$$

$G_{n,m}(\rho,\phi,z)$ 是从 $|z|$ 到 $|z|-\mathrm{i}b=0$ 的解析沿拓，可得

$$A_x^{\pm}(\rho,\phi,z)=\frac{\mathrm{i}S_{ex}}{2}\frac{N_{nm}}{\mathrm{i}k}(-1)^n 2^{-m/2}\frac{w_0^2}{2}w_0^{2n+m}\cos m\phi$$

$$\times\int_0^\infty \mathrm{d}\eta\,\eta J_m(\eta\rho)\eta^{2n+m}\zeta^{-1}\exp\left[\mathrm{i}\zeta(|z|-\mathrm{i}b)\right] \qquad (9.46)$$

式(9.46)的近轴近似($\eta^2\ll k^2$)为

$$A_{x0}^{\pm}(\rho,\phi,z) = \exp(\pm ikz)\frac{iS_{ex}}{2k}\exp(kb)$$

$$\times \frac{N_{nm}}{ik}(-1)^n 2^{-m/2}\frac{w_0^2}{2}w_0^{2n+m}\cos m\phi \tag{9.47}$$

$$\times \int_0^{\infty}d\eta\, \eta J_m(\eta\rho)\eta^{2n+m}\exp\left(-\frac{\eta^2 w_0^2}{4q_{\pm}^2}\right)$$

式(9.46)给出的 $A_x^{\pm}(\rho,\phi,z)$ 可以正确地简化为初始选择的近轴波束，即

$$S_{ex} = -2ik\exp(-kb) \tag{9.48}$$

将 S_{ex} 代入式(9.46)，可得

$$A_x^{\pm}(\rho,\phi,z) = k\exp(-kb)\frac{N_{nm}}{ik}(-1)^n 2^{-m/2}\frac{w_0^2}{2}w_0^{2n+m}\cos m\phi$$

$$\times \int_0^{\infty}d\eta\, \eta J_m(\eta\rho)\eta^{2n+m}\zeta^{-1}\exp\left[i\zeta\left(|z|-ib\right)\right] \tag{9.49}$$

式(9.49)给出的全波泛化被指定表示为基本全复变拉盖尔-高斯波。

9.4　实功率和无功功率

为了评估复功率，只需要场分量 $E_x^{\pm}(\rho,\phi,z)$ 和 $H_y^{\pm}(\rho,\phi,z)$。从式(2.10)和式(9.49)可得

$$H_y^{\pm}(\rho,\phi,z) = \pm\exp(-kb)N_{nm}(-1)^n 2^{-m/2}\frac{w_0^2}{2}w_0^{2n+m}\cos m\phi$$

$$\times \int_0^{\infty}d\eta\, \eta J_m(\eta\rho)\eta^{2n+m}\exp\left[i\zeta\left(|z|-ib\right)\right] \tag{9.50}$$

由式(9.50)可得 $z=0$ 平面上的感应电流密度，即

$$J(\rho,\phi,z) = \hat{z}\times\hat{y}\left[H_y^{+}(\rho,\phi,0)-H_y^{-}(\rho,\phi,0)\right]\delta(z)$$

$$= -\hat{x}2\exp(-kb)N_{nm}(-1)^n 2^{-m/2}\frac{w_0^2}{2}w_0^{2n+m}$$

$$\times \cos m\phi\delta(z)\int_0^{\infty}d\overline{\eta}\,\overline{\eta}J_m(\overline{\eta}\rho)\overline{\eta}^{2n+m}\exp(\overline{\zeta}b) \tag{9.51}$$

其中，$\overline{\zeta}$ 与 ζ 相同；η 被 $\overline{\eta}$ 替换。

与电流源相关的复功率(式(D.18))为

$$P_C = P_{re} + \mathrm{i}P_{im} = -\frac{c}{2}\int_0^\infty \mathrm{d}\rho\rho\int_0^{2\pi}\mathrm{d}\phi\int_{-\infty}^\infty \mathrm{d}z E^\pm(\rho,\phi,z)J^*(\rho,\phi,z) \tag{9.52}$$

对 z 进行积分，由式(9.51)～式(9.52)可得

$$P_C = P_{re} + \mathrm{i}P_{im} = -\frac{c}{2}\int_0^\infty \mathrm{d}\rho\rho\int_0^{2\pi}\mathrm{d}\phi E_x^\pm(\rho,\phi,0)J_x^*(\rho,\phi,0) \tag{9.53}$$

其中，$J_x(\rho,\phi,0)$ 为 $J(\rho,\phi,z)$ 除以 $\delta(z)$ 的 x 分量，$J_x(\rho,\phi,0)$ 取决于 ϕ。

式(9.53)关于 ϕ 的积分表明，只有 $E_x^\pm(\rho,\phi,0)$ 中依赖 ϕ 的部分对 P_C 做出贡献。$E_x^\pm(\rho,\phi,0)$ 对 ϕ 有三种依赖关系，即 $\cos m\phi$、$\cos(m+2)\phi$ 和 $\cos(m-2)\phi$。当 $m\neq 1$ 时，$\cos(m+2)\phi$ 和 $\cos(m-2)\phi$ 可以省略，因为它们对复功率 P_C 没有贡献。模数 $m=1$ 是一个独特的例子，因为 $\cos m\phi$ 和 $\cos(m-2)\phi$ 的关联项是相同的，所以当 $m=1$ 时，只有 $E_x^\pm(\rho,\phi,0)$ 中的 $\cos(m+2)\phi$ 被省略了。

式(2.9)表明，$E_x^\pm(\rho,\phi,z)$ 与 $A_x^\pm(\rho,\phi,z)$ 是相关的，即

$$E_x^\pm(\rho,\phi,z) = \mathrm{i}k\left(1+\frac{1}{k^2}\frac{\partial^2}{\partial x^2}\right)A_x^\pm(\rho,\phi,z) \tag{9.54}$$

由 $x=\rho\cos\phi$ 和 $y=\rho\sin\phi$，可得

$$\frac{\partial}{\partial x} = \cos\phi\frac{\partial}{\partial\rho} - \frac{\sin\phi}{\rho}\frac{\partial}{\partial\phi} \tag{9.55}$$

因此，由式(9.55)可以证明

$$\begin{aligned}
\frac{\partial^2 f(\rho,\phi)}{\partial x^2} &= \cos^2\phi\frac{\partial^2 f(\rho,\phi)}{\partial\rho^2} + \frac{\sin^2\phi}{\rho}\frac{\partial f(\rho,\phi)}{\partial\rho} \\
&\quad + \frac{\sin^2\phi}{\rho}\frac{\partial^2 f(\rho,\phi)}{\partial\phi^2} - \frac{\sin 2\phi}{\rho}\frac{\partial^2 f(\rho,\phi)}{\partial\rho\partial\phi} + \frac{\sin 2\phi}{\rho^2}\frac{\partial f(\rho,\phi)}{\partial\phi}
\end{aligned} \tag{9.56}$$

计算式(9.53)给出的 P_C 的一种方便的方法是使用傅里叶积分表示法，如式(9.49) 对 $A_x^\pm(\rho,\phi,z)$ 所述。$A_x^\pm(\rho,\phi,z)$ 中 ρ 和 ϕ 的相关性是 $J_m(\eta\rho)\cos m\phi$ 的一般形式。因此，我们设

$$f(\rho,\phi) = J_m(\eta\rho)\cos m\phi \tag{9.57}$$

将式(9.57)代入式(9.56)，对 ϕ 进行微分，三角项的乘积可表示为三角项之和，$J_m(\eta\rho)$ 满足的微分方程可用于简化包含 $J_m(\eta\rho)$ 的项。因此，式(9.56)可以转换并表示为

$$\frac{\partial^2 f(\rho,\phi)}{\partial x^2} = -\frac{\eta^2}{2} J_m(\eta\rho)\cos m\phi + \frac{1}{4}\Big[-\eta^2 J_m(\eta\rho)$$

$$-\frac{2(m+1)}{\rho}\frac{\partial J_m(\eta\rho)}{\partial \rho} + \frac{2m(m+1)}{\rho^2} J_m(\eta\rho)\Big]\cos(m+2)\phi$$

$$+\frac{1}{4}\Big[-\eta^2 J_m(\eta\rho) + \frac{2(m-1)}{\rho}\frac{\partial J_m(\eta\rho)}{\partial \rho} + \frac{2m(m-1)}{\rho^2} J_m(\eta\rho)\Big]\cos(m-2)\phi \tag{9.58}$$

当 $m \neq 1$ 时，$\cos(m+2)\phi$ 和 $\cos(m-2)\phi$ 被省略，因为它们对复功率没有贡献。由此可得

$$\frac{\partial^2 f(\rho,\phi)}{\partial x^2} = -\frac{\eta^2}{2} J_m(\eta\rho)\cos m\phi, \quad m = 1 \tag{9.59}$$

当 $m = 1$ 时，只有 $\cos(m+2)\phi$ 被省略。$\cos(m-2)\phi$ 可简化为

$$-\frac{\eta^2}{4} J_m(\eta\rho)\cos m\phi, \quad m = 1 \tag{9.60}$$

将 $\cos m\phi$ 和 $\cos(m-2)\phi$ 相结合，可得

$$\frac{\partial^2 f(\rho,\phi)}{\partial x^2} = -\frac{3\eta^2}{4} J_m(\eta\rho)\cos m\phi, \quad m = 1 \tag{9.61}$$

将式(9.59)和式(9.61)所述的结果合并计算，对所有 m 有

$$\frac{\partial^2 f(\rho,\phi)}{\partial x^2} = -\frac{\gamma_m \eta^2}{2} J_m(\eta\rho)\cos m\phi \tag{9.62}$$

当 $m \neq 1$ 时，$\gamma_m = 1$；当 $m = 1$ 时，$\gamma_m = 3/2$。利用式(9.49)、式(9.54)、式(9.57)和式(9.62)可以确定 $E_x^{\pm}(\rho,\phi,z)$ ，即

$$E_x^{\pm}(\rho,\phi,z) = k\exp(-kb)N_{nm}(-1)^n 2^{-m/2}\frac{w_0^2}{2} w_0^{2n+m}\cos m\phi$$

$$\times \int_0^{\infty} \mathrm{d}\eta\eta J_m(\eta\rho)\Big(1 - \frac{\gamma_m \eta^2}{2k^2}\Big)\eta^{2n+m}\zeta^{-1}\exp\big[\mathrm{i}\zeta(|z|-\mathrm{i}b)\big] \tag{9.63}$$

将式(9.63)中的 $E_x^{\pm}(\rho,\phi,0)$ 和式(9.51)中的 $J_x(\rho,\phi,0)$ 代入式(9.53)，得到的复功率为

$$P_C = -\frac{c}{2}\int_0^\infty \mathrm{d}\rho \int_0^{2\pi}\mathrm{d}\phi k \exp(-kb)N_{nm}(-1)^n 2^{-m/2}$$

$$\times \frac{w_0^2}{2}w_0^{2n+m}\cos m\phi\left[\int_0^\infty \mathrm{d}\eta\eta J_m(\eta\rho)-\right.$$

$$\times\left(1-\frac{\gamma_m\eta^2}{2k^2}\right)\eta^{2n+m}\zeta^{-1}\exp(\zeta b)\bigg] \qquad (9.64)$$

$$\times(-2)\exp(-kb)N_{nm}(-1)^n 2^{-m/2}\frac{w_0^2}{2}w_0^{2n+m}$$

$$\times\cos m\phi\int_0^\infty \mathrm{d}\bar\eta\,\bar\eta J_m(\bar\eta\rho)\bar\eta^{2n+m}\exp(\overline{\zeta}^* b)$$

对 ϕ 进行积分，结果就是 $\pi\varepsilon_m$。式(9.22)用于进行 ϕ 的积分，可以得到 $\delta(\eta-\bar\eta)/\eta$。对 $\bar\eta$ 进行积分，结果为

$$P_C = ck\exp(-2kb)N_{nm}^2 2^{-m}\frac{w_0^4}{4}w_0^{4n+2m}\pi\varepsilon m$$

$$\times\int_0^\infty \mathrm{d}\eta\eta\left(1-\frac{\gamma_m\eta^2}{2k^2}\right)\eta^{4n+2m}\zeta^{-1}\exp\left[b(\zeta+\zeta^*)\right] \qquad (9.65)$$

P_C 的虚部为无功功率 P_{im}，从 η 开始，η 的范围为 $k<\eta<\infty$，其中 ζ 是虚数。因此，由式(9.45)和式(9.65)，可以确定 P_{im} 为

$$P_{im} = -ck\exp(-2kb)N_{nm}^2 2^{-m}\frac{w_0^4}{4}w_0^{4n+2m}\pi\varepsilon_m$$

$$\times\int_k^\infty \mathrm{d}\eta\eta\left(1-\frac{\gamma_m\eta^2}{2k^2}\right)\eta^{4n+2m}(\eta^2-k^2)^{-1/2} \qquad (9.66)$$

改变由 $\eta^2=k^2(1+\tau^2)$ 给定的积分变量，式(9.66)中的积分变为

$$I_{k\infty} = k^{4n+2m+1}\int_0^\infty \mathrm{d}\tau\left(1-\frac{\gamma_m}{2}-\frac{\gamma_m}{2}\tau^2\right)(1+\tau^2)^{2n+m}=\infty \qquad (9.67)$$

因此

$$P_{im} = \infty \qquad (9.68)$$

与基本全复变拉盖尔-高斯波相关的无功功率 P_{im} 是无穷大的。这个结果是可以预期的，因为产生全波的复空间源(式(9.41))是一个高阶点源。在复空间中寻找和发现源分布是必要的，通过引入不同于 $|z|$ 到 $|z|-ib$ 的解析沿拓，以与基本高斯波相同的方式获得无功功率的有限值。

P_C 的实部为实功率 P_{re}，从 η 开始，η 的范围为 $0<\eta<k$，其中 ζ 为实数。因

此，从式(9.45)和式(9.65)可知

$$P_{re} = \frac{2k \exp(-2kb) w_0^{4n+2m+2}}{2^{2n+m}(2n+m)!}$$

$$\times \int_0^k d\eta \eta \left(1 - \frac{\gamma_m \eta^2}{2k^2}\right) \eta^{4n+2m} \zeta^{-1} \exp(2\zeta b) \quad (9.69)$$

在获得式(9.69)时，用式(9.26)的值代替 N_{nm}。因此，波幅的归一化使相应的近轴波束的实功率为 $P_{re} = 2\mathrm{W}$，如式(9.27)所示。积分变量改变为 $\eta = k \sin \theta$，由此式(9.69)可简化为

$$P_{re} = \frac{2(kw_0)^{4n+2m+2}}{2^{2n+m}(2n+m)!} \int_0^{\pi/2} d\theta \sin \theta$$

$$\times \left(1 - \frac{\gamma_m \sin^2 \theta}{2}\right)(\sin \theta)^{4n+2m} \exp\left[-k^2 w_0^2 (1 - \cos \theta)\right] \quad (9.70)$$

对于 $n=0$ 和 $m=0$ 的特殊情况，式(4.70)可以正确再现基本全高斯波的实功率。

实功率取决于 kw_0、n 和 m。如图 9.1 所示，当 $0.2 < kw_0 < 10$ 时，实功率 P_{re} 是 kw_0 的函数，归一化后，相应的近轴波束的实功率是 2W。在 $n=1,m=0$ 与 $n=0,m=2$ 时，P_{re} 完全一样。随着 kw_0 增大，实功率是单调增加的，并且接近近轴波束的极限值。当 kw_0 固定时，实功率随着模式阶数的增加而减小。例如，$n=0$ 时，m 从 0 增加到 3，实功率 P_{re} 减少。

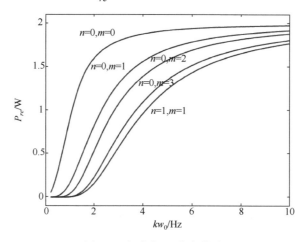

图 9.1　实功率 P_{re} 分布曲线

参 考 文 献

[1] T. Takenaka, M. Yokota and O. Fukumitsu, "Propagation for light beams beyond the paraxial Approximation" J. Opt. Soc. Am. A 2, 826–829 (1985).

[2] S. R. Seshadri, "Complex-argument Laguerre-Gauss beams: transport of mean-squared beam Width" Appl. Opt. 44, 7339–7343 (2005).

[3] S. R. Seshadri, "Virtual source for a Laguerre-Gauss beam" Opt. Lett. 27, 1872–1874 (2002).

[4] M. A. Bandres and J. C. Gutierrez-Vega, "Higher-order complex source for elegant Laguerre-Gaussian waves", Opt. Lett. 29, 2213–2215 (2004).

[5] I. S. Gradshteyn, I. M. Ryzhik, Tables of Integrals, Series and Products, (Academic Press, New York, 1965).

[6] W. Magnus, F. Oberhettinger, Functions of Mathematical Physics, (Chelsea PublishingCompany, New York, 1954), p. 16.

第10章 基本全实变拉盖尔-高斯波

圆柱坐标系中的近轴波动方程与复变拉盖尔-高斯波束相同,还有一系列高阶解,称为实变拉盖尔-高斯波束[1]。这些高阶高斯波束构成一个完整的本征函数集,可以用径向模数 n 和方位角模数 m 表示。基本高斯波束是这组中最低阶的 $(n=0, m=0)$ 模式。当 $n=0$ 时,实变拉盖尔-高斯波束与复变拉盖尔-高斯波束相同。因此,实变的拉盖尔-高斯波束也是如此,第8章的高阶空心高斯波束对应于 $n=0$。本章讨论实变拉盖尔-高斯波束的各个方面,推导实变拉盖尔-高斯波束全波泛化所需的复空间源,确定由复空间源产生的基本全实变拉盖尔-高斯波,可得基本全高阶波的实功率和无功功率。复空间中的光源是一系列高阶点源,它们与复变拉盖尔-高斯波束的源相似。因此,就像基本的全复变拉盖尔-高斯波,无功功率是无穷的。随着 kw_0 增加,实功率增加,并接近近轴波束的极限值。一般地,对于足够大且固定的 kw_0,实功率随模态阶数的增加而减少。

10.1　实变拉盖尔-高斯波束

1. 近轴波束

位于 $z=0$ 平面的源表面电流引起的波在 $z>0$ 时沿 $+z$ 方向传播,在 $z<0$ 时沿 $-z$ 方向传播。电流方向是 x 方向,并产生磁矢势的 x 分量 $A_x^{\pm}(\rho, \phi, z)$。$A_x^{\pm}(\rho, \phi, z)$ 在 $z=0$ 平面是连续的,其近轴近似通过 $A_x^{\pm}(\rho, \phi, z)$ 给出,下标 0 用于表示近轴。缓慢变化的振幅 $a_{x0}^{\pm}(\rho, \phi, z)$ 为

$$A_{x0}^{\pm}(\rho, \phi, z) = \exp(\pm ikz) a_{x0}^{\pm}(\rho, \phi, z) \tag{10.1}$$

其中,$\exp(\pm ikz)$ 为快速变化的平面波相位项。

为了激发线极化实变拉盖尔-高斯电磁波束,次级源或输入平面 $(z=0)$ 磁矢势近轴近似矢势所需的 x 分量为

$$A_{x0}^{\pm}(\rho, \phi, 0) = a_{x0}^{\pm}(\rho, \phi, 0) = \frac{N_{nm}}{ik} \cos m\phi \left(\frac{2\rho^2}{w_0^2}\right)^{m/2} L_n^m\left(\frac{2\rho^2}{w_0^2}\right) \exp\left(-\frac{\rho^2}{w_0^2}\right) \tag{10.2}$$

其中,N_{nm} 为归一化常数;k 为波数;n 为径向模数;m 为方位角模数;$L_n^m(\bullet)$ 为相关的或广义的拉盖尔多项式,当 $m=0$ 时,$L_n^m(\bullet)$ 由 $L_n(\bullet)$ 表示。

归一化常数可能取决于 n 和 m ，因此下标 n 和 m 都包含在 N 中。模数 n 和 m 是从 0 开始的正整数。

由于 $|z| > 0$ 的介质是圆柱对称的， $A_{x0}^{\pm}(\rho,\phi,z)$ 和 $a_{x0}^{\pm}(\rho,\phi,z)$ 传播时的 ϕ 依赖性保持不变，因此 $A_{x0}^{\pm}(\rho,\phi,z)$ 满足简化亥姆霍兹方程，即

$$\left(\frac{\partial^2}{\partial\rho^2} + \frac{1}{\rho}\frac{\partial}{\partial\rho} - \frac{m^2}{\rho^2} + \frac{\partial^2}{\partial z^2} + k^2 \right) A_{x0}^{\pm}(\rho,\phi,z) = 0 \tag{10.3}$$

将式(10.1)代入式(10.3)，可以得到 $a_{x0}^{\pm}(\rho,\phi,z)$ 满足的简化近轴波动方程，即

$$\left(\frac{\partial^2}{\partial\rho^2} + \frac{1}{\rho}\frac{\partial}{\partial\rho} - \frac{m^2}{\rho^2} \pm 2\mathrm{i}k\frac{\partial}{\partial z} \right) a_{x0}^{\pm}(\rho,\phi,z) = 0 \tag{10.4}$$

将 $a_{x0}^{\pm}(\rho,\phi,z)$ 的 m 阶贝塞尔变换代入式(10.4)， $\overline{a}_{x0}^{\pm}(\eta,\phi,z)$ 满足这个微分方程，即

$$\left(\frac{\partial}{\partial z} \pm \frac{\eta^2 w_0^2}{4}\frac{\mathrm{i}}{b} \right) \overline{a}_{x0}^{\pm}(\eta,\phi,z) = 0 \tag{10.5}$$

其中， $b = \frac{1}{2}kw_0^2$ ； $\overline{a}_{x0}^{\pm}(\eta,\phi,z)$ 为 $a_{x0}^{\pm}(\rho,\phi,z)$ 的 m 阶贝塞尔变换。

式(10.5)的解为

$$\overline{a}_{x0}^{\pm}(\eta,\phi,z) = \overline{a}_{x0}^{\pm}(\eta,\phi,0)\exp\left(-\frac{\eta^2 w_0^2}{4}\frac{\mathrm{i}|z|}{b} \right) \tag{10.6}$$

$A_{x0}^{\pm}(\rho,\phi,0)$ 和 $a_{x0}^{\pm}(\rho,\phi,0)$ 的 m 阶贝塞尔变换可表示为

$$\overline{A}_{x0}^{\pm}(\eta,\phi,0) = \overline{a}_{x0}^{\pm}(\eta,\phi,0) = \frac{N_{nm}}{\mathrm{i}k}\cos m\phi\frac{2^{m/2}}{w_0^m}\int_0^\infty \mathrm{d}\rho\rho J_m(\eta\rho)\rho^m L_n^m\left(\frac{2\rho^2}{w_0^2} \right)\exp\left(-\frac{\rho^2}{w_0^2} \right) \tag{10.7}$$

式(10.7)中的积分可以使用文献[2]中的式(7.421.4)来计算，如

$$\int_0^\infty \mathrm{d}x x J_m(yx)x^m L_n^m(\alpha x^2)\exp(-\beta x^2) = \frac{1}{2^{m+1}}\frac{(\beta-\alpha)^n}{\beta^{n+m+1}}y^m L_n^m\left[\frac{\alpha y^2}{4\beta(\alpha-\beta)} \right]\exp\left(-\frac{y^2}{4\beta} \right) \tag{10.8}$$

设

$$\alpha = \frac{2}{w_0^2}, \quad \beta = \frac{1}{w_0^2} \tag{10.9}$$

可知

$$(\beta-\alpha)^n = \frac{(-1)^n}{w_0^{2n}}, \quad \beta^{n+m+1} = w_0^{-2(n+m+1)} \tag{10.10}$$

$$\frac{1}{4\beta} = \frac{w_0^2}{4}, \quad \frac{\alpha}{4\beta(\alpha-\beta)} = \frac{w_0^2}{2} \tag{10.11}$$

式(10.7)中的积分是利用式(10.8)~式(10.11)完成的，结果为

$$\bar{a}_{x0}^{\pm}(\eta,\phi,0) = \frac{N_{nm}}{\mathrm{i}k}\frac{\cos m\phi}{2^{m/2+1}}(-1)^n w_0^{m+2}\eta^m L_n^m\left(\frac{w_0^2\eta^2}{2}\right)\exp\left(-\frac{w_0^2\eta^2}{4}\right) \tag{10.12}$$

将式(10.12)代入式(10.6)，可得

$$\bar{a}_{x0}^{\pm}(\eta,\phi,z) = \frac{N_{nm}}{\mathrm{i}k}\frac{\cos m\phi}{2^{m/2+1}}(-1)^n w_0^{m+2}\eta^m L_n^m\left(\frac{w_0^2\eta^2}{2}\right)\exp\left(-\frac{w_0^2\eta^2}{4q_{\pm}^2}\right) \tag{10.13}$$

其中

$$q_{\pm} = \left(1+\mathrm{i}\frac{|z|}{b}\right)^{-1/2} \tag{10.14}$$

将式(10.13)的逆贝塞尔变换代入式(10.1)，可得

$$A_{x0}^{\pm}(\rho,\phi,z) = \frac{N_{nm}}{\mathrm{i}k}\exp(\pm\mathrm{i}kz)\frac{\cos m\phi}{2^{m/2+1}}(-1)^n w_0^{m+2}$$
$$\times \int_0^{\infty} \mathrm{d}\eta\,\eta J_m(\eta\rho)\eta^m L_n^m\left(\frac{w_0^2\eta^2}{2}\right)\exp\left(-\frac{w_0^2\eta^2}{4q_{\pm}^2}\right) \tag{10.15}$$

式(10.15)中的积分也可以用文献[2]中的式(7.421.4)计算。我们设

$$\alpha = \frac{w_0^2}{2}, \quad \beta = \frac{w_0^2}{4q_{\pm}^2} \tag{10.16}$$

由式(10.16)可得

$$(\beta-\alpha)^n = (-1)^n\left(\frac{w_0}{2q_{\mp}}\right)^{2n}, \quad \beta^{n+m+1} = \left(\frac{w_0}{2q_{\pm}}\right)^{2n+2m+2} \tag{10.17}$$

$$\frac{1}{4\beta} = \frac{q_{\pm}^2}{w_0^2}, \quad \frac{\alpha}{4\beta(\alpha-\beta)} = \frac{2q_{\mp}^2 q_{\pm}^2}{w_0^2} \tag{10.18}$$

式(10.15)中的积分使用式(10.8)和式(10.16)~式(10.18)计算得到，即

$$A_{x0}^{\pm}(\rho,\phi,z) = \frac{N_{nm}}{\mathrm{i}k}\exp(\pm\mathrm{i}kz)\cos m\phi\,\frac{q_{\pm}^{2n+m+2}}{q_{\mp}^{2n+m}}$$
$$\times \left(\frac{2q_{\mp}^2 q_{\pm}^2 \rho^2}{w_0^2}\right)^{m/2} L_n^m\left(\frac{2q_{\mp}^2 q_{\pm}^2 \rho^2}{w_0^2}\right)\exp\left(-\frac{q_{\pm}^2 \rho^2}{w_0^2}\right) \tag{10.19}$$

式(10.19)是控制实变拉盖尔-高斯波束的矢势。

实变拉盖尔-高斯波束具有闭合形式的贝塞尔变换，如式(10.13)所示。对于复变的拉盖尔-高斯波束，相关的拉盖尔多项式出现在空间域描述中，但在贝塞

尔变换或波数表示中不存在。因此，波数表示应该比空间域描述简单。但是，对于实变拉盖尔-高斯波束，相关的拉盖尔多项式在空间域(式(10.19))和波数表示(式(10.13))中都出现。因此，对于实变拉盖尔-高斯波束，与空间域描述相比，波数表示不会提供任何显著的优势。

2. 复功率

$E_{x0}^{\pm}(\rho,\phi,z)$ 和 $H_{y0}^{\pm}(\rho,\phi,z)$ 是唯一与近轴波束相关的电磁场分量。 $A_{x0}^{\pm}(\rho,\phi,z)$ 和 $E_{x0}^{\pm}(\rho,\phi,z)\left[=\mathrm{i}kA_{x0}^{\pm}(\rho,\phi,z)\right]$ 是连续的，但是 $H_{y0}^{\pm}(\rho,\phi,z)\left[=\pm\mathrm{i}kA_{x0}^{\pm}(\rho,\phi,z)\right]$ 在平面 $z=0$ 是不连续的。由于 $H_{y0}^{\pm}(\rho,\phi,z)$ 的不连续性， $z=0$ 平面产生的电流密度为

$$
\begin{aligned}
J_0(\rho,\phi,z) &= \hat{z}\times\hat{y}\left[H_y^+(\rho,\phi,0)-H_y^-(\rho,\phi,0)\right]\delta(z) \\
&= -\hat{x}2\mathrm{i}kA_{x0}^{\pm}(\rho,\phi,0)\delta(z)
\end{aligned}
\tag{10.20}
$$

利用式(10.1)和式(9.19)得到的复功率为

$$
P_C = P_{re}+\mathrm{i}P_{im} = ck^2\int_0^\infty \mathrm{d}\rho\rho\int_0^{2\pi}\mathrm{d}\phi a_{x0}^{\pm}(\rho,\phi,0)a_{x0}^{\pm*}(\rho,\phi,0)
\tag{10.21}
$$

由于式(10.21)给出的 P_C 是实数，因此

$$
P_{im}=0
\tag{10.22}
$$

实变拉盖尔-高斯波束的无功功率为零。

将式(10.19)代入式(10.20)，可将 P_{re} 表示为

$$
\begin{aligned}
P_{re} = cN_{nm}^2\int_0^{2\pi}\mathrm{d}\phi\cos^2 m\phi\int_0^\infty\mathrm{d}\rho\rho \\
\times\left(\frac{2\rho^2}{w_0^2}\right)^m\left[L_n^m\left(\frac{2\rho^2}{w_0^2}\right)\right]^2\exp\left(-\frac{2\rho^2}{w_0^2}\right)
\end{aligned}
\tag{10.23}
$$

对 ϕ 积分，并将积分变量 ρ 改为 $u=2\rho^2/w_0^2$ ，可得

$$
P_{re} = cN_{nm}^2\pi\varepsilon_m\frac{w_0^2}{4}\int_0^\infty\mathrm{d}u u^m\left[L_n^m(u)\right]^2\exp(-u)
\tag{10.24}
$$

当 $m=0$ 时， $\varepsilon_m=2$ ；当 $m\geqslant1$ 时， $\varepsilon_m=1$ 。实变拉盖尔-高斯波束或相关拉盖尔多项式的径向特征函数满足以下正交关系(文献[2]中的式(7.414.3))，即

$$
\int_0^\infty\mathrm{d}x x^m L_n^m(x)L_p^m(x)\exp(-x)=\delta_{np}\frac{(n+m)!}{n!}
\tag{10.25}
$$

当 $n\neq p$ 时， $\delta_{np}=0$ ；当 $n=p$ 时， $\delta_{np}=1$ 。将式(10.25)应用到式(10.24)中，可以将 P_{re} 简化为

$$P_{re} = cN_{nm}^2 \pi \varepsilon_m \frac{w_0^2}{4} \frac{(n+m)!}{n!} \qquad (10.26)$$

归一化常数设为

$$N_{nm} = \left[\frac{8n!}{c\pi\varepsilon_m w_0^2 (n+m)!} \right]^{1/2} \qquad (10.27)$$

因此

$$P_{re} = 2 \qquad (10.28)$$

近轴波束在 $\pm z$ 方向传播的时间平均功率用 $P_{RL}^\pm$ 表示。根据对称性，$P_{RL}^+ = P_{RL}^-$。实功率 P_{re} 是由电流源产生的时间平均功率，其中一半的能量沿 $+z$ 方向传播，另一半的能量沿 $-z$ 方向传播。由式(10.28)可知

$$P_{RL}^+ = P_{RL}^- = \frac{1}{2} P_{re} = 1 \qquad (10.29)$$

选择归一化常数 N_{nm}，使近轴波束在 $+z$ 方向传播的时间平均功率 $P_{RL}^\pm = 1\text{W}$。

当 $n = 0$ 时，$L_0^m(\bullet) = 1$，并且式(10.19)等于式(9.16)。此外，式(10.27)给出的 N_{0m} 与式(9.26)给出的相同。因此，当 $n = 0$ 时，实变拉盖尔-高斯波束与相应的复变拉盖尔-高斯波束相同。

10.2 实变拉盖尔-高斯波

$L_0^m(x)$ 具有以下的级数展开[2]，即

$$L_n^m(x) = \sum_{r=0}^{r=n} \frac{(-1)^r (n+m)! x^r}{(n-r)! r! (m+r)!} \qquad (10.30)$$

利用式(10.1)和式(10.30)，由式(10.15)可得

$$a_{x0}^\pm(\rho, \phi, z) = \frac{N_{nm}}{\mathrm{i}k} \frac{\cos m\phi}{2^{m/2+1}} (-1)^n w_0^{m+2} \sum_{r=0}^{r=n} \frac{(n+m)!(-1)^r w_0^{2r}}{2^r (n-r)! r! (m+r)!}$$
$$\times \int_0^\infty \mathrm{d}\eta\, \eta J_m(\eta\rho) \eta^{2r+m} \exp\left(-\frac{w_0^2 \eta^2}{4q_\pm^2} \right) \qquad (10.31)$$

在 $|z| - \mathrm{i}b = 0$ 处寻找复空间源，其中 $q_\pm^{-2} = 0$。根据式(10.31)确定的复空间源为

$$C_{s,nm}(\rho, \phi, z) = \frac{N_{nm}}{\mathrm{i}k} \frac{\cos m\phi}{2^{m/2+1}} (-1)^n w_0^{m+2}$$
$$\times \sum_{r=0}^{r=n} \frac{(n+m)!(-1)^r w_0^{2r}}{2^r (n-r)! r! (m+r)!} I(\rho, r, m) \qquad (10.32)$$

其中

$$I(\rho, r, m) = \int_0^\infty \mathrm{d}\eta\, \eta J_m(\eta\rho) \eta^{2r+m} \tag{10.33}$$

从式(10.32)、式(10.33)、式(9.29)和式(9.30)可知，对于实变拉盖尔-高斯波束，复空间源由 $n+1$ 项组成，并且每一项都类似于复变拉盖尔-高斯波束相关的复空间光源。利用式(9.30)和式(9.41)，式(10.33)可以表示为

$$I(\rho, r, m) = \mathop{\mathrm{Lim}}_{\rho_{ex}\to 0} \frac{2^m m!}{\rho_{ex}^m} (-1)^r (\nabla_{tm}^2)^r \frac{\delta(\rho-\rho_{ex})}{\rho}, \quad |z|-\mathrm{i}b = 0 \tag{10.34}$$

其中

$$\nabla_{tm}^2 = \frac{\partial^2}{\partial\rho^2} + \frac{1}{\rho}\frac{\partial}{\partial\rho} - \frac{m^2}{\rho^2} \tag{10.35}$$

将 $I(\rho, r, m)$ 转换成式(10.34)给出的形式，式(10.32)给出的复空间源是一系列 $n+1$ 高阶点源，全部位于 $|z|-\mathrm{i}b = 0$ 且 $\rho \to 0$，可以得到近轴波束的一个闭式解。对全波束来说，只能确定一个积分表达式。因此，复空间源在式(10.32)和式(10.33)的表述足以推导全波的表达式。为了方便，用 $L_n^m(w_0^2\eta^2/2)$ 代替 $L_n^m(w_0^2\eta^2/2)$ 的级数形式。

正如复变拉盖尔-高斯波束所解释的，除了励系数 S_{ex}，从近轴波束推导复空间源可以确定全波的渐近极限。因此，产生亥姆霍兹方程全波解的渐近极限的源可以通过式(10.32)得到，即

$$C_{s\infty,nm}(\rho,\phi,z) = S_{ex}\frac{N_{nm}}{\mathrm{i}k}\frac{\cos m\phi}{2^{m/2+1}}(-1)^n w_0^{m+2}$$
$$\times \int_0^\infty \mathrm{d}\eta\,\eta J_m(\eta\rho)\eta^m L_n^m\left(\frac{w_0^2\eta^2}{2}\right) \tag{10.36}$$

设 $G_{n,m}(\rho,\phi,z)$ 是式(10.36)给出的源的简化亥姆霍兹方程(式(10.3))的解，那么 $G_{n,m}(\rho,\phi,z)$ 满足以下微分方程，即

$$\left(\frac{\partial^2}{\partial\rho^2} + \frac{1}{\rho}\frac{\partial}{\partial\rho} - \frac{m^2}{\rho^2} + \frac{\partial^2}{\partial z^2} + k^2\right)G_{n,m}(\rho,\phi,z) = -S_{ex}\frac{N_{nm}}{\mathrm{i}k}\frac{\cos m\phi}{2^{m/2+1}}(-1)^n w_0^{m+2}$$
$$\times \int_0^\infty \mathrm{d}\eta\,\eta J_m(\eta\rho)\eta^m L_n^m\left(\frac{w_0^2\eta^2}{2}\right) \tag{10.37}$$

这个微分方程的求解方法与式(7.44)和式(8.22)相同。$G_{n,m}(\rho,\phi,z)$ 可以用 m 阶贝塞尔变换表示为 $\overline{G}_{n,m}(\eta,\phi,z)$。然后，从式(10.37)可以得出 $\overline{G}_{n,m}(\eta,\phi,z)$ 满足的微分方程，即

$$\left(\frac{\partial^2}{\partial\rho^2} + \zeta^2\right)\overline{G}_{n,m}(\eta,\phi,z) = -S_{ex}\frac{N_{nm}}{ik}\frac{\cos m\phi}{2^{m/2+1}}(-1)^n w_0^{m+2}\eta^m L_n^m\left(\frac{w_0^2\eta^2}{2}\right) \tag{10.38}$$

其中

$$\zeta = (k^2 - \eta^2)^{1/2} \tag{10.39}$$

式(10.38)的解为

$$\overline{G}_{n,m}(\eta,\phi,z) = \frac{iS_{ex}}{2}\frac{N_{nm}}{ik}\frac{\cos m\phi}{2^{m/2+1}}(-1)^n w_0^{m+2}\eta^m L_n^m\left(\frac{w_0^2\eta^2}{2}\right)\zeta^{-1}\exp(i\zeta|z|) \tag{10.40}$$

式(10.40)的逆 m 阶贝塞尔变换为

$$\begin{aligned}
G_{n,m}(\rho,\phi,z) = {} & \frac{iS_{ex}}{2}\frac{N_{nm}}{ik}\frac{\cos m\phi}{2^{m/2+1}}(-1)^n w_0^{m+2}\int_0^\infty d\eta J_m(\eta\rho)\eta \\
& \times L_n^m\left(\frac{w_0^2\eta^2}{2}\right)\zeta^{-1}\exp(i\zeta|z|)
\end{aligned} \tag{10.41}$$

通过从 $|z|$ 到 $|z|-ib$ 对式(10.41)解析沿拓，$A_x^{\pm}(\rho,\phi,z)$ 为

$$\begin{aligned}
A_x^{\pm}(\rho,\phi,z) = {} & \frac{iS_{ex}}{2}\frac{N_{nm}}{ik}\frac{\cos m\phi}{2^{m/2+1}}(-1)^n w_0^{m+2}\int_0^\infty d\eta\eta J_m(\eta\rho)\eta^m \\
& \times L_n^m\left(\frac{w_0^2\eta^2}{2}\right)\zeta^{-1}\exp\left[i\zeta(|z|-ib)\right]
\end{aligned} \tag{10.42}$$

式(10.42)的近轴近似 $(\eta^2 \ll k^2)$ 可按下式推导，即

$$\begin{aligned}
A_{x0}^{\pm}(\rho,\phi,z) = {} & \exp(\pm ikz)\frac{iS_{ex}}{2k}\exp(kb)\frac{N_{nm}}{ik}\frac{\cos m\phi}{2^{m/2+1}}(-1)^n w_0^{m+2}\int_0^\infty d\eta\eta J_m(\eta\rho) \\
& \times \eta^m L_n^m\left(\frac{w_0^2\eta^2}{2}\right)\exp\left(-\frac{\eta^2 w_0^2}{4q_{\pm}^2}\right)
\end{aligned} \tag{10.43}$$

通过对比式(10.43)与式(10.15)，如果激励系数选择如下，由式(10.42)给出的 $A_x^{\pm}(\rho,\phi,z)$ 可以再现最初选择的近轴波束，即

$$S_{ex} = -2ik\exp(-kb) \tag{10.44}$$

将式(10.44)代入式(10.42)可得

$$\begin{aligned}
A_x^{\pm}(\rho,\phi,z) = {} & k\exp(-kb)\frac{N_{nm}}{ik}\frac{\cos m\phi}{2^{m/2+1}}(-1)^n w_0^{m+2}\int_0^\infty d\eta\eta J_m(\eta\rho)\eta^m \\
& \times L_n^m\left(\frac{w_0^2\eta^2}{2}\right)\zeta^{-1}\exp\left[i\zeta(|z|-ib)\right]
\end{aligned} \tag{10.45}$$

用式(10.45)表示的全波可以泛化为基本全实变拉盖尔-高斯波。

10.3　实功率和无功功率

复功率的确定需要场分量 $E_x^\pm(\rho,\phi,z)$ 和 $H_y^\pm(\rho,\phi,z)$。根据式(2.10)和式(10.45)，可得

$$H_y^\pm(\rho,\phi,z) = \pm\exp(-kb)N_{nm}\frac{\cos m\phi}{2^{m/2+1}}(-1)^n w_0^{m+2}\int_0^\infty \mathrm{d}\eta\,\eta J_m(\eta\rho)\eta^m$$

$$\times L_n^m\left(\frac{w_0^2\eta^2}{2}\right)\exp\left[\mathrm{i}\zeta(|z|-\mathrm{i}b)\right] \tag{10.46}$$

由式(10.46)可推导 $z=0$ 平面的感应电流密度，即

$$J(\rho,\phi,z) = \hat{z}\times\hat{y}\left[H_y^+(\rho,\phi,0)-H_y^-(\rho,\phi,0)\right]\delta(z)$$

$$= -\hat{x}2\exp(-kb)N_{nm}\frac{\cos m\phi}{2^{m/2+1}}(-1)^n w_0^{m+2} \tag{10.47}$$

$$\times\delta(z)\int_0^\infty \mathrm{d}\bar{\eta}\,\bar{\eta}J_m(\bar{\eta}\rho)\bar{\eta}^m L_n^m\left(\frac{w_0^2\bar{\eta}^2}{2}\right)\exp(\bar{\zeta}b)$$

其中，$\bar{\zeta}$ 与 ζ 相同；η 换成了 $\bar{\eta}$。

与电流源相关的复功率 P_C 由式(D.18)给出。完成关于 z 的积分后，由式(10.47)可得

$$P_C = P_{re}+\mathrm{i}P_{im} = -\frac{c}{2}\int_0^\infty \mathrm{d}\rho\,\rho\int_0^{2\pi}\mathrm{d}\phi E_x^\pm(\rho,\phi,0)J_x^*(\rho,\phi,0) \tag{10.48}$$

其中，$J_x(\rho,\phi,0)$ 为 $J(\rho,\phi,z)$ 的分量 x 除以 $\delta(z)$，只有当 $\cos m\phi$ 时，$J_x(\rho,\phi,0)$ 取决于 ϕ。

式(10.48)中关于 ϕ 的积分表明，$E_x^\pm(\rho,\phi,0)$ 中只有作为 $\cos m\phi$ 依赖 ϕ 的部分，才会对 P_C 产生非零贡献。如果只有 $\cos m\phi$ 被保留，可以证明

$$\frac{\partial^2}{\partial x^2}J_m(\eta\rho)\cos m\phi = -\frac{\gamma_m\eta^2}{2}J_m(\eta\rho)\cos m\phi \tag{10.49}$$

其中，γ_m 由式(9.62)给出。

$E_x^\pm(\rho,\phi,z)$ 由式(10.45)、式(2.9)和式(10.49)得出，即

$$E_x^\pm(\rho,\phi,z) = k\exp(-kb)N_{nm}\frac{\cos m\phi}{2^{m/2+1}}(-1)^n w_0^{m+2}\int_0^\infty \mathrm{d}\eta\,\eta J_m(\eta\rho)\left(1-\frac{\gamma_m\eta^2}{2k^2}\right)\eta^m$$

$$\times L_n^m\left(\frac{w_0^2\eta^2}{2}\right)\zeta^{-1}\exp\left[\mathrm{i}\zeta(|z|-\mathrm{i}b)\right] \tag{10.50}$$

将式(10.50)中的 $E_x^{\pm}(\rho,\phi,z)$ 和式(10.47)中的 $J_x(\rho,\phi,z)$ 代入式(10.48)，可得复功率，即

$$
\begin{aligned}
P_C = & -\frac{c}{2}\int_0^\infty \mathrm{d}\rho\rho\int_0^{2\pi}\mathrm{d}\phi k\exp(-kb)N_{nm}\frac{\cos m\phi}{2^{m/2+1}}(-1)^n w_0^{m+2} \\
& \times\int_0^\infty \mathrm{d}\eta\eta J_m(\eta\rho)\left(1-\frac{\gamma_m\eta^2}{2k^2}\right)\eta^m \\
& \times L_n^m\left(\frac{w_0^2\eta^2}{2}\right)\zeta^{-1}\exp(\zeta b) \\
& \times(-2)\exp(-kb)N_{nm}\frac{\cos m\phi}{2^{m/2+1}}(-1)^n w_0^{m+2} \\
& \times\int_0^\infty \mathrm{d}\overline{\eta}\,\overline{\eta} J_m(\overline{\eta}\rho)\overline{\eta}^m L_n^m\left(\frac{w_0^2\overline{\eta}^2}{2}\right)\exp(\overline{\zeta}^* b)
\end{aligned}
\tag{10.51}
$$

对 ϕ 积分，结果为 $\pi\varepsilon_m$。对 ρ 积分可得 $\delta(\eta-\overline{\eta})/\eta$。对 $\overline{\eta}$ 积分的结果为

$$
\begin{aligned}
P_C = & c\pi\varepsilon_m k\exp(-2kb)N_{nm}^2\frac{w_0^{2m+4}}{2^{m+2}}\int_0^\infty \mathrm{d}\eta\eta\left(1-\frac{\gamma_m\eta^2}{2k^2}\right)\eta^{2m} \\
& \times\left[L_n^m\left(\frac{w_0^2\eta^2}{2}\right)\right]^2\zeta^{-1}\exp\left[b(\zeta+\zeta^*)\right]
\end{aligned}
\tag{10.52}
$$

其中，P_C 的虚部即无功功率 P_{im}，范围为 $k<\eta<\infty$；ζ 为虚数。

因此，从式(10.39)和式(10.52)可以确定 P_{im} 为

$$
\begin{aligned}
P_{im} = & -c\pi\varepsilon_m k\exp(-2kb)N_{nm}^2\frac{w_0^{2m+4}}{2^{m+2}}\int_k^\infty \mathrm{d}\eta\eta\left(1-\frac{\gamma_m\eta^2}{2k^2}\right)\eta^{2m} \\
& \times\left[L_n^m\left(\frac{w_0^2\eta^2}{2}\right)\right]^2(\eta^2-k^2)^{-1/2}
\end{aligned}
\tag{10.53}
$$

将积分变量改为 $\eta^2=k^2(1+\tau^2)$，则式(10.53)变为

$$
\begin{aligned}
P_{im} = & -c\pi\varepsilon_m\exp(-2kb)N_{nm}^2\frac{k^{2m+2}w_0^{2m+4}}{2^{m+2}}\int_0^\infty \mathrm{d}\tau\left(1-\frac{\gamma_m}{2}-\frac{\gamma_m}{2}\tau^2\right)(1+\tau^2)^m \\
& \times\left\{L_n^m\left[\frac{k^2w_0^2}{2}(1+\tau^2)\right]\right\}^2
\end{aligned}
\tag{10.54}
$$

引入 $L_n^m(\bullet)$ 的多项式展开式，可得

$$P_{im} = \infty \tag{10.55}$$

基本全实变拉盖尔-高斯波的无功功率 P_{im} 是无限的。复空间源为一系列高阶点源，均位于 $|z| - \mathrm{i}b = 0$ 处且 $\rho \to 0$，因此 $P_{im} = \infty$ 是一个预期的结果。只有当复空间中的复合源是一系列分布源而不是点源时，才能得到无功功率的有限值。

P_C 的实部即实功率 P_{re}，从 η 开始，范围为 $0 < \eta < k$，其中 ζ 为实数。因此，根据式(10.39)和式(10.52)，可以确定 P_{re} 为

$$P_{re} = 2k \exp(-2kb) \frac{n! w_0^{2m+2}}{(m+n)! 2^m} \int_0^k \mathrm{d}\eta\, \eta \left(1 - \frac{\gamma_m \eta^2}{2k^2} \right) \eta^{2m} \left[L_n^m \left(\frac{w_0^2 \eta^2}{2} \right) \right]^2 \zeta^{-1} \exp(2\zeta b)$$

$$\tag{10.56}$$

将式(10.27)中 N_{nm} 的值代入可以求解式(10.56)。因此，波幅的归一化是使相应近轴波束的实功率 $P_{re} = 2\mathrm{W}$，如式(10.28)所示。积分变量改变为 $\eta = k\sin\theta$，式(10.56)被转换为

$$P_{re} = \frac{n!}{(m+n)!} \frac{(kw_0)^{2m+2}}{2^{m-1}} \int_0^{\pi/2} \mathrm{d}\theta \sin\theta \left(1 - \frac{\gamma_m}{2} \sin^2\theta \right)$$

$$\times (\sin\theta)^{2m} \left[L_n^m \left(\frac{k^2 w_0^2}{2} \sin^2\theta \right) \right]^2 \exp\left[-k^2 w_0^2 (1 - \cos\theta) \right] \tag{10.57}$$

对于 $n = 0$ 和 $m = 0$ 的特殊情况，式(10.57)可以再现基本全高斯波的实功率。

如前所述，当 $n = 0$ 时，实变和复变拉盖尔-高斯波束是相同的。同时，对两种类型的波束，振幅的归一化相同。例如，由式(10.57)给出的基本全实变拉盖尔-高斯波的实功率等同于式(9.70)给出的基本全复变拉盖尔-高斯波的实功率。实功率取决于 kw_0、n 和 m。

如图 10.1～图 10.4 所示，当 $0.2 < kw_0 < 10$ 时，对于不同的模数 n 和 m，实功率是 kw_0 的函数，归一化后相应的近轴波束上的实功率是 $2\mathrm{W}$。对于图 10.1 的两组 n 和 m，P_{re} 对于复变拉盖尔-高斯波是一样的，但是 P_{re} 对于实变拉盖尔-高斯波是不同的。图 10.2 展示了 $n = 1$、$m = 0,1,2$ 时的 P_{re}。同样，图 10.3 展示了 $n = 2$、$m = 0,1,2$ 时的 P_{re}。图 10.4 给出了当 $n = 0,1,2$ 时圆柱对称($m = 0$)实参量拉盖尔-高斯波的 P_{re} 表示。一般来说，随着 kw_0 增大，实功率增大并接近近轴波束的极限值。对于足够大且固定的 kw_0，一般情况下，实功率会随着模态阶数的增大而减小。由图 10.1～图 10.4 可知，在 $n = 0$ 时，P_{re} 随 kw_0 的增加而单调增加。当 $n \geqslant 1$，kw_0 值较小时，P_{re} 随 kw_0 的增加产生振荡。

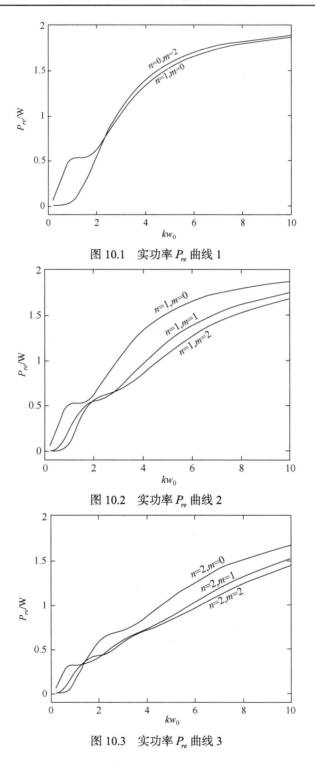

图 10.1　实功率 P_{re} 曲线 1

图 10.2　实功率 P_{re} 曲线 2

图 10.3　实功率 P_{re} 曲线 3

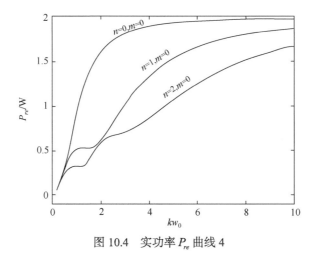

图 10.4　实功率 P_{re} 曲线 4

参 考 文 献

[1] H. Kogelnik and T. Li, "Laser beams and resonators,"Appl. Opt. 5, 1550–1567 (1966).

[2] I. S. Gradshteyn, I. M. Ryzhik, Table of Integrals, Seriesand Products (Academic Press, New York, 1965).

第 11 章 基本全复变厄米特-高斯波

笛卡儿坐标系中的近轴波动方程有一系列高阶解，称为复变厄米特-高斯波束[1,2]。这一系列的特征函数是一个完整的集合。这些高阶高斯波束可用 x 和 y 方向的模数 m 和 n 来描述。基波高斯波束是这种设定中的最低阶模 $(m=0, n=0)$。本章对复变厄米特-高斯波束进行处理，推导复变厄米特-高斯波束全波泛化所需的复空间高阶点源，确定复空间源产生的基本全复变厄米特-高斯波[3]，计算基本全复变厄米特-高斯波的实功率和无功功率。至于其他的基本全高斯波，无功功率是无穷的。此外，研究实功率的一般特征。随着 kw_0 的增大，实功率增大，并接近近轴波束的极限值。对于一个固定的 kw_0，实功率随着模阶数的增大而减小。

11.1 复变厄米特-高斯波束

1. 近轴波束

次级源是位于 $z=0$ 平面的极薄电流片。源产生的波，在 $z>0$ 时沿 $+z$ 方向向外传播，在 $z<0$ 时沿 $-z$ 方向向外传播。源电流密度在 x 方向，产生的磁矢势在 x 方向，并且在 $z=0$ 的平面上连续。为了激发线极化电磁复变厄米特-高斯波束，次级源平面上磁矢势所需的 x 分量为

$$a_{x0}^{\pm}(x,y,0) = A_{x0}^{\pm}(x,y,0) = \frac{N_{mn}}{ik}(-1)^{m+n} H_m\left(\frac{x}{w_0}\right) H_n\left(\frac{y}{w_0}\right) \exp\left(-\frac{x^2+y^2}{w_0^2}\right) \quad (11.1)$$

其中，N_{mn} 为归一化常数；k 为波数；m 和 n 为 x 和 y 方向的模数；下标 m 和 n 表示归一化常数依赖模阶数 m 和 n。

p 阶厄米特多项式定义为[4,5]

$$H_p(v) = (-1)^p \exp(v^2) \frac{d^p}{dv^p} \exp(-v^2) \quad (11.2)$$

$$= p! \sum_{\ell=0}^{\ell=\ell_p} \frac{(-1)^\ell 2^{p-2\ell} v^{p-2\ell}}{\ell!(p-2\ell)!} \quad (11.3)$$

其中，ℓ_p 为小于等于 $p/2$ 的最大整数。

由式(11.2)可知

$$H_0(v) = 1 \tag{11.4}$$

模数 m 和 n 是从 0 开始的正整数。

　　磁矢势 x 分量的近轴近似由 $A_{x0}^{\pm}(x, y, z)$ 给出。下标 0 用于表示近轴。快速变化的相位被分离出来，即

$$A_{x0}^{\pm}(x, y, z) = \exp(\pm \mathrm{i}kz) a_{x0}^{\pm}(x, y, z) \tag{11.5}$$

缓变振幅 $a_{x0}^{\pm}(x, y, z)$ 满足近轴波动方程，即

$$\left(\frac{\partial^2}{\partial x^2} + \frac{\partial^2}{\partial y^2} \pm 2\mathrm{i}k \frac{\partial}{\partial z} \right) a_{x0}^{\pm}(x, y, z) = 0 \tag{11.6}$$

将 $a_{x0}^{\pm}(x, y, z)$ 的二维傅里叶变换代入式(11.6)，可得

$$\left[\frac{\partial}{\partial z} \pm \frac{\mathrm{i}}{b} \pi^2 w_0^2 (p_x^2 + p_y^2) \right] \bar{a}_{x0}^{\pm}(p_x, p_y, z) = 0 \tag{11.7}$$

其中，$b = \frac{1}{2} k w_0^2$；$\bar{a}_{x0}^{\pm}(p_x, p_y, z)$ 为 $a_{x0}^{\pm}(x, y, z)$ 的二维傅里叶变换。

　　式(11.7)的解为

$$\bar{a}_{x0}^{\pm}(p_x, p_y, z) = \bar{a}_{x0}^{\pm}(p_x, p_y, 0) \exp \left[-\pi^2 w_0^2 (p_x^2 + p_y^2) \frac{\mathrm{i}|z|}{b} \right] \tag{11.8}$$

利用式(11.2)，式(11.1)可以表示为

$$a_{x0}^{\pm}(x, y, 0) = \frac{N_{mn}}{\mathrm{i}k} w_0^{m+n} \frac{\partial^m}{\partial x^m} \frac{\partial^n}{\partial y^n} \exp \left(-\frac{x^2 + y^2}{w_0^2} \right) \tag{11.9}$$

　　从式(1.1)和式(1.3)可以发现

$$\exp \left(-\frac{x^2 + y^2}{w_0^2} \right) = \pi w_0^2 \int_{-\infty}^{\infty} \int_{-\infty}^{\infty} \mathrm{d}p_x \mathrm{d}p_y \exp \left[-\mathrm{i}2\pi (p_x x + p_y y) \right] \exp \left[-\pi^2 w_0^2 (p_x^2 + p_y^2) \right]$$

$$\tag{11.10}$$

将式(11.10)代入式(11.9)，可得

$$a_{x0}^{\pm}(x, y, 0) = \frac{N_{mn}}{\mathrm{i}k} \pi w_0^2 \int_{-\infty}^{\infty} \int_{-\infty}^{\infty} \mathrm{d}p_x \mathrm{d}p_y \exp \left[-\mathrm{i}2\pi (p_x x + p_y y) \right] (-\mathrm{i}2\pi p_x w_0)^m$$

$$\times (-\mathrm{i}2\pi p_y w_0)^n \exp \left[-\pi^2 w_0^2 (p_x^2 + p_y^2) \right] \tag{11.11}$$

　　根据式(11.11)，我们发现 $a_{x0}^{\pm}(x, y, 0)$ 的二维傅里叶变换 $\bar{a}_{x0}^{\pm}(p_x, p_y, 0)$ 为

$$\overline{a}_{x0}^{\pm}(p_x, p_y, 0) = \frac{N_{mn}}{ik} \pi w_0^2 (-i2\pi p_x w_0)^m (-i2\pi p_y w_0)^n \exp\left[-\pi^2 w_0^2 (p_x^2 + p_y^2) \right] \quad (11.12)$$

将式(11.12)代入式(11.8)，可得

$$\overline{a}_{x0}^{\pm}(p_x, p_y, z) = \frac{N_{mn}}{ik} \pi w_0^2 (-i2\pi p_x w_0)^m (-i2\pi p_y w_0)^n \exp\left[-\frac{\pi^2 w_0^2 (p_x^2 + p_y^2)}{q_{\pm}^2} \right] \quad (11.13)$$

其中

$$q_{\pm} = \left(1 \pm \frac{iz}{b} \right)^{-1/2} \quad (11.14)$$

取式(11.13)的逆傅里叶变换，可得

$$a_{x0}^{\pm}(x, y, z) = \frac{N_{mn}}{ik} \pi w_0^2 \int_{-\infty}^{\infty} \int_{-\infty}^{\infty} dp_x dp_y \exp\left[-i2\pi(p_x x + p_y y) \right] (-i2\pi p_x w_0)^m$$
$$\times (-i2\pi p_y w_0)^n \exp\left[-\frac{\pi^2 w_0^2 (p_x^2 + p_y^2)}{q_{\pm}^2} \right] \quad (11.15)$$

$$= \frac{N_{mn}}{ik} \pi w_0^2 w_0^{m+n} \frac{\partial^m}{\partial x^m} \frac{\partial^n}{\partial y^n} \int_{-\infty}^{\infty} \int_{-\infty}^{\infty} dp_x dp_y \exp\left[-i2\pi(p_x x + p_y y) \right]$$
$$\times \exp\left[-\frac{\pi^2 w_0^2 (p_x^2 + p_y^2)}{q_{\pm}^2} \right] \quad (11.16)$$

对两个物理空间 $0 < z < \infty$ 和 $-\infty < z < 0$ 的位置坐标，$1/q_{\pm}^2 \neq 0$。对式(11.16)中的积分进行计算，结果为

$$a_{x0}^{\pm}(x, y, z) = \frac{N_{mn}}{ik} w_0^{m+n} \frac{\partial^m}{\partial x^m} \frac{\partial^n}{\partial y^n} q_{\pm}^2 \exp\left[-\frac{q_{\pm}^2 (x^2 + y^2)}{w_0^2} \right] \quad (11.17)$$

利用式(11.2)和式(11.17)可以得到厄米特多项式，即

$$a_{x0}^{\pm}(x, y, z) = \frac{N_{mn}}{ik} q_{\pm}^{m+n+2} (-1)^{m+n} H_m\left(\frac{q_{\pm} x}{w_0} \right) H_n\left(\frac{q_{\pm} y}{w_0} \right) \exp\left[-\frac{q_{\pm}^2 (x^2 + y^2)}{w_0^2} \right]$$
$$(11.18)$$

根据式(11.5)和式(11.18)，可得影响线极化电磁复变厄米特-高斯波束的矢势，即

$$A_{x0}^{\pm}(x,y,z)=\exp(\pm ikz)\frac{N_{mn}}{ik}q_{\pm}^{m+n+2}(-1)^{m+n}$$

$$\times H_m\left(\frac{q_{\pm}x}{w_0}\right)H_n\left(\frac{q_{\pm}y}{w_0}\right)\exp\left[-\frac{q_{\pm}^2(x^2+y^2)}{w_0^2}\right] \tag{11.19}$$

由式(11.5)可得

$$\overline{A}_{x0}^{\pm}(p_x,p_y,z)=\exp(\pm ikz)\overline{a}_{x0}^{\pm}(p_x,p_y,z) \tag{11.20}$$

由式(11.13)和式(11.20)可知，复变厄米特-高斯波束的一个重要特征是它有一个封闭的傅里叶变换表示。

2. 时均功率

由式(1.12)可知，与近轴波束相关的电磁场为

$$E_{x0}^{\pm}(x,y,z)=\pm H_{y0}^{\pm}(x,y,z)=ikA_{x0}^{\pm}(x,y,z) \tag{11.21}$$

其中，$A_{x0}^{\pm}(x,y,z)$ 和 $E_{x0}^{\pm}(x,y,z)$ 在式(11.19)和式(11.20)中是连续的，但是在次级源平面 $z=0$ 上可以看到 $H_{y0}^{\pm}(x,y,z)$ 是不连续的。

$H_{y0}^{\pm}(x,y,z)$ 的不连续性等价于 $z=0$ 平面上的电流密度。由式(11.21)可知，感应电流密度为

$$J_0(x,y,z)=\hat{z}\times\hat{y}\left[H_y^+(x,y,0)-H_y^-(x,y,0)\right]\delta(z)=-\hat{x}2ikA_{x0}^+(x,y,0)\delta(z) \tag{11.22}$$

利用式(11.5)和式(11.22)，可以确定复功率为

$$P_C=P_{re}+iP_{im}$$

$$=-\frac{c}{2}\int_{-\infty}^{\infty}\int_{-\infty}^{\infty}\int_{-\infty}^{\infty}dxdydzE_0^{\pm}(x,y,z)J_0^*(x,y,z) \tag{11.23}$$

$$=ck^2\int_{-\infty}^{\infty}\int_{-\infty}^{\infty}dxdya_{x0}^{\pm}(x,y,0)a_{x0}^{\pm*}(x,y,0)$$

其中，P_C 为实数；虚部 P_{im} 为零，即

$$P_{im}=0 \tag{11.24}$$

复变厄米特-高斯波束的无功功率为零。

将 $a_{x0}^{\pm}(x,y,0)$ 的傅里叶变换应用于式(11.23)，可得

$$P_C=ck^2\int_{-\infty}^{\infty}\int_{-\infty}^{\infty}dxdy\int_{-\infty}^{\infty}\int_{-\infty}^{\infty}dxdy\exp\left[-i2\pi(p_xx+p_yy)\right]a_{x0}^{\pm}(p_x,p_y,0)$$

$$\times\int_{-\infty}^{\infty}\int_{-\infty}^{\infty}d\overline{p}_xd\overline{p}_y\exp\left[i2\pi(\overline{p}_xx+\overline{p}_yy)\right]\overline{a}_{x0}^{\pm*}(\overline{p}_x,\overline{p}_y,0) \tag{11.25}$$

分别对 x 和 y 进行积分，可得 $\delta(p_x-\overline{p}_x)$ 和 $\delta(p_y-\overline{p}_y)$。对 $\overline{p}_x$ 和 $\overline{p}_y$ 进行积分，可得

$$P_{re} = ck^2 \int_{-\infty}^{\infty} \int_{-\infty}^{\infty} dp_x dp_y \bar{a}_{x0}^{\pm}(p_x, p_y, 0) \bar{a}_{x0}^{\pm *}(p_x, p_y, 0) \tag{11.26}$$

将式(11.12)代入式(11.26)可得

$$P_{re} = cN_{mn}^2 \pi^2 w_0^4 (4\pi^2 w_0^2)^{m+n} I(m, w_0) I(n, w_0) \tag{11.27}$$

其中

$$I(m, w_0) = \int_{-\infty}^{\infty} dp_x p_x^{2m} \exp(-2\pi^2 w_0^2 p_x^2) \tag{11.28}$$

$$I(n, w_0) = \int_{-\infty}^{\infty} dp_y p_y^{2n} \exp(-2\pi^2 w_0^2 p_y^2) \tag{11.29}$$

替换 $2^{1/2} \pi w_0 p_x = \xi^{1/2}$，$I(m, w_0)$ 可简化为

$$I(m, w_0) = \frac{1}{2^{m+1/2} \pi^{2m+1} w_0^{2m+1}} \int_0^{\infty} d\xi \xi^{m+1/2-1} \exp(-\xi) \tag{11.30}$$

式(11.30)中的积分表示为 Gamma 函数[6]，因此可得

$$I(m, w_0) = \frac{\Gamma(m+1/2)}{2^{m+1/2} \pi^{2m+1} w_0^{2m+1}} \tag{11.31}$$

将 $I(m, w_0)$ 和 $I(n, w_0)$ 代入式(11.27)，可得

$$P_{re} = N_{mn}^2 cw_0^2 2^{m+n-1} \Gamma\left(m + \frac{1}{2}\right) \Gamma\left(n + \frac{1}{2}\right) \tag{11.32}$$

归一化常数选择为

$$N_{mn} = \left[cw_0^2 2^{m+n-2} \Gamma\left(m + \frac{1}{2}\right) \Gamma\left(n + \frac{1}{2}\right) \right]^{-1/2} \tag{11.33}$$

结果为

$$P_{re} = 2W \tag{11.34}$$

近轴波束在 $\pm z$ 方向传输的时间平均功率用 $P_{CH}^{\pm}$ 表示。根据对称性，$P_{CH}^+ = P_{CH}^-$。实功率 P_{re} 是由电流源产生的时间平均功率。其中，一半的能量沿 $+z$ 方向传输，另一半沿 $-z$ 方向传输。由式(11.34)可知

$$P_{CH}^+ = P_{CH}^- = \frac{1}{2} P_{re} = 1W \tag{11.35}$$

选择归一化常数 N_{mn}，使近轴波束在 $\pm z$ 方向传输的时间平均功率 $P_{CH}^{\pm} = 1W$。

通过利用这些关系，即

$$\Gamma(z+1) = z\Gamma(z) \tag{11.36}$$

$$\Gamma\left(\frac{1}{2}\right) = \pi^{1/2} \tag{11.37}$$

N_{mn} 可以转化为一种更方便的形式，即

$$N_{mn} = \left[\frac{4m!n!2^{m+n}}{c\pi w_0^2(2m)!(2n)!}\right]^{1/2} \tag{11.38}$$

当 $m = n = 0$ 时，式(11.19)简化为式(1.11)给出的基本高斯波束。由式(11.38)给出的归一化常数 N_{mn} 可以正确地再现式(1.2)给出的基本高斯波束的归一化常数 N。

11.2　复变厄米特-高斯波

为了获得复空间源，对复变厄米特-高斯波束进行全波泛化，在 $|z| - \mathrm{i}b = 0$ 处寻找源。根据式(11.15)和式(11.16)，可得两种不同形式的复空间源，即

$$
\begin{aligned}
C_{s,mn}(x,y,z) &= \frac{N_{mn}}{\mathrm{i}k}\pi w_0^2 \int_{-\infty}^{\infty}\int_{-\infty}^{\infty} \mathrm{d}p_x \mathrm{d}p_y \exp\left[-\mathrm{i}2\pi(p_x x + p_y y)\right] \\
&\quad \times (-\mathrm{i}2\pi p_x w_0)^m (-\mathrm{i}2\pi p_y w_0)^n
\end{aligned} \tag{11.39}
$$

$$= \frac{N_{mn}}{\mathrm{i}k}\pi w_0^2 w_0^{m+n} \frac{\partial^m}{\partial x^m}\delta(x)\frac{\partial^n}{\partial y^n}\delta(y) \tag{11.40}$$

式(11.40)仅用于确定复空间中源的高度局部化。式(11.39)给出的复空间源足以推导全波表达式。由式(11.39)和式(11.40)给出的位于 $|z| - \mathrm{i}b = 0$ 处的源产生 $|z| > 0$ 的近轴波束。同样，源移动到 $|z| = 0$ 处，只产生近轴波束的渐近极限。近轴方程只是亥姆霍兹方程的近似。因此，除了激励系数 S_{ex}，从近轴波束推导的复空间源可以求得全波的渐近极限。产生亥姆霍兹方程全波解渐近极限的源可由式(11.39)确定，即

$$
\begin{aligned}
C_{s\infty,mn}(x,y,z) &= S_{ex}\frac{N_{mn}}{\mathrm{i}k}\pi w_0^2 \delta(z)\int_{-\infty}^{\infty}\int_{-\infty}^{\infty} \mathrm{d}p_x \mathrm{d}p_y \exp\left[-\mathrm{i}2\pi(p_x x + p_y y)\right] \\
&\quad \times (-\mathrm{i}2\pi p_x w_0)^m (-\mathrm{i}2\pi p_y w_0)^n
\end{aligned} \tag{11.41}
$$

设 $G_{m,n}(x,y,z)$ 是式(11.41)给出源的亥姆霍兹方程的解，则 $G_{m,n}(x,y,z)$ 满足以下微分方程，即

$$\left(\frac{\partial^2}{\partial x^2} + \frac{\partial^2}{\partial y^2} + \frac{\partial^2}{\partial z^2} + k^2 \right) C_{m,n}(x,y,z) = -S_{ex} \frac{N_{mn}}{ik} \pi w_0^2 \delta(z) \int_{-\infty}^{\infty} \int_{-\infty}^{\infty} dp_x dp_y$$

$$\times \exp\left[-i2\pi(p_x x + p_y y) \right] \qquad (11.42)$$

$$\times (-i2\pi p_x w_0)^m (-i2\pi p_y w_0)^n$$

$G_{m,n}(x,y,z)$ 是用其二维傅里叶变换 $\overline{G}_{m,n}(p_x, p_y, z)$ 表示的。根据式(11.42)，可以确定 $\overline{G}_{m,n}(p_x, p_y, z)$ 满足的微分方程，即

$$\left(\frac{\partial^2}{\partial z^2} + \zeta^2 \right) \overline{G}_{m,n}(p_x, p_y, z) = -S_{ex} \frac{N_{mn}}{ik} \pi w_0^2 (-i2\pi p_x w_0)^m (-i2\pi p_y w_0)^n \delta(z) \quad (11.43)$$

其中

$$\zeta = \left[k^2 - 4\pi^2(p_x^2 + p_y^2) \right]^{1/2} \qquad (11.44)$$

式(11.43)的解为

$$\overline{G}_{m,n}(p_x, p_y, z) = \frac{iS_{ex}}{2} \frac{N_{mn}}{ik} \pi w_0^2 (-i2\pi p_x w_0)^m (-i2\pi p_y w_0)^n \zeta^{-1} \exp(i\zeta |z|) \quad (11.45)$$

进行逆傅里叶变换，可得

$$G_{m,n}(x,y,z) = \frac{iS_{ex}}{2} \frac{N_{mn}}{ik} \pi w_0^2 \int_{-\infty}^{\infty} \int_{-\infty}^{\infty} dp_x dp_y \exp\left[-i2\pi(p_x x + p_y y) \right]$$

$$\times (-i2\pi p_x w_0)^m (-i2\pi p_y w_0)^n \zeta^{-1} \exp(i\zeta |z|) \qquad (11.46)$$

通过式(11.46)从 $|z|$ 到 $|z| - ib$ 的解析沿拓，可以确定 $A_x^{\pm}(x,y,z)$ 为

$$A_x^{\pm}(x,y,z) = \frac{iS_{ex}}{2} \frac{N_{mn}}{ik} \pi w_0^2 \int_{-\infty}^{\infty} \int_{-\infty}^{\infty} dp_x dp_y \exp\left[-i2\pi(p_x x + p_y y) \right]$$

$$\times (-i2\pi p_x w_0)^m (-i2\pi p_y w_0)^n \zeta^{-1} \exp\left[i\zeta(|z| - ib) \right] \qquad (11.47)$$

式(11.47)的近轴近似 $4\pi^2(p_x^2 + p_y^2)/k^2 \ll 1$ 可以按下式推导，即

$$A_x^{\pm}(x,y,z) = \exp(\pm ikz) \frac{iS_{ex}}{2k} \exp(kb) \frac{N_{mn}}{ik} \pi w_0^2 \int_{-\infty}^{\infty} \int_{-\infty}^{\infty} dp_x dp_y$$

$$\times \exp\left[-i2\pi(p_x x + p_y y) \right] (-i2\pi p_x w_0)^m (-i2\pi p_y w_0)^n \qquad (11.48)$$

$$\times \exp\left[-\frac{\pi^2 w_0^2 (p_x^2 + p_y^2)}{q_{\pm}^2} \right]$$

式(11.5)、式(11.15)与式(11.48)的对比表明，如果激励系数选择如下，由式(11.47)给出的 $A_x^{\pm}(x,y,z)$ 可以正确地再现初始选择的近轴波束，即

$$S_{ex} = -\mathrm{i}2k\exp(-kb) \tag{11.49}$$

代入式(11.47), 可得

$$
\begin{aligned}
A_x^{\pm}(x,y,z) = {} & k\exp(-kb)\frac{N_{mn}}{\mathrm{i}k}\pi w_0^2\int_{-\infty}^{\infty}\int_{-\infty}^{\infty}\mathrm{d}p_x\mathrm{d}p_y\exp\left[-\mathrm{i}2\pi(p_x x + p_y y)\right] \\
& \times(-\mathrm{i}2\pi p_x w_0)^m(-\mathrm{i}2\pi p_y w_0)^n\zeta^{-1}\exp\left[\mathrm{i}\zeta(|z|-\mathrm{i}b)\right]
\end{aligned}
\tag{11.50}
$$

式(11.50)表示的全波泛化称为基本全复变厄米特-高斯波。

11.3　实功率和无功功率

为了获得复功率, 只需要场分量 $E_x^{\pm}(x,y,z)$ 和 $H_y^{\pm}(x,y,z)$。根据式(2.10)和式(11.50)可得

$$
\begin{aligned}
H_y^{\pm}(x,y,z) = {} & \pm\exp(-kb)N_{mn}\pi w_0^2\int_{-\infty}^{\infty}\int_{-\infty}^{\infty}\mathrm{d}p_x\mathrm{d}p_y\exp\left[-\mathrm{i}2\pi(p_x x + p_y y)\right] \\
& \times(-\mathrm{i}2\pi p_x w_0)^m(-\mathrm{i}2\pi p_y w_0)^n\exp\left[\mathrm{i}\zeta(|z|-\mathrm{i}b)\right]
\end{aligned}
\tag{11.51}
$$

由式(11.51)可以确定 $z=0$ 平面的感应电流密度, 即

$$
\begin{aligned}
J(x,y,z) = {} & \hat{z}\times\hat{y}\left[H_y^+(x,y,0)-H_y^-(x,y,0)\right]\delta(z) \\
= {} & -\hat{x}2\exp(-kb)N_{mn}\pi w_0^2\delta(z)\int_{-\infty}^{\infty}\int_{-\infty}^{\infty}\mathrm{d}\bar{p}_x\mathrm{d}\bar{p}_y \\
& \times\exp\left[-\mathrm{i}2\pi(\bar{p}_x x + \bar{p}_y y)\right](-\mathrm{i}2\pi\bar{p}_x w_0)^m(-\mathrm{i}2\pi\bar{p}_y w_0)^n\exp(\bar{\zeta}b)
\end{aligned}
\tag{11.52}
$$

其中, $\bar{\zeta}$ 和 ζ 相同; p_x 和 p_y 分别换成 $\bar{p}_x$ 和 $\bar{p}_y$。

与电流相关的复功率为

$$P_C = P_{re} + \mathrm{i}P_{im} = -\frac{c}{2}\int_{-\infty}^{\infty}\int_{-\infty}^{\infty}\int_{-\infty}^{\infty}\mathrm{d}x\mathrm{d}y\mathrm{d}z E^{\pm}(x,y,z)J^*(x,y,z) \tag{11.53}$$

对 z 进行积分。根据式(11.52)和式(11.53), 可得

$$P_C = P_{re} + \mathrm{i}P_{im} = -\frac{c}{2}\iint\mathrm{d}x\mathrm{d}y E_x^{\pm}(x,y,0)J_x^*(x,y,0) \tag{11.54}$$

其中, $J_x(x,y,0)$ 为 $J(x,y,z)$ 的 x 分量除以 $\delta(z)$。

由式(2.9)和式(11.50), $E_x^{\pm}(x,y,z)$ 为

$$E_x^\pm(x,y,z) = k\exp(-kb)N_{mn}\pi w_0^2 \int_{-\infty}^{\infty}\int_{-\infty}^{\infty} \mathrm{d}p_x \mathrm{d}p_y$$

$$\times \exp\left[-\mathrm{i}2\pi(p_x x + p_y y)\right]\left(1 - \frac{4\pi^2 p_x^2}{k^2}\right)(-\mathrm{i}2\pi p_x w_0)^m (-\mathrm{i}2\pi p_y w_0)^n \quad (11.55)$$

$$\times \zeta^{-1}\exp\left[\mathrm{i}\zeta(|z|-\mathrm{i}b)\right]$$

把式(11.55)的 $E_x^\pm(x,y,z)$ 和式(11.52)的 $J_x(x,y,0)$ 代入式(11.54)，推导复功率可得

$$P_C = -\frac{c}{2}\int_{-\infty}^{\infty}\int_{-\infty}^{\infty}\mathrm{d}x\mathrm{d}y k\exp(-kb)N_{mn}\pi w_0^2 \int_{-\infty}^{\infty}\int_{-\infty}^{\infty}\mathrm{d}p_x\mathrm{d}p_y \exp\left[-\mathrm{i}2\pi(p_x x + p_y y)\right]$$

$$\times\left(1 - \frac{4\pi^2 p_x^2}{k^2}\right)(-\mathrm{i}2\pi p_x w_0)^m(-\mathrm{i}2\pi p_y w_0)^n \zeta^{-1}\exp(\zeta b)$$

$$\times(-2)\exp(-kb)N_{mn}\pi w_0^2\int_{-\infty}^{\infty}\int_{-\infty}^{\infty}\mathrm{d}\overline{p}_x\mathrm{d}\overline{p}_y \exp\left[\mathrm{i}2\pi(\overline{p}_x x + \overline{p}_y y)\right] \tag{11.56}$$

$$\times(\mathrm{i}2\pi\overline{p}_x w_0)^m(\mathrm{i}2\pi\overline{p}_y w_0)^n\exp(\overline{\zeta}^* b)$$

对 x 和 y 进行积分，可得 $\delta(p_x - \overline{p}_x)$ 和 $\delta(p_y - \overline{p}_y)$。对 p_x 和 p_y 积分，可得

$$P_C = c\exp(-2kb)N_{mn}^2\pi^2 kw_0^4\int_{-\infty}^{\infty}\int_{-\infty}^{\infty}\mathrm{d}p_x\mathrm{d}p_y\left(1 - \frac{4\pi^2 p_x^2}{k^2}\right)(4\pi^2 p_x^2 w_0^2)^m$$

$$\times(4\pi^2 p_y^2 w_0^2)^n\exp\left[b(\zeta + \zeta^*)\right] \tag{11.57}$$

积分变量变为

$$2\pi p_x = p\cos\phi, \quad 2\pi p_y = p\sin\phi \tag{11.58}$$

则式(11.57)可化简为

$$P_C = \frac{cN_{mn}^2 w_0^2}{4}\exp(-2kb)w_0^{2(m+n+1)}\int_0^{\infty}\mathrm{d}p p p^{2(m+n)}$$

$$\times\int_0^{2\pi}\mathrm{d}\phi\cos^{2m}\phi\sin^{2n}\phi\left(1 - \frac{p^2\cos^2\phi}{k^2}\right)\xi^{-1}\exp\left[kb(\xi + \xi^*)\right] \tag{11.59}$$

其中

$$\xi = \begin{cases} \left(1 - \dfrac{p^2}{k^2}\right)^{1/2}, & 0 < p < k \\[3mm] \mathrm{i}\left(\dfrac{p^2}{k^2} - 1\right)^{1/2}, & k < p < \infty \end{cases} \tag{11.60}$$

P_C 的虚部即无功功率 P_{im}，从 p 开始，范围是 $k < p < \infty$，其中 ξ 是虚数。因

此，根据式(11.59)和式(11.60)，可以确定 P_{im} 为

$$P_{im} = -\frac{cN_{mn}^2 w_0^2}{4} \exp(-2kb) w_0^{2(m+n+1)} \int_k^\infty \mathrm{d}p p p^{2(m+n)} \int_0^{2\pi} \mathrm{d}\phi \cos^{2m}\phi \sin^{2n}\phi$$

$$\times \left(1 - \frac{p^2 \cos^2\phi}{k^2}\right)\left(\frac{p^2}{k^2} - 1\right)^{-1/2} \tag{11.61}$$

引入由 $p^2 = k^2(1+\tau^2)$ 给出的新的积分变量，可得式(11.61)中的积分，即

$$I_{k\infty} = -k^{2(m+n+1)} \int_0^\infty \mathrm{d}\tau (1+\tau^2)^{m+n} \int_0^{2\pi} \mathrm{d}\phi \cos^{2m}\phi \sin^{2n}\phi \left[1-(1+\tau^2)\cos^2\phi\right] = \infty \tag{11.62}$$

其积分值为无穷大，因此

$$P_{im} = \infty \tag{11.63}$$

与基本全复变厄米特-高斯波相关的无功功率 P_{im} 是无穷大的。这个结果是预期的，因为引起全波的复空间源(式(11.40))是一个高阶点源。为了得到有限的无功功率，必须在复空间找到一个源分布，而不是一个点源。一种可能的方法是执行基本高斯波相关的程序，并引入一个不同于 $|z|$ 到 $|z| - \mathrm{i}b = 0$ 的解析沿拓。

实功率 P_{re} 是 P_C 的实部，从 p 开始，范围是 $0 < p < k$，其中 ξ 为实数。因此，根据式(11.59)和式(11.60)可确定 P_{re}，即

$$P_{re} = \frac{w_0^{2(m+n+1)}}{2^{m+n}\,\Gamma(m+1/2)\Gamma(n+1/2)} \exp(-2kb) \int_0^k \mathrm{d}p p p^{2(m+n)} \int_0^{2\pi} \mathrm{d}\phi \cos^{2m}\phi \sin^{2n}\phi$$

$$\times \left(1 - \frac{p^2}{k^2}\cos^2\phi\right)\xi^{-1}\exp(2kb\xi) \tag{11.64}$$

式(11.33)中 N_{mn} 的值被代替，可以得到式(11.64)。因此，波幅的归一化使相应近轴波束的实功率为 $P_{re} = 2\mathrm{W}$。积分变量改为 $p = k\sin\theta$，式(11.64)被修改为

$$P_{re} = \frac{(kw_0)^{2(m+n+1)}}{2^{m+n}\,\Gamma(m+1/2)\Gamma(n+1/2)} \int_0^{\pi/2} \mathrm{d}\theta \sin\theta \sin^{2(m+n)}\theta \exp\left[-k^2 w_0^2(1-\cos\theta)\right]$$

$$\times \int_0^{2\pi} \mathrm{d}\phi \cos^{2m}\phi \sin^{2n}\phi(1-\cos^2\phi\sin^2\theta) \tag{11.65}$$

对于 $m = 0$ 和 $n = 0$ 的特殊情况，式(11.65)可以正确地再现基本全高斯波的实功率。

实功率取决于 kw_0、m 和 n。式(11.65)对 ϕ 积分进行了解析计算，对 θ 积分进行了数值计算。对于模数 $m = 1$ 和 $n = 1$，产生的两个 ϕ 积分的计算方法如下，即

$$\int_0^{2\pi} \mathrm{d}\phi \cos^2\phi \sin^2\phi = \frac{\pi}{4} \tag{11.66}$$

$$\int_0^{2\pi} \mathrm{d}\phi \cos^4\phi \sin^2\phi = \frac{\pi}{8} \tag{11.67}$$

从式(11.65)~式(11.67)可知，当 $m=n=1$ 时，P_{re} 可确定为

$$P_{re} = \frac{(kw_0)^6}{4} \int_0^{\pi/2} \mathrm{d}\theta \sin\theta \sin^4\theta$$
$$\times \left(1 - \frac{1}{2}\sin^2\theta\right) \exp\left[-k^2 w_0^2 (1-\cos\theta)\right], \quad m=1, n=1 \tag{11.68}$$

对于模数 $m=1$ 和 $n=2$，得到的两个 ϕ 积分为

$$\int_0^{2\pi} \mathrm{d}\phi \cos^2\phi \sin^4\phi = \frac{\pi}{8} \tag{11.69}$$

$$\int_0^{2\pi} \mathrm{d}\phi \cos^4\phi \sin^4\phi = \frac{3\pi}{64} \tag{11.70}$$

由式(11.65)、式(11.69)和式(11.70)可知，当 $m=1$ 且 $n=2$ 时，得到的 P_{re} 为

$$P_{re} = \frac{(kw_0)^8}{24} \int_0^{\pi/2} \mathrm{d}\theta \sin\theta \sin^6\theta$$
$$\times \left(1 - \frac{3}{8}\sin^2\theta\right) \exp\left[-k^2 w_0^2 (1-\cos\theta)\right], \quad m=1, n=2 \tag{11.71}$$

如图 11.1 所示，实功率 P_{re} 的数值结果是 kw_0 函数，kw_0 的范围为 $0.2 < kw_0 < 10$。归一化的结果使相应近轴波束的实功率是 2W。一般来说，实功率随着 kw_0 的增加而增加，并接近轴波束的极限值。随着 kw_0 的增加，P_{re} 是单调增加的。对于足够大且固定的 kw_0，实功率随着模态阶数的增加而减小。

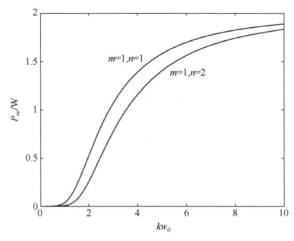

图 11.1　实功率 P_{re} 分布曲线

参 考 文 献

[1] A. E. Siegman, "Hermite-Gaussian functions of complex argument as optical beam eigenfunctions," J. Opt. Soc.Am. 63, 1093–1094(1973).

[2] A. E. Siegman, Lasers (University Science, Mill Valley, CA, 1986).

[3] S. R. Seshadri, "Virtual source for a Hermite-Gauss beam,"Opt. Lett. 28, 595–597 (2003).

[4] I. S. Gradshteyn, I. M. Ryzhik, Table of integrals, Seriesand Products (Academic Press, New York, 1965).

[5] M. Abramowitz and I. A. Stegun, Handbook of Mathematical Functions (U.S. Government PrintingOffice, Washington, DC, 1965).

[6] W. Magnus and F. Oberhettinger, Functions of Mathematical Physics (Chelsea PublishingCompany, New York, 1954), p. 1.

第 12 章　基本全实变厄米特-高斯波

Kogelnik 等[1]和 Marcuse[2]介绍了与激波束和谐振器有关的实变厄米特-高斯波束。实变厄米特-高斯波束是笛卡儿坐标系下近轴波动方程另一个系列的高阶解。这一系列的本征函数构成一个正交集。基本高斯波束是这个集合中的最低阶 $(m,n)=(0,0)$，其中 m 和 n 是 x 和 y 方向的模数。本章讨论实变厄米特-高斯波束的实参数。对于其他近轴波束，实变厄米特-高斯波束的无功功率消失。同时，得到实变厄米特-高斯波束全波泛化所需的复空间源，推导复空间源产生的基本实变厄米特-高斯波，评估基本全实变厄米特-高斯波的实功率和无功功率。对于其他基本全高斯波，无功功率是无穷大的。此外，本章还讨论实功率的特性。实功率随 kw_0 的增大而增大，并达到近轴波束的极限值。对于固定的 kw_0，实功率随着模态阶数的增加而减小。

12.1　实变厄米特-高斯波束

1. 近轴波束

对于一个线极化电磁实变厄米特-高斯波的激励，其次级源平面所需磁矢势的 x 分量为

$$a_{x0}^{\pm}(x,y,0)=A_{x0}^{\pm}(x,y,0)=\frac{N_{mn}}{\mathrm{i}k}H_m\left(\frac{\sqrt{2}x}{w_0}\right)H_n\left(\frac{\sqrt{2}y}{w_0}\right)\exp\left(-\frac{x^2+y^2}{w_0^2}\right) \quad (12.1)$$

磁矢势 x 分量的近轴近似由 $A_{x0}^{\pm}(x,y,0)$ 给出。缓变振幅 $a_{x0}^{\pm}(x,y,z)$ 与式(11.5) 中的 $A_{x0}^{\pm}(x,y,z)$ 有关。由 $a_{x0}^{\pm}(x,y,z)$ 满足的近轴波动方程和 $a_{x0}^{\pm}(x,y,z)$ 的傅里叶变换 $\bar{a}_{x_0}^{\pm}(p_x,p_y,z)$ 满足的微分方程分别如式(11.6)和式(11.7)所示。式(11.8)中根据 $\bar{a}_{x_0}^{\pm}(p_x,p_y,0)$ 获得的关于 $\bar{a}_{x_0}^{\pm}(p_x,p_y,z)$ 的解可以重写为

$$\bar{a}_{x_0}^{\pm}(p_x,p_y,z)=\bar{a}_{x_0}^{\pm}(p_x,p_y,0)\exp\left[-\pi^2w_0^2(p_x^2+p_y^2)\frac{\mathrm{i}|z|}{b}\right] \quad (12.2)$$

考虑傅里叶变换，即

$$I_m(p_x) = \int_{-\infty}^{\infty} \mathrm{d}x \exp(\mathrm{i}\, 2\pi p_x x) H_m\left(\frac{\sqrt{2}x}{w_0}\right) \exp\left(-\frac{x^2}{w_0^2}\right) \tag{12.3}$$

利用文献[3]中的式(7.376.1)计算式(12.3)中的积分，结果为

$$I_m(p_x) = \sqrt{\pi}\, w_0\, \mathrm{i}^m\, H_m(\sqrt{2}\pi w_0 p_x) \exp(-\pi^2 w_0^2 p_x^2) \tag{12.4}$$

在式(12.1)的二维傅里叶变换中，出现由式(12.3)给出的两个一维积分。因此，利用式(12.4)，可以得到式(12.1)的二维傅里叶变换，即

$$\begin{aligned}
\overline{a}_{x_0}^{\pm}(p_x, p_y, 0) &= \overline{A}_{x0}^{\pm}(p_x, p_y, 0) \\
&= \frac{N_{mn}}{\mathrm{i}k} \pi w_0^2 \mathrm{i}^{m+n} \times H_m(\sqrt{2}w_0 p_x) H_n(\sqrt{2}w_0 p_y) \exp\left[-\pi^2 w_0^2 (p_x^2 + p_y^2)\right]
\end{aligned} \tag{12.5}$$

将式(12.5)代入式(12.2)，可得

$$\begin{aligned}
\overline{a}_{x_0}^{\pm}(p_x, p_y, z) &= \frac{N_{mn}}{\mathrm{i}k} \pi w_0^2 \mathrm{i}^{m+n} H_m(\sqrt{2}\pi w_0 p_x) \\
&\quad \times H_n(\sqrt{2}\pi w_0 p_y) \exp\left[-\pi^2 w_0^2 \frac{(p_x^2 + p_y^2)}{q_{\pm}^2}\right]
\end{aligned} \tag{12.6}$$

其中

$$q_{\pm} = \left(1 \pm \frac{\mathrm{i}|z|}{b}\right)^{-1/2} = q_{\mp}^* \tag{12.7}$$

取式(12.6)的傅里叶逆变换，结果为

$$\overline{a}_{x_0}^{\pm}(x, y, z) = \frac{N_{mn}}{\mathrm{i}k} I_m(x, z) I_n(y, z) \tag{12.8}$$

其中

$$I_m(x, z) = \pi^{1/2} w_0 \mathrm{i}^m \int_{-\infty}^{\infty} \mathrm{d}p_x \exp(-\mathrm{i}2\pi p_x x) H_m(\sqrt{2}\pi w_0 p_x) \exp\left(-\pi^2 w_0^2 \frac{p_x^2}{q_{\pm}^2}\right) \tag{12.9}$$

通过适当的替换，由 $I_m(x, z)$ 可得 $I_n(y, z)$。附录 G 给出了估计 $I_m(x, z)$ 积分的方法。从式(G.9)计算得到 $I_m(x, z)$ 和 $I_n(y, z)$ 后，代入式(12.8)，可得

$$a_{x_0}^{\pm}(x, y, z) = \frac{N_{mn}}{\mathrm{i}k} \frac{q_{\pm}^{m+n+2}}{q_{\pm}^{*(m+n)}} H_m\left(\frac{\sqrt{2}q \pm q_{\pm}^* x}{w_0}\right) H_n\left(\frac{\sqrt{2}q \pm q_{\pm}^* y}{w_0}\right) \exp\left[-\frac{q_{\pm}^2(x^2 + y^2)}{w_0^2}\right] \tag{12.10}$$

根据式(12.10)，再加上快速变化的相位因子 $\exp(\pm \mathrm{i}kz)$，可将控制线极化实变厄米特-高斯波束的矢势确定为

$$
\begin{aligned}
A_{x_0}^{\pm}(x,y,z) = {} & \exp(\pm \mathrm{i}kz) \frac{N_{mn}}{\mathrm{i}k} \frac{q_{\pm}^{m+n+2}}{q_{\pm}^{*(m+n)}} H_m \left(\frac{\sqrt{2}q \pm q_{\pm}^* x}{w_0} \right) \\
& \times H_n \left(\frac{\sqrt{2}q \pm q_{\pm}^* y}{w_0} \right) \exp \left[-\frac{q_{\pm}^2(x^2+y^2)}{w_0^2} \right]
\end{aligned}
\tag{12.11}
$$

需要注意，由式(12.11)给出的 $A_{x_0}^{\pm}(x,y,z)$ 只对 $0 < z < \infty$ 和 $-\infty < z < 0$ 两个物理空间的位置坐标有效。根据式(11.5)，有

$$
\overline{A_{x_0}^{\pm}}(p_x, p_y, z) = \exp(\pm \mathrm{i}kz) \overline{a_{x0}^{\pm}}(p_x, p_y, z)
\tag{12.12}
$$

对于复变厄米特-高斯波束，实变厄米特-高斯波束具有闭合形式的傅里叶变换表示。

2. 时间平均功率

实变厄米特-高斯波束的电磁场、特性、次级源平面 $z=0$ 上的感应电流密度、复功率与复变厄米特-高斯波束的相同，必须使用关于实变厄米特-高斯波束的 $A_{x0}^{\pm}(x,y,z)$ 和 $a_{x0}^{\pm}(x,y,z)$。至于复变厄米特-高斯波束，对于实变厄米特-高斯波束的无功功率消失，即

$$
P_{im} = 0
\tag{12.13}
$$

从式(12.1)把 $a_{x0}^{\pm}(x,y,z)$ 代入式(11.23)，可得 P_{re} 的实功率，即

$$
P_{re} = cN_{mn}^2 \int_{-\infty}^{\infty} \mathrm{d}x H_m^2 \left(\frac{\sqrt{2}x}{w_0^2} \right) \exp \left(-\frac{2x^2}{w_0^2} \right) \int_{-\infty}^{\infty} \mathrm{d}y H_n^2 \left(\frac{\sqrt{2}y}{w_0} \right) \exp \left(-\frac{2y^2}{w_0^2} \right)
\tag{12.14}
$$

与实变厄米特-高斯波束相关的本征函数满足正交关系，即

$$
\int_{-\infty}^{\infty} \mathrm{d}x H_m(ax) H_{\ell}(ax) \exp(-a^2 x^2) = \frac{2^m m! \pi^{1/2}}{a} \delta_{m\ell}
\tag{12.15}
$$

对于一个实数，当 $m \neq \ell$ 时 $\delta_{m\ell} = 0$，当 $m = \ell$ 时 $\delta_{m\ell} = 1$。应用式(12.14)和式(12.15)给出的正交关系，实功率为

$$
P_{re} = c\pi w_0^2 2^{m+n-1} m! n! N_{mn}^2
\tag{12.16}
$$

归一化常数为

$$N_{mn} = \left(\frac{4}{c\pi w_0^2 2^{m+n} m! n!} \right)^{1/2} \tag{12.17}$$

得到的结果为

$$P_{re} = 2W \tag{12.18}$$

通过 $P_{RH}^{\pm}$ 可以给出近轴波束在 $\pm z$ 方向上传输的时均功率。根据对称性，$P_{RH}^{+} = P_{RH}^{-}$。实功率 P_{re} 是电流源产生的时间平均功率。其中，一半的能量沿 $+z$ 方向传输，另一半的能量沿 $-z$ 方向传输。由式(12.18)可知

$$P_{RH}^{+} = P_{RH}^{-} = \frac{1}{2} P_{re} = 1W \tag{12.19}$$

选择归一化常数 N_{mn}，使近轴波束在 $\pm z$ 方向传输的时间平均功率 $P_{RH}^{\pm}$ 由 $P_{RH}^{\pm} = 1W$ 给出。对于 $m = n = 0$，式(12.11)简化为基本高斯波束。式(12.17)给出的归一化常数 N_{mn} 可以正确地简化为基本高斯波束的归一化常数 N。

12.2　实变厄米特-高斯波

下面在 $|z| - ib = 0$，对实变厄米特-高斯波束全波泛化的复空间源进行探索。然后，$1/q_{\pm}^2 = 0$，从式(12.8)和式(12.9)，复空间源为

$$C_{s,mn}(x,y,z) = \frac{N_{mn}}{ik} \pi w_0^2 i^{m+n} \int_{-\infty}^{\infty} \int_{-\infty}^{\infty} \mathrm{d}p_x p_y$$
$$\times \exp\left[-i2\pi(p_x x + p_y y) \right] H_m(\sqrt{2}\pi w_0 p_x) H_n(\sqrt{2}\pi w_0 p_y) \tag{12.20}$$

式(12.20)给出的复空间源足以推导全波的表达式，给出的源位于 $|z| - ib = 0$，对 $|z| > 0$ 产生近轴波束。放置在 $|z| = 0$ 的同一个源只会导致近轴波束的渐近极限。近轴方程只是亥姆霍兹方程的近似值。因此，除了激励系数 S_{ex} 外，由近轴波束导出的复空间源被用作亥姆霍兹方程的源，可以确定全波的渐近极限。产生亥姆霍兹方程全波解渐进极限的源极限可由式(12.20)确定，即

$$C_{s\infty,mn}(x,y,z) = S_{ex} \frac{N_{mn}}{ik} \pi w_0^2 i^{m+n} \delta(z) \int_{-\infty}^{\infty} \int_{-\infty}^{\infty} \mathrm{d}p_x p_y$$
$$\times \exp\left[-i2\pi(p_x x + p_y y) \right] H_m(\sqrt{2}\pi w_0 p_x) H_n(\sqrt{2}\pi w_0 p_y) \tag{12.21}$$

令 $G_{m,n}(x,y,z)$ 为式(12.21)给出的源的亥姆霍兹方程的解，那么 $G_{m,n}(x,y,z)$ 满足如下微分方程，即

$$\left(\frac{\partial^2}{\partial x^2}+\frac{\partial^2}{\partial y^2}+\frac{\partial^2}{\partial z^2}+k^2\right)G_{m,n}(x,y,z)$$

$$=-S_{ex}\frac{N_{mn}}{\mathrm{i}k}\pi w_0^2\,\mathrm{i}^{m+n}\int_{-\infty}^{\infty}\int_{-\infty}^{\infty}\mathrm{d}p_x p_y \times \exp\left[-\mathrm{i}2\pi(p_x x+p_y y)\right] \qquad (12.22)$$

$$\times H_m(\sqrt{2}\pi w_0 p_x)H_n(\sqrt{2}\pi w_0 p_y)$$

根据式(12.22)，$G_{m,n}(x,y,z)$ 的二维傅里叶变换 $\overline{G}_{m,n}(p_x,p_y,z)$ 满足的微分方程为

$$\left(\frac{\partial^2}{\partial z^2}+\zeta^2\right)\overline{G}_{m,n}(p_x,p_y,z)=-S_{ex}\frac{N_{mn}}{\mathrm{i}k}\pi w_0^2\mathrm{i}^{m+n}H_m(\sqrt{2}\pi w_0 p_x)H_n(\sqrt{2}\pi w_0 p_y)\delta(z)$$

$$(12.23)$$

其中，ζ 与式(11.44)给出的相同。

式(12.23)的解为

$$\overline{G}_{m,n}(p_x,p_y,z)=\frac{\mathrm{i}S_{ex}}{2}\frac{N_{mn}}{\mathrm{i}k}\pi w_0^2\mathrm{i}^{m+n}H_m(\sqrt{2}\pi w_0 p_x)H_n(\sqrt{2}\pi w_0 p_y)\zeta^{-1}\exp(\mathrm{i}\zeta|z|)$$

$$(12.24)$$

根据式(12.24)逆傅里叶变换可得 $G_{m,n}(x,y,z)$。通过从 $|z|$ 到 $|z|-\mathrm{i}b$ 对 $G_{m,n}(x,y,z)$ 解析沿拓，可以推导 $A_x^{\pm}(x,y,z)$。然后，可以获得 $A_x^{\pm}(x,y,z)$ 的近轴近似 $A_{x0}^{\pm}(x,y,z)$。当 $A_{x0}^{\pm}(x,y,z)$ 加入快速变化因子 $\exp(\pm\mathrm{i}kz)$ 后，与式(12.8)和式(12.9)比较，如果 S_{ex} 和式(11.49)选择的一样，$A_x^{\pm}(x,y,z)$ 正好可以简化为最初选择的近轴波束。最终 $A_x^{\pm}(x,y,z)$ 的表达式为

$$A_x^{\pm}(x,y,z)=k\exp(-kb)\frac{N_{mn}}{\mathrm{i}k}\pi w_0^2\mathrm{i}^{m+n}\int_{-\infty}^{\infty}\int_{-\infty}^{\infty}\mathrm{d}p_x\mathrm{d}p_y$$

$$\times \exp\left[-\mathrm{i}2\pi(p_x x+p_y y)\right]H_m(\sqrt{2}\pi w_0 p_x) \qquad (12.25)$$

$$\times H_n(\sqrt{2}\pi w_0 p_y)\zeta^{-1}\exp\left[\mathrm{i}\zeta(|z|-\mathrm{i}b)\right]$$

由式(12.25)表示的全波泛化是基本的全实变厄米特-高斯波。

12.3　实功率和无功功率

将式(11.50)和式(12.25)进行比较，可以发现通过把 $(-\mathrm{i}2\pi p_x w_0)^m(-\mathrm{i}2\pi p_y w_0)^n$ 改变为 $\mathrm{i}^{m+n}H_m(\sqrt{2}\pi w_0 p_x)H_n(\sqrt{2}\pi w_0 p_y)$，复变厄米特-高斯波的矢势、电磁场和源电流密度就会转化为关于实变厄米特-高斯波波相对应的量。因此，由式(11.56)可得

实变厄米特-高斯波的复功率表达式, 即

$$
P_C = -\frac{c}{2} \int_{-\infty}^{\infty} \int_{-\infty}^{\infty} \mathrm{d}x \mathrm{d}y\, k \exp(-kb) N_{mn} \pi w_0^2
$$

$$
\times \mathrm{i}^{m+n} \int_{-\infty}^{\infty} \int_{-\infty}^{\infty} \mathrm{d}p_x \mathrm{d}p_y \exp\left[-\mathrm{i}2\pi(p_x x + p_y y)\right]
$$

$$
\times \left(1 - \frac{4\pi^2 p_x^2}{k^2}\right) H_m(\sqrt{2}\pi w_0 p_x) H_n(\sqrt{2}\pi w_0 p_x) \zeta^{-1} \exp(\zeta b) \tag{12.26}
$$

$$
\times (-2)\exp(-kb) N_{mn} \pi w_0^2 (-\mathrm{i})^{m+n} \int_{-\infty}^{\infty} \int_{-\infty}^{\infty} \mathrm{d}\,\overline{p}_x\, \mathrm{d}\,\overline{p}_y \exp\left[\mathrm{i}2\pi(\overline{p}_x x + \overline{p}_y y)\right]
$$

$$
\times H_m(\sqrt{2}\pi w_0 \overline{p}_x) H_n(\sqrt{2}\pi w_0 \overline{p}_y) \exp(\overline{\zeta}^* b)
$$

首先, 对 x 和 y 进行积分, 然后对 $\overline{p}_x$ 和 $\overline{p}_y$ 进行积分, 结果为

$$
P_C = c \exp(-2kb) N_{mn}^2 \pi^2 k w_0^4 \int_{-\infty}^{\infty} \int_{-\infty}^{\infty} \mathrm{d}p_x \mathrm{d}p_y
$$

$$
\times \left(1 - \frac{4\pi^2 p_x^2}{k^2}\right) H_m^2(\sqrt{2}\pi w_0 p_x) H_n^2(\sqrt{2}\pi w_0 p_y) \zeta^{-1} \exp\left[b(\zeta + \zeta^*)\right] \tag{12.27}
$$

积分变量更改为 $2\pi p_x = p\cos\phi$ 和 $2\pi p_y = p\sin\phi$。然后, 式(12.27)转换为

$$
P_C = \frac{cN_{mn}^2 w_0^4}{4} \exp(-2kb) \int_0^{\infty} \mathrm{d}p\, p \int_0^{2\pi} \mathrm{d}\phi \left(1 - \frac{p^2 \cos^2\phi}{k^2}\right) H_m^2\left(\frac{w_0 p \sin\phi}{\sqrt{2}}\right)
$$

$$
\times H_n^2\left(\frac{w_0 p \sin\phi}{\sqrt{2}}\right) \xi^{-1} \exp\left[kb(\xi + \xi^*)\right] \tag{12.28}
$$

其中, ξ 与式(11.60)给出的值相同。

无功功率 P_{im} 是 P_C 的虚部, 始于 p, 范围为 $k < p < \infty$, 其中 ξ 是虚数。因此, 从式(12.28)式(11.60), P_{im} 可以确定为

$$
P_{im} = -\frac{w_0^2 \exp(-2kb)}{\pi 2^{m+n} m! n!} \int_k^{\infty} \mathrm{d}p\, p \int_0^{2\pi} \mathrm{d}\phi \left(1 - \frac{p^2 \cos^2\phi}{k^2}\right) H_m^2\left(\frac{w_0 p \cos\phi}{\sqrt{2}}\right)
$$

$$
\times H_n^2\left(\frac{w_0 p \sin\phi}{\sqrt{2}}\right)\left(\frac{p^2}{k^2} - 1\right)^{-1/2} \tag{12.29}
$$

式(12.29)给出的无功功率 P_{im} 为无穷大。这一结果证明如下。厄米特函数被其多项式表示代替, 如式(11.3)所示。这个展开式的前导项是 $H_p(v) = 2^p v^p$。如果在 $H_m^2(v)$ 和 $H_n^2(v)$ 中只保留前导项, 则式(12.29)转化为

$$P_{im} = -\frac{\exp(-k^2 w_0^2) w_0^{2(m+n+1)}}{\pi m! n!} \int_k^\infty \mathrm{d}p p p^{2(m+n)} \int_0^{2\pi} \mathrm{d}\phi \cos^{2m}\phi \sin^{2n}\phi$$
$$\times \left(1 - \frac{p^2 \cos^2\phi}{k^2}\right) \left(\frac{p^2}{k^2} - 1\right)^{-1/2} \tag{12.30}$$

令

$$\int_0^{2\pi} \mathrm{d}\phi \cos^{2m}\phi \sin^{2n}\phi = \pi a_1 \tag{12.31}$$

$$\int_0^{2\pi} \mathrm{d}\phi \cos^{2(m+1)}\phi \sin^{2n}\phi = \pi a_2 \tag{12.32}$$

式(12.30)可以简化为

$$P_{im} = -\frac{\exp(-k^2 w_0^2) w_0^{2(m+n+1)}}{m! n!} \int_k^\infty \mathrm{d}p p p^{2(m+n)} \left(a_1 - \frac{p^2}{k^2} a_2\right) \left(\frac{p^2}{k^2} - 1\right)^{-1/2} \tag{12.33}$$

积分变量随着 $p^2 = k^2(1+\tau^2)$ 变化，结果为

$$P_{im} = -\frac{\exp(-k^2 w_0^2)(k w_0)^{2(m+n+1)}}{m! n!} \int_0^\infty \mathrm{d}\tau (1+\tau^2)^{(m+n)} \left[a_1 - a_2(1+\tau^2)\right] = \infty \tag{12.34}$$

式(12.34)中的积分值是无穷大的。当保留厄米特函数多项式中的所有项时，P_{im} 的表达式中有许多项；每一项的形式都与式(12.34)相同。如果 m 是偶数，对于每个项，m 都是偶数，并且从 0 变化到 m；如果 m 是奇数，对于每个项，m 都是奇数，并且从 1 变化到 m。n 的变化也满足这个要求。因此，P_{im} 一般表达式中的每一项都变得无限大。因此，与基本全实变厄米特-高斯波相关的无功功率 P_{im} 是无穷大的。这一结果是可以预期的，因为引起全波的复空间源是有限系列的高阶点源(附录 H)。复空间中的点源必须是一系列有限宽度的电流分布，才能得到有限的无功功率值。

实功率 P_{re} 是 P_C 的实部，开始于 p，范围是 $0 < p < k$，其中 ξ 是实数。因此，从式(12.17)、式(12.28)和式(11.60)可得

$$P_{re} = \frac{w_0^2}{\pi 2^{m+n} m! n!} \int_0^k \mathrm{d}p p \int_0^{2\pi} \mathrm{d}\phi \left(1 - \frac{p^2 \cos^2\phi}{k^2}\right) H_m^2\left(\frac{w_0 p \cos\phi}{\sqrt{2}}\right) H_n^2\left(\frac{w_0 p \sin\phi}{\sqrt{2}}\right) \tag{12.35}$$
$$\times \xi^{-1} \exp\left[-k^2 w_0^2 (1-\xi)\right]$$

式(12.17)中 N_{mn} 的使用意味着，波幅的归一化使相应近轴波束的实功率为 $P_{re} = 2\mathrm{W}$。积分变量更改为 $p = k\sin\theta$。然后，P_{re} 可由式(12.35)得出，即

$$P_{re} = \frac{k^2 w_0^2}{\pi 2^{m+n} m! n!} \int_0^{\pi/2} \mathrm{d}\theta \sin\theta \int_0^{2\pi} \mathrm{d}\phi (1 - \cos^2\phi \sin^2\theta)$$

$$\times H_m^2 \left(\frac{w_0 k \sin\theta \cos\phi}{\sqrt{2}} \right) H_n^2 \left(\frac{w_0 k \sin\theta \sin\phi}{\sqrt{2}} \right) \exp\left[-k^2 w_0^2 (1 - \cos\theta) \right] \tag{12.36}$$

厄米特函数被其多项式表示代替，如式(11.3)所示。对 ϕ 的积分是解析的。ϕ 积分是用数值方法进行的。P_{re} 是 kw_0、m 和 n 的函数。

对于一些低阶模数 (m, n)，与 θ 相关的 P_{re} 积分的表达式为

$$P_{re} = 2k^2 w_0^2 \int_0^{\pi/2} \mathrm{d}\theta \sin\theta \left(1 - \frac{1}{2}\sin^2\theta \right)$$

$$\times \exp\left[-k^2 w_0^2 (1 - \cos\theta) \right], \quad (m, n) = (0, 0) \tag{12.37}$$

$$P_{re} = k^4 w_0^4 \int_0^{\pi/2} \mathrm{d}\theta \sin\theta \sin^2\theta \left(1 - \frac{3}{4}\sin^2\theta \right)$$

$$\times \exp\left[-k^2 w_0^2 (1 - \cos\theta) \right], \quad (m, n) = (1, 0) \tag{12.38}$$

$$P_{re} = k^4 w_0^4 \int_0^{\pi/2} \mathrm{d}\theta \sin\theta \sin^2\theta \left(1 - \frac{1}{4}\sin^2\theta \right)$$

$$\times \exp\left[-k^2 w_0^2 (1 - \cos\theta) \right], \quad (m, n) = (0, 1) \tag{12.39}$$

$$P_{re} = \frac{k^6 w_0^6}{4} \int_0^{\pi/2} \mathrm{d}\theta \sin\theta \sin^4\theta \left(1 - \frac{1}{2}\sin^2\theta \right)$$

$$\times \exp\left[-k^2 w_0^2 (1 - \cos\theta) \right], \quad (m, n) = (1, 1) \tag{12.40}$$

$$P_{re} = \frac{k^2 w_0^2}{2} \int_0^{\pi/2} \mathrm{d}\theta \sin\theta \left[k^4 w_0^4 \left(\frac{3}{4}\sin^4\theta - \frac{5}{8}\sin^6\theta \right) \right.$$

$$\left. - k^2 w_0^2 \left(2\sin^2\theta - \frac{3}{2}\sin^4\theta \right) + 2 - \sin^2\theta \right] \tag{12.41}$$

$$\times \exp\left[-k^2 w_0^2 (1 - \cos\theta) \right], \quad (m, n) = (2, 0)$$

$$P_{re} = \frac{k^2 w_0^2}{2} \int_0^{\pi/2} \mathrm{d}\theta \sin\theta \left[k^4 w_0^4 \left(\frac{3}{4}\sin^4\theta - \frac{1}{8}\sin^6\theta \right) \right.$$

$$\left. - k^2 w_0^2 \left(2\sin^2\theta - \frac{1}{2}\sin^4\theta \right) + 2 - \sin^2\theta \right] \tag{12.42}$$

$$\times \exp\left[-k^2 w_0^2 (1 - \cos\theta) \right], \quad (m, n) = (0, 2)$$

推导模数 $(m, n) = (0, 2)$ 的 P_{re} 表达式的一些细节如下。从式(11.3)可以看出，

$H_0(v)=1$ 和 $H_2(v)=4v^2-2$。因此可得

$$H_2^2\left(\frac{w_0 k\sin\theta\sin\phi}{\sqrt{2}}\right)=4(w_0^4 k^4\sin^4\theta\sin^4\phi-2w_0^2 k^2\sin^2\theta\sin^2\phi+1) \quad (12.43)$$

替换式(12.36)中的 (m,n)、H_0^2、H_2^2，可得

$$P_{re}=\frac{k^2 w_0^2}{2\pi}\int_0^{\pi/2}\mathrm{d}\theta\sin\theta\int_0^{2\pi}\mathrm{d}\phi\Big[w_0^4 k^4(\sin^4\theta\sin^4\phi-\sin^6\theta\sin^4\phi\cos^2\phi)$$
$$-2w_0^2 k^2(\sin^2\theta\sin^2\phi-\sin^4\theta\sin^2\phi\cos^2\phi)+1-\sin^2\theta\cos^2\phi\Big] \quad (12.44)$$

对 ϕ 进行积分后，可得式(12.42)给出的结果。

图 12.1～图 12.3 在 $0.2<kw_0<10$ 范围内给出了实功率 P_{re} 的数值结果，它是 kw_0 的函数，归一结果使相应近轴波束的实功率为 2W。图 12.1 所示是 $(m,n)=(0,0),(1,0)$ 和 $(2,0)$ 的结果。图 12.2 所示是 $(m,n)=(0,0)$、$(0,1)$、$(0,2)$ 的结果。$(m,n)=(1,0)$、$(0,1)$、$(1,1)$ 的结果包含在图 12.3 中。一般情况下，实功率随着 kw_0 的增加而增加，并接近近轴波束的极限值。P_{re} 随 kw_0 的增加而单调增加。在图 12.1 中，$n=0$，但 m 从 0 增加到 2。对于足够大和固定的 kw_0，P_{re} 随着 m 的增加而减小。在图 12.2 中，$m=0$，但 n 从 0 增加到 2。在图 12.2 中，对于较大且固定的 kw_0，P_{re} 随着 n 的增加而减小。在图 12.3 中，对于固定数而言，与模数 $(1,0)$、$(1,1)$ 结果相比，P_{re} 随着 n 的增加而减小。相似地，对于固定的 kw_0，与模数 $(0,1)$、$(1,1)$ 结果相比，P_{re} 随着 m 的增加而减小。因此，一般来说，对于足够大且固定的 kw_0，P_{re} 随着 m 或 n 的增加而减小。

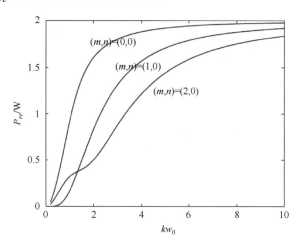

图 12.1　模数为 $(m,n)=(0,0)$、$(m,n)=(1,0)$、$(m,n)=(2,0)$ 时的实功率 P_{re}

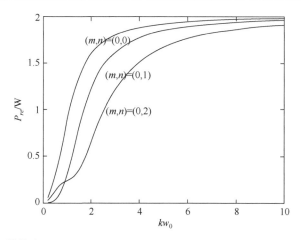

图 12.2　模数为 $(m,n) = (0,0)$ 、$(m,n) = (0,1)$ 、$(m,n) = (0,2)$ 时的实功率 P_{re}

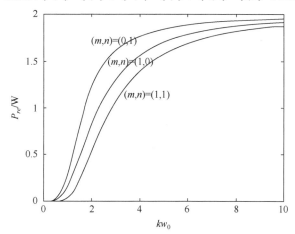

图 12.3　模数为 $(m,n) = (1,0)$ 、$(m,n) = (0,1)$ 、$(m,n) = (1,1)$ 时的实功率 P_{re}

对于 $(m,n) = (0,0)$ 的特殊情况，式(12.36)正好简化到基本全高斯波的实功率。对于 $(m,n) = (1,0)$、$(0,1)$ 、$(1,1)$ ，式(12.38)、式(12.39)和式(12.40)分别给出了相应的结果。对于基本全实变厄米特-高斯波，分别与基本全复变厄米特-高斯波的相应结果相同，如式(11.65)所示。因此，图 12.3 所示的结果也适用于基本全复变厄米特-高斯波。 $m > 1$ 和 $n > 1$ 的结果仅对基本全实变厄米特-高斯波有效。

参 考 文 献

[1] H. Kogelnik and T. Li, "Laser beams and resonators," *Appl. Opt.* **5**, 1550–1567 (1966).

[2] D. Marcuse, *Light Transmission Optics* (Van Nostrand Reinhold, New York, 1972), Chap. 6.

[3] I. S. Gradshteyn and I. M. Ryzhik, *Table of Integrals, Series and Products* (Academic Press, New York, 1965).

第 13 章　基本全修正贝塞尔-高斯波

对于修正贝塞尔-高斯波，高斯波的调制函数是虚变元贝塞尔函数或实变的修正贝塞尔函数。本章介绍标量修正贝塞尔-高斯波束，讨论它的基本全波泛化和传播特性[1]，研究电磁修正贝塞尔-高斯波束的一种形式，即 TM 修正贝塞尔-高斯波束，得到它的基本全波泛化[2]。为了产生 TM 修正贝塞尔-高斯波束和波，在传播方向上使用磁矢势的单个分量。本章研究线极化电磁修正贝塞尔-高斯波束和波。为了产生线极化的修正贝塞尔-高斯波束和波，需要一个垂直于传播方向的磁矢势分量，因此推导线极化修正贝塞尔-高斯波束的复功率。近轴波束的无功功率消失，可以得到电磁修正贝塞尔-高斯波束基本全波泛化所需的复空间源。此外，本章确定源在复空间产生的基本全修正贝塞尔-高斯波[3,4]，计算基本全修正贝塞尔-高斯波的实功率和无功功率。对于先前处理过的基本全高斯波，修正贝塞尔-高斯波的无功功率是无穷大的。实功率是 kw_0 和 αw_0 的函数，其中 α 是波束形状参数。对于所有 αw_0 值，实功率随着 kw_0 的增大而增加，并接近近轴波束的极限值。

13.1　修正贝塞尔-高斯波束

1. 近轴波束

线极化电磁修正贝塞尔-高斯波束由次级源平面 $z = 0$ 的磁矢势 x 分量产生，即

$$a_{x0}^{\pm}(\rho,\phi,0) = A_{x0}^{\pm}(\rho,\phi,0)$$
$$= \frac{N_{MB}}{\mathrm{i}k}\cos m\phi \exp(-v) \times I_m(\alpha\rho)\exp(-\rho^2/w_0^2) \tag{13.1}$$

其中，k 为波常数；N_{MB} 为归一化常数；m 为方位角模数；w_0 为焦平面 $z = 0$ 上的波束束腰；$v = (\alpha w_0/2)^2$；α 为波束的形状参数；$I_m(\bullet)$ 为 m 阶修正贝塞尔函数。

归一化常数取决于模数 m。$|z| > 0$ 中的介质是关于 z 轴圆柱对称的，因此与 ϕ 相关的 $a_{x0}^{\pm}(\eta,\phi,0)$ 和 $A_{x0}^{\pm}(\eta,\phi,0)$ 在输入平面 $z = 0$ 上具有相同的 $\cos m\phi$。模数是从 0 开始的正整数。

磁矢势 x 分量的近轴近似由 $A_{x0}^{\pm}(\rho,\phi,z)$ 给出。慢变振幅 $a_{x0}^{\pm}(\rho,\phi,z)$ 与

$A_{x0}^\pm(\rho,\phi,z)$ 相关，如式(9.5)所示。由 $a_{x0}^\pm(\rho,\phi,z)$ 满足的近轴波动方程和 $a_{x0}^\pm(\rho,\phi,z)$ 的 m 阶贝塞尔变换 $\bar{a}_{x0}^\pm(\eta,\phi,z)$ 满足的微分方程可由式(9.6)和式(9.7)表示。式(9.8) 给出的 $\bar{a}_{x0}^\pm(\eta,\phi,z)$ 关于 $\bar{a}_{x0}^\pm(\eta,\phi,0)$ 的解为

$$\bar{a}_{x0}^\pm(\eta,\phi,z) = \bar{a}_{x0}^\pm(\eta,\phi,0)\exp\left(-\frac{\eta^2 w_0^2}{4}\frac{\mathrm{i}|z|}{b}\right) \tag{13.2}$$

根据式(13.1)，可得 $a_{x0}^\pm(\eta,\phi,0)$ 和 $A_{x0}^\pm(\eta,\phi,0)$ 为

$$\begin{aligned}\bar{a}_{x0}^\pm(\eta,\phi,0) &= \overline{A}_{x0}^\pm(\eta,\phi,0) \\ &= \frac{N_{MB}}{\mathrm{i}k}\cos m\phi\exp(-v)\times\int_0^\infty \mathrm{d}\rho\rho J_m(\eta\rho)I_m(\alpha\rho)\exp(-\rho^2/w_0^2)\end{aligned} \tag{13.3}$$

利用文献[5]计算积分的结果为

$$\bar{a}_{x0}^\pm(\eta,\phi,0) = \frac{N_{MB}}{\mathrm{i}k}\cos m\phi\frac{w_0^2}{2}\times J_m(\eta d_\alpha)\exp(-\eta^2 w_0^2/4) \tag{13.4}$$

其中，J_m 为 m 阶贝塞尔函数，即

$$d_\alpha = \frac{1}{2}\alpha w_0^2 \tag{13.5}$$

将式(13.4)代入式(13.2)，可得

$$\bar{a}_{x0}^\pm(\eta,\phi,z) = \frac{N_{MB}}{\mathrm{i}k}\cos m\phi\frac{w_0^2}{2}J_m(\eta d_\alpha)\exp\left(-\frac{\eta^2 w_0^2}{4q_\pm^2}\right) \tag{13.6}$$

其中

$$q_\pm^2 = \left(1\pm\frac{\mathrm{i}z}{b}\right)^{-1/2} \tag{13.7}$$

其中，$b = \frac{1}{2}kw_0^2$。

式(13.6)的逆贝塞尔变换为

$$a_{x0}^\pm(\rho,\phi,z) = \frac{N_{MB}}{\mathrm{i}k}\cos m\phi\frac{w_0^2}{2}\int_0^\infty \mathrm{d}\eta\eta J_m(\eta\rho)J_m(\eta d_\alpha)\exp\left(-\frac{\eta^2 w_0^2}{4q_\pm^2}\right) \tag{13.8}$$

计算式(13.8)中的积分，可得

$$a_{x0}^\pm(\rho,\phi,z) = \frac{N_{MB}}{\mathrm{i}k}\cos m\phi\frac{w_0^2}{2}\int_0^\infty \mathrm{d}\eta\eta J_m(\eta\rho)J_m(\eta d_\alpha)\exp\left(-\frac{\eta^2 w_0^2}{4q_\pm^2}\right) \tag{13.9}$$

包括快速变化的相位因子 $\exp(\pm ikz)$，由式(13.9)得到的控制线极化电磁修正贝塞尔-高斯波束的矢势为

$$A_{x0}^{\pm}(\rho,\phi,z) = \exp(\pm ikz)\frac{N_{MB}}{ik}\cos m\phi\, q_{\pm}^2 \exp(-q_{\pm}^2 v)$$
$$\times I_m(q_{\pm}^2 \alpha\rho)\exp\left(-\frac{q_{\pm}^2 \rho^2}{w_0^2}\right) \tag{13.10}$$

式(13.10)给出的 $A_{x0}^{\pm}(\rho,\phi,z)$ 仅对两个物理空间 $0 < z < \infty$ 和 $-\infty < z < 0$ 中的位置坐标有效，其中 $1/q_{\pm}^2 \neq 0$。根据式(9.5)，可得

$$\overline{A}_{x0}^{\pm}(\eta,\phi,z) = \exp(\pm ikz)\,\overline{a}_{x0}^{\pm}(\eta,\phi,z) \tag{13.11}$$

修正贝塞尔-高斯波束具有闭合形式的贝塞尔变换表示，如式(13.6)和式(13.11)所示。

2. 时均功率

修正贝塞尔-高斯波束的次级源平面 $z = 0$ 上的电磁场及其特性、感应电流密度和复功率与复变拉盖尔-高斯波束是相同的，必须使用修正贝塞尔-高斯波束相应的 $A_{x0}^{\pm}(\eta,\phi,z)$ 和 $a_{x0}^{\pm}(\eta,\phi,z)$。修正贝塞尔-高斯波束的无功功率消失，即

$$P_{im} = 0 \tag{13.12}$$

把式(13.4)中的 $\overline{a}_{x0}^{\pm}(\eta,\phi,0)$ 代入式(9.23)，对 ϕ 进行积分，得到的实功率为

$$P_{re} = c\pi\varepsilon_m \frac{N_{MB}^2 w_0^4}{4}\int_0^{\infty}\mathrm{d}\eta\,\eta\, J_m^2(\eta d_\alpha)\exp\left(-\frac{\eta^2 w_0^2}{2}\right) \tag{13.13}$$

式(13.13)的积分计算结果为

$$P_{re} = c\pi\varepsilon_m \frac{N_{MB}^2 w_0^4}{4}\exp(-v)I_m(v) \tag{13.14}$$

归一化常数选择为

$$N_{MB} = \left[\frac{8}{c\pi w_0^2 \varepsilon_m \exp(-v)I_m(v)}\right]^{1/2} \tag{13.15}$$

由式(13.14)和式(13.15)可得

$$P_{re} = 2\mathrm{W} \tag{13.16}$$

近轴波束沿 $\pm z$ 方向传输的时均功率由 $P_{MB}^{\pm}$ 表示。由对称性可得，$P_{MB}^+ = P_{MB}^-$。实功率是电流源产生的时间平均功率。它一半的能量沿 $+z$ 方向传输，另一半的能量沿 $-z$ 方向传输。由式(13.16)可得

$$P_{MB}^{+} = P_{MB}^{-} = \frac{1}{2}P_{re} = 1\text{W} \tag{13.17}$$

选择归一化常数 N_{MB}，使近轴波束沿 $\pm z$ 方向传输时间平均功率 $P_{MB}^{\pm} = 1\text{W}$。

在 $\alpha = \nu = 0$ 的限制下，修正贝塞尔-高斯波束简化为相应径向模数 $n = 0$ 的拉盖尔-高斯波束。当 $n = 0$ 时，实变和复变拉盖尔-高斯波束是相同的。从式(9.26)可得，当 $n = 0$ 时，拉盖尔-高斯波束的归一化常数为

$$N_{0m} = \left(\frac{8}{c\pi w_0^2 \varepsilon_m m!} \right)^{1/2} \tag{13.18}$$

根据文献[5]中的式(8.445)，利用 $I_m(\nu)$ 小参数近似和关系式 $\nu = (\alpha w_0/2)^2$，在 $\alpha = \nu = 0$ 的限制条件下，修正贝塞尔-高斯波束的归一化常数 N_{MB}，由式(13.18)可得

$$N_{MB} = N_{0m} \frac{2^{m/2} 2^m m!}{\alpha^m w_0^m} \tag{13.19}$$

正如预期，式(13.19)揭示了归一化常数 N_{MB} 是模数 m 的函数。在式(13.10)中，$I_m(q_{\pm}^2 \alpha \rho)$ 替换为小参数近似值，N_{MB} 替换为式(13.19)中给出的值。在 $\alpha = \nu = 0$ 的限制条件下，修正贝塞尔-高斯波束的 $A_{x0}^{\pm}(\eta,\phi,z)$ 可以由式(13.10)确定为

$$\begin{aligned} A_{x0}^{\pm}(\rho,\phi,z) &= \exp(\pm \mathrm{i}kz)\frac{N_{0m}}{\mathrm{i}k}2^{m/2}q_{\pm}^{m+2}\cos m\phi \\ &\times \left(\frac{q_{\pm}^2 \rho^2}{w_0^2} \right)^{m/2} \exp\left(-\frac{q_{\pm}^2 \rho^2}{w_0^2} \right), \quad \alpha = 0 \end{aligned} \tag{13.20}$$

当 $n = 0$ 时，式(9.16)给出的拉盖尔-高斯波束的 $A_{x0}^{\pm}(\rho,\phi,z)$，与式(13.20)给出的值相同。因此，在 $\alpha = \nu = 0$ 的限制条件下，修正贝塞尔-高斯波束与径向模数为 $n = 0$ 的拉盖尔-高斯波束完全相同。

13.2　修正贝塞尔-高斯波

对于修正贝塞尔-高斯波束的基本全波泛化，在 $|z| - \mathrm{i}b = 0$ 处搜索复空间源。$1/q_{\pm}^2 = 0$，由式(13.8)得到的复空间源为

$$C_{s,mn}(\rho,\phi,z) = \frac{N_{MB}}{\mathrm{i}k}\cos m\phi \frac{w_0^2}{2}\int_0^{\infty}\mathrm{d}\eta\eta J_m(\eta\rho)J_m(\eta d_{\alpha}) \tag{13.21}$$

$$= \frac{N_{MB}}{ik} \cos m\phi \frac{w_0^2}{2} \frac{\delta(\rho - d_\alpha)}{\rho} \tag{13.22}$$

式(9.40)用于计算式(13.22)给出的结果。式(13.21)中给出的复空间源足以推导全波的表达式。式(13.21)给出的源位于 $|z| - ib = 0$ 处，产生 $|z| > 0$ 的近轴波束。位于 $|z| = 0$ 的同一个源只产生近轴波束的渐近极限。近轴方程只是亥姆霍兹方程的近似，因此除了激励系数 S_{ex} 外，由近轴波束导出的复空间源可用于亥姆霍兹方程中推导全波的渐近极限。因此，产生亥姆霍兹方程全波解渐近极限的源由式(13.21)确定为

$$C_{s\infty,m}(\rho, \phi, z) = S_{ex} \frac{N_{MB}}{ik} \cos m\phi \frac{w_0^2}{2} \delta(z) \int_0^\infty \mathrm{d}\eta \eta J_m(\eta\rho) J_m(\eta d_\alpha) \tag{13.23}$$

对于式(13.23)给出的源，令 $G_m(\rho, \phi, z)$ 是简化亥姆霍兹方程的解，那么 $G_m(\rho, \phi, z)$ 由以下微分方程控制，即

$$\left(\frac{\partial^2}{\partial\rho^2} + \frac{1}{\rho}\frac{\partial}{\partial\rho} - \frac{m^2}{\rho^2} + \frac{\partial^2}{\partial z^2} + k^2 \right) G_m(\rho, \phi, z)$$

$$= -S_{ex} \frac{N_{MB}}{ik} \cos m\phi \frac{w_0^2}{2} \delta(z) \times \int_0^\infty \mathrm{d}\eta \eta J_m(\eta\rho) J_m(\eta d_\alpha) \tag{13.24}$$

由式(13.24)可得 $G_m(\eta, \phi, z)$ 的 m 阶贝塞尔变换 $\overline{G}_m(\eta, \phi, z)$ 满足的微分方程为

$$\left(\frac{\partial^2}{\partial\rho^2} + \zeta^2 \right) \overline{G}_m(\eta, \phi, z) = -S_{ex} \frac{N_{MB}}{ik} \cos m\phi \frac{w_0^2}{2} J_m(\eta d_\alpha) \delta(z) \tag{13.25}$$

其中，ζ 与式(9.45)给出的相同。

式(13.25)的解为

$$\overline{G}_m(\eta, \phi, z) = \frac{\mathrm{i}S_{ex}}{2} \frac{N_{MB}}{ik} \cos m\phi \frac{w_0^2}{2} J_m(\eta d_\alpha) \zeta^{-1} \exp(\mathrm{i}\zeta |z|) \tag{13.26}$$

$G_m(\rho, \phi, z)$ 可以由式(13.26)通过逆贝塞尔变换得到，从 $|z|$ 到 $|z| - ib$ 进行解析沿拓可推导 $A_x^\pm(\rho, \phi, z)$，进而可得到其近轴近似 $A_{x0}^\pm(\rho, \phi, z)$。当近轴近似 $A_{x0}^\pm(\rho, \phi, z)$ 与加入相位因子 $\exp(\pm\mathrm{i}kz)$ 的式(13.8)进行比较后，如果选择和式(9.48)中相同的 S_{ex}，可以看到 $A_x^\pm(\rho, \phi, z)$ 正好简化为初始选择的近轴波束。将该 S_{ex} 的值插入 $A_x^\pm(\rho, \phi, z)$ 的表达式，$A_x^\pm(\rho, \phi, z)$ 的最终表示式为

$$A_x^\pm(\rho, \phi, z)$$

$$= k\exp(-kb) \frac{N_{MB}}{ik} \cos m\phi \frac{w_0^2}{2} \int_0^\infty \mathrm{d}\eta \eta J_m(\eta\rho) J_m(\eta d_\alpha) \zeta^{-1} \exp(\mathrm{i}\zeta |z| - ib) \tag{13.27}$$

式(13.27)表示的全波称为基本全修正贝塞尔-高斯波。

13.3　实功率和无功功率

比较式(9.49)和式(13.27)可以发现，通过把 $N_{nm}(-1)^n 2^{-m/2}(\eta w_0)^{2n+m}$ 变化为 $N_{MB}J_m(\eta d_\alpha)$，可将复变拉盖尔-高斯波的矢势、电磁场和源电流密度转换为与修正贝塞尔-高斯波有关的相应量。因此，由式(9.64)得出的修正贝塞尔-高斯波的复功率表达式为

$$P_C = -\frac{c}{2}\int_0^\infty \mathrm{d}\rho\rho\int_0^{2\pi}\mathrm{d}\phi k\exp(-kb)N_{MB}\frac{w_0^2}{2}\cos m\phi\int_0^\infty \mathrm{d}\eta\eta J_m(\eta\rho)$$

$$\times\left(1-\frac{\gamma_m\eta^2}{2k^2}\right)J_m(\eta d_\alpha)\zeta^{-1}\exp(\zeta b)(-2)\exp(-kb)N_{MB}\frac{w_0^2}{2}\cos m\phi \qquad (13.28)$$

$$\times\int_0^\infty \mathrm{d}\overline{\eta}\,\overline{\eta}J_m(\overline{\eta}\rho)J_m(\overline{\eta}d_\varepsilon)\exp(\overline{\zeta^*}b)$$

对 ϕ 进行积分，结果为 $\pi\varepsilon_m$，其中当 $m\neq 0$ 时，$\varepsilon_m=1$；当 $m=0$ 时，$\varepsilon_m=2$。利用式(9.22)对 ρ 进行积分可得 $\delta(\eta-\overline{\eta})/\eta$。然后，对 $\overline{\eta}$ 进行积分，结果为

$$P_C = ck\exp(-2kb)\frac{N_{MB}^2 w_0^4}{4}\pi\varepsilon_m\int_0^\infty \mathrm{d}\eta\eta\left(1-\frac{\gamma_m\eta^2}{2k^2}\right)J_m^2(\eta d_\alpha)\zeta^{-1}\exp\left[b(\zeta+\zeta^*)\right] \quad (13.29)$$

其中，γ_m 由式(9.62)给出。

方位模数 $m=0$ 时实功率 P_{re} 分布曲线如图 13.1 所示。

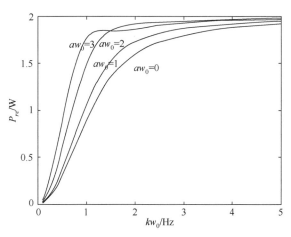

图 13.1　方位模数 $m=0$ 时实功率 P_{re} 分布曲线

无功功率 P_{im} 是 P_C 的虚部，始于 η，范围为 $k<\eta<\infty$，其中 ζ 是虚数。因此，

根据式(13.29)和式(9.45)，P_{im} 可以确定为

$$P_{im} = -ck\exp(-2kb)\frac{N_{MB}^2 w_0^4}{4}\pi\varepsilon_m\int_0^\infty \mathrm{d}\eta\eta\left(1-\frac{\gamma_m\eta^2}{2k^2}\right)J_m^2(\eta d_\alpha)(\eta^2-k^2)^{-1/2} \tag{13.30}$$

根据文献[6]中的式(3.5c)给出的 $J_m(\eta d_\alpha)$ 的渐进展开式，对于非常大的 η，式(13.30)中的整数可以近似为

$$I_\infty = -\frac{\gamma_m}{\pi k^2 d_\alpha}\int_k^\infty \mathrm{d}\eta\eta\cos^2\left(\eta d_\alpha-\frac{m\pi}{2}-\frac{\pi}{4}\right) = \infty \tag{13.31}$$

该整数是无穷大的，与式(13.31)中一致，因此

$$P_{im} = \infty \tag{13.32}$$

与基本全修正贝塞尔-高斯波相关的无功功率 P_{im} 是无穷大的。这一结果是可以预期的，因为产生全波的复空间源(式(13.22))是一个半径为 d_α 和厚度很小的丝状圆形电流环。为了得到有限的无功功率值，需要有一个有限维的复空间源。

实功率 P_{re} 是 P_C 的实部，开始于 η，范围为 $0<\eta<k$，其中 ζ 是实数。根据式(13.29)和式(9.45)，可得

$$\begin{aligned}P_{re} = &-ck\frac{2kw_0^2}{\exp(-v)I_m(v)}\int_0^k \mathrm{d}\eta\eta\left(1-\frac{\gamma_m\eta^2}{2k^2}\right)J_m^2(\eta d_\alpha)\\ &\times(k^2-\eta^2)^{-1/2}\exp\left[-2b(k-\zeta)\right]\end{aligned} \tag{13.33}$$

方位模数 $m=1$ 时实功率 P_{re} 分布曲线如图 13.2 所示。

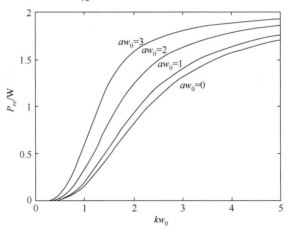

图 13.2　方位模数 $m=1$ 时实功率 P_{re} 分布曲线

N_{MB} 可由式(13.15)代入式(13.33)得到。因此，如式(13.16)所示，波幅归一化

使相应近轴波束的实功率 $P_{re} = 2\text{W}$。积分变量修改为 $\eta = k\sin\theta$，那么式(13.33)变换为

$$
\begin{aligned}
P_{re} = {} & \frac{2k^2 w_0^2}{\exp(-v)I_m(v)} \int_0^{\pi/2} \mathrm{d}\theta \sin\theta \left(1 - \frac{\gamma_m}{2}\sin^2\theta\right) \\
& \times J_m^2\left(\frac{1}{2}kw_0\alpha w_0 \sin\theta\right)\exp\left[-k^2 w_0^2(1-\cos\theta)\right]
\end{aligned}
\tag{13.34}
$$

在 $\alpha w_0/2 = v^{1/2} = 0$ 的限制条件下，对于 $n = 0$，式(13.34)化简为式(9.70)。因此，基本全修正贝塞尔-高斯波和拉格朗日高斯波在径向模数 $n = 0$ 时的实功率相同。

实功率 P_{re} 取决于 kw_0、m 和 αw_0。如图 13.1 所示，对于 $\alpha w_0 = 0,1,2,3$，$m = 0$，实功率 P_{re} 是 kw_0 在 $0.1 < kw_0 < 5$ 的函数，归一化结果使相应近轴波束的实功率为 2W。如图 13.2 所示，P_{re} 可以描述为 $m = 1$ 时 kw_0 的函数，实功率随着 kw_0 的增大而增大，并接近近轴波束的极限值。

参 考 文 献

[1] S. R. Seshadri, "Scalar modified Bessel-Gauss beams and waves," *J. Opt. Soc. Am. A* **24**, 2837–2842(2007).

[2] S. R. Seshadri, "Electromagnetic modified Bessel-Gauss beams and waves," *J. Opt. Soc. Am. A* **25**,1–8 (2008).

[3] S. R. Seshadri, "Virtual source for the Bessel-Gauss beam," *Opt. Lett.* **27**, 998–1000 (2002).

[4] S. R. Seshadri, "Quality of paraxial electromagnetic beams," *Appl. Opt.* **45**, 5335–5345 (2006).

[5] I. S. Gradshteyn and I. M. Ryzhik, *Table of Integrals, Series and Products* (Academic Press,New York, 1965).

[6] W. Magnus and F. Oberhettinger, *Functions of Mathematical Physics* (Chelsea Publishing Company,New York, 1954).

第 14 章　部分相干和部分非相干全高斯波

第一章讨论的基本高斯波束是控制方程的近似解[1]。基本高斯波束一类的全波泛化即扩展全高斯波[2-4]。在复空间中推导一个虚拟源，可以用于扩展全高斯波。为了完全确定扩展全高斯波的动力学原理，需要导出物理空间的实际次级源，它完全等价于复空间中的虚拟源[4]。次级源是一个无限小的平面电流片，它在分离电流片的两个半空间中向外发射传播的波。源、电势、场与波的周期 T_w 具有谐波时间依赖关系。

为了处理部分相干光束，Wolf 等[5-7]提出平面次级光源的概念。对于扩展全高斯波，只考虑波幅在时间上保持恒定的全相干波[3]。对于部分相干波束，波周期 T_w 是相同的，但是源振幅在时间尺度 T_w 上基本是一个常数，在较长的时间尺度 T_f 上，几乎达到成千上万个 T_w，振幅以随机方式变化[8]。对部分相干波束的处理大多局限于束腰大于波长的近轴波束，需要处理部分相干的、空间局部化的电磁波。这些电磁波超出了近轴近似，扩展到由麦克斯韦方程组控制的全波。对基本高斯波进行部分相干、空间局部化电磁波分析[9,10]，这是一种特殊情况 $(b_t/b = 0)$。在这种情况下，虚拟源与物理空间中的实际次级源相同。本章部分相干、空间局部化电磁波的处理范围扩大到包括扩展的全高斯波，其中虚拟源位于需要不同表达方式的复空间中。

利用复空间源理论，本章推导产生扩展全高斯波的矢势的积分表达式。该表达式与相应的近轴波束矢势的输入值有关。假定矢势和场在时间尺度 T_f 上波动，T_f 与 T_w 相比非常大。波周期内传播方向上的平均坡印亭矢量用输入平面上波动矢势的互谱密度表示。部分相干的、空间局部化的电磁波完全由互谱密度的输入值确定，即源平面上两点之间电磁场相关性[7-10]。对于部分相干波，即完全相干波和几乎完全相干波，假定原始谢尔模型源[11,12]是其互谱密度，对于部分非相干波(即完全非相干波和几乎完全非相干波)，交叉谱密度采用修正的谢尔模型源。修正的谢尔模型源可以再现 Goodman[13]为完全非相干源引入的 δ 函数互谱密度的极限情况，确定辐射强度和辐射功率。文献[14]研究了空间相干性对辐射强度分布和辐射功率的影响[14]。

14.1　近轴波束的扩展全波泛化

在次级源平面 $z = 0$ 上有一片无限小的电流片，源产生的电磁波在 $z > 0$ 沿 $+z$ 方向传播，在 $z < 0$ 沿 $-z$ 方向传播，源和场以 $\exp(-\mathrm{i}\omega t)$ 的形式具有谐波时间依赖性，其中 $\omega / 2\pi$ 是波的频率。源电流密度在 x 方向。产生的磁矢势 $A_x^{\pm}(x, y, z)$ 也在 x 方向。$A_x^{\pm}(x, y, z)$ 的傍轴近似由 $A_{x0}^{\pm}(x, y, z)$ 给出，下标 0 代表近轴。$A_{x0}^{\pm}(x, y, z)$ 缓慢变化的振幅 $a_{x0}^{\pm}(x, y, z)$ 定义为

$$A_{x0}^{\pm}(x, y, z) = \exp(\pm \mathrm{i}kz) a_{x0}^{\pm}(x, y, z) \tag{14.1}$$

其中，$\exp(\pm \mathrm{i}kz)$ 为快速变化的相位因子；k 为波数；$a_{x0}^{\pm}(x, y, z)$ 满足的微分方程为

$$\left(\frac{\partial^2}{\partial x^2} + \frac{\partial^2}{\partial y^2} \pm 2\mathrm{i}k \frac{\partial}{\partial z} \right) a_{x0}^{\pm}(x, y, z) = 0 \tag{14.2}$$

假设 $A_x^{\pm}(x, y, z)$、$A_{x0}^{\pm}(x, y, z)$ 和 $a_{x0}^{\pm}(x, y, z)$ 都以高斯型分布作为因子，高斯分布部分的 e 折叠距离为束腰 w_0，瑞利距离为 $b = \frac{1}{2} k w_0^2$，将 $a_{x0}^{\pm}(x, y, z)$ 的傅里叶变换表示为式中 $\overline{a}_{x0}^{\pm}(p_{x1}, p_{y1}, z)$，代入式(14.2)，可以得到 $\overline{a}_{x0}^{\pm}(p_{x1}, p_{y1}, z)$ 满足的微分方程。这个微分方程的解为

$$\overline{a}_{x0}^{\pm}(p_{x1}, p_{y1}, z) = \overline{a}_{x0}^{\pm}(p_{x1}, p_{y1}, z = 0) \exp \left[-\pi^2 w_0^2 (p_{x1}^2 + p_{y1}^2) \frac{\mathrm{i}|z|}{b} \right] \tag{14.3}$$

矢势近轴近似的输入值为 $a_{x0}^{\pm}(x_1, y_1, 0)$，它与 $A_{x0}^{\pm}(x_1, y_1, 0)$ 相同。将 $a_{x0}^{\pm}(x_1, y_1, 0)$ 的傅里叶变换 $\overline{a}_{x0}^{\pm}(p_{x_1}, p_{y_1}, 0)$ 代入式(14.3)中，并将结果进行逆变换得到 $a_{x0}^{\pm}(x, y, z)$。插入快速变化的平面波相位因子，如式(14.1)所示，磁矢势的近轴近似为

$$
\begin{aligned}
A_{x0}^{\pm}(x, y, z) = {} & \exp(\pm \mathrm{i}kz) \int_{-\infty}^{\infty} \int_{-\infty}^{\infty} \int_{-\infty}^{\infty} \int_{-\infty}^{\infty} \mathrm{d}x_1 \mathrm{d}y_1 \mathrm{d}p_{x1} \mathrm{d}p_{y1} \\
& \times a_{x0}^{\pm}(x_1, y_1, z_1 = 0) \exp \left[\mathrm{i}2\pi(p_{x1}x_1 + p_{y1}y_1) \right] \\
& \times \exp \left[-\pi^2 w_0^2 (p_{x1}^2 + p_{y1}^2) \frac{\mathrm{i}|z|}{b} \right] \exp \left[-\mathrm{i}2\pi(p_{x1}x_1 + p_{y1}y_1) \right]
\end{aligned}
\tag{14.4}
$$

在 $|z| = ib_t$ 对复空间源进行搜索，其中长度参数 b_t 的范围为 $0 \leqslant b_t \leqslant b$。因此，近轴波束的源为 $a_{x0}^{\pm}(x, y, |z| = ib_t)$。通过把源 $a_{x0}^{\pm}(x, y, |z| = ib_t)$ 移动到 $|z| = 0$，可得关于 $|z| \to \infty$ 的近轴波束的渐近值。因为近轴波动方程只是精确亥姆霍兹方程的一个近似，所以将同一个源 $a_{x0}^{\pm}(x, y, |z| = ib_t)$ 加入激励系数 S_{ex} 作为一个因子，放置在 $|z| = 0$ 的位置，并且用于亥姆霍兹方程会产生精确矢势 $A_x^{\pm}(x, y, z)$ 的渐近值。用 $G(x, y, z)$ 表示精确矢势的渐近值，那么 $G(x, y, z)$ 满足如下微分方程，即

$$\left(\frac{\partial^2}{\partial x^2} + \frac{\partial^2}{\partial y^2} + \frac{\partial^2}{\partial z^2} + k^2 \right) G(x, y, z) = -S_{ex} \delta(z) a_{x0}^{\pm}(x, y, |z| = ib_t) \tag{14.5}$$

将 $G(x, y, z)$ 的傅里叶积分表示 $\overline{G}(p_{x1}, p_{y1}, z)$ 代入式(14.5)，可以得到 $\overline{G}(p_{x1}, p_{y1}, z)$ 满足的微分方程，即

$$\left(\frac{\partial^2}{\partial x^2} + \zeta_1^2 \right) \overline{G}(p_{x1}, p_{y1}, z) = -S_{ex} \delta(z) \overline{a}_{x0}^{\pm}(p_{x1}, p_{y1}, |z| = ib_t)$$

$$= -S_{ex} \delta(z) \int_{-\infty}^{\infty} \int_{-\infty}^{\infty} dx_1 dy_1 a_{x0}^{\pm}(x_1, y_1, z_1 = 0)$$

$$\times \exp\left[i2\pi(p_{x1}x_1 + p_{y1}y_1) \right] \exp\left[\pi^2 w_0^2 (p_{x1}^2 + p_{y1}^2) \frac{b_t}{b} \right]$$

$$\tag{14.6}$$

其中

$$\zeta_n = \left[k^2 - 4\pi^2 (p_{xn}^2 + p_{yn}^2) \right]^{1/2}, \quad n = 1, 2 \tag{14.7}$$

式(14.6)给出的微分方程的解为

$$\overline{G}(p_x, p_y, z) = -\frac{iS_{ex}}{2} \int_{-\infty}^{\infty} \int_{-\infty}^{\infty} dx_1 dy_1 a_{x0}^{\pm}(x_1, y_1, z_1 = 0)$$

$$\times \exp\left[i2\pi(p_{x1}x_1 + p_{y1}y_1) \right] \exp\left[\pi^2 w_0^2 (p_{x1}^2 + p_{y1}^2) \frac{b_t}{b} \right] \tag{14.8}$$

$$\times \zeta_1^{-1} \exp(i\zeta_1 |z|)$$

通过傅里叶逆变换可得

$$
\begin{aligned}
G(x,y,z) = & \frac{\mathrm{i}S_{ex}}{2} \int_{-\infty}^{\infty}\int_{-\infty}^{\infty}\int_{-\infty}^{\infty}\int_{-\infty}^{\infty} \mathrm{d}x_1\mathrm{d}y_1\mathrm{d}p_{x1}\mathrm{d}p_{y1} \\
& \times a_{x0}^{\pm}(x_1,y_1,z_1=0)\exp\left[\mathrm{i}2\pi(p_{x1}x_1 + p_{y1}y_1)\right] \\
& \times \exp\left[\pi^2 w_0^2(p_{x1}^2 + p_{y1}^2)\frac{b_t}{b}\right]\exp\left[-\mathrm{i}2\pi(p_{x1}x + p_{y1}y)\right] \\
& \times \zeta_1^{-1}\exp(\mathrm{i}\zeta_1|z|)
\end{aligned}
\tag{14.9}
$$

通过 $G(x,y,z)$ 从 $|z|$ 到 $(|z|-\mathrm{i}b_t)$ 的解析沿拓，可以确定精确的矢势为

$$
\begin{aligned}
A_x^{\pm}(x,y,z) = & \frac{\mathrm{i}S_{ex}}{2} \int_{-\infty}^{\infty}\int_{-\infty}^{\infty}\int_{-\infty}^{\infty}\int_{-\infty}^{\infty} \mathrm{d}x_1\mathrm{d}y_1\mathrm{d}p_{x1}\mathrm{d}p_{y1} \\
& \times a_{x0}^{\pm}(x_1,y_1,z_1=0)\exp\left[\mathrm{i}2\pi(p_{x1}x_1 + p_{y1}y_1)\right] \\
& \times \exp\left[\pi^2 w_0^2(p_{x1}^2 + p_{y1}^2)\frac{b_t}{b}\right]\exp\left[-\mathrm{i}2\pi(p_{x1}x + p_{y1}y)\right] \\
& \times \zeta_1^{-1}\exp\left[\mathrm{i}\zeta_1(|z|-\mathrm{i}b_t)\right]
\end{aligned}
\tag{14.10}
$$

在近轴近似条件下，$k^2 \gg 4\pi^2(p_{x1}^2 + p_{y1}^2)$。在其振幅项中，$\zeta_1$ 近似于 k。在相位项中，ζ_1 近似为

$$
\zeta_1 = k - \frac{\pi^2 w_0^2}{b}(p_{x1}^2 + p_{y1}^2)
\tag{14.11}
$$

因此，根据式(14.10)，近轴近似确定为

$$
\begin{aligned}
A_{x0}^{\pm}(x,y,z) = & \exp(\pm\mathrm{i}kz)\frac{\mathrm{i}S_{ex}}{2k}\exp(kb_t)\int_{-\infty}^{\infty}\int_{-\infty}^{\infty}\int_{-\infty}^{\infty}\int_{-\infty}^{\infty} \mathrm{d}x_1\mathrm{d}y_1\mathrm{d}p_{x1}\mathrm{d}p_{y1} \\
& \times a_{x0}^{\pm}(x_1,y_1,z_1=0)\exp\left[\mathrm{i}2\pi(p_{x1}x_1 + p_{y1}y_1)\right] \\
& \times \exp\left[-\pi^2 w_0^2(p_{x1}^2 + p_{y1}^2)\frac{\mathrm{i}|z|}{b}\right]\exp\left[-\mathrm{i}2\pi(p_{x1}x + p_{y1}y)\right]
\end{aligned}
\tag{14.12}
$$

激励系数选择为

$$
S_{ex} = -2\mathrm{i}k\exp(-kb_t)
\tag{14.13}
$$

则式(14.12)～式(14.4)是一致的。因此，如果根据式(14.13)选择 S_{ex}，那么式(14.10)给出的精确矢势在近轴极限下与式(14.4)一致。将式(14.13)代入式(14.10)，精确的矢势为

$$A_x^{\pm}(x,y,z) = k\exp(-kb_t)\int_{-\infty}^{\infty}\int_{-\infty}^{\infty}\int_{-\infty}^{\infty}\int_{-\infty}^{\infty}\mathrm{d}x_1\mathrm{d}y_1\mathrm{d}p_{x1}\mathrm{d}p_{y1}$$
$$\times a_{x0}^{\pm}(x_1,y_1,z_1=0)\exp\left[\mathrm{i}2\pi(p_{x1}x_1+p_{y1}y_1)\right]$$
$$\times \exp\left[\pi^2 w_0^2(p_{x1}^2+p_{y1}^2)\frac{b_t}{b}\right]\exp\left[-\mathrm{i}2\pi(p_{x1}x+p_{y1}y)\right]$$
$$\times \zeta_1^{-1}\exp[\mathrm{i}\zeta_1(|z|-\mathrm{i}b_t)]$$

$$(14.14)$$

式(14.14)是与近轴高斯波束的扩展全波泛化相关的精确矢势，其输入分布由 $a_{x0}^{\pm}(x,y,0)$ 给出。

14.2　互　谱　密　度

分别使用式(D.30)和式(D.33)可以获得确定坡印亭矢量 z 分量所需的电磁场 $E_x(x,y,z)$ 和 $H_y(x,y,z)$，即

$$E_x^{\pm}(x,y,z) = k\exp(-kb_t)\int_{-\infty}^{\infty}\int_{-\infty}^{\infty}\int_{-\infty}^{\infty}\int_{-\infty}^{\infty}\mathrm{d}x_1\mathrm{d}y_1\mathrm{d}p_{x1}\mathrm{d}p_{y1}$$
$$\times a_{x0}^{\pm}(x_1,y_1,z_1=0)\exp\left[\mathrm{i}2\pi(p_{x1}x_1+p_{y1}y_1)\right]$$
$$\times \exp\left[\pi^2 w_0^2(p_{x1}^2+p_{y1}^2)\frac{b_t}{b}\right]\mathrm{i}k\left(1-\frac{4\pi^2 p_{x1}^2}{k^2}\right)$$
$$\times \exp\left[-\mathrm{i}2\pi(p_{x1}x_1+p_{y1}y_1)\right]\zeta_1^{-1}\exp\left[\mathrm{i}\zeta_1(|z|-\mathrm{i}b_t)\right]$$

$$(14.15)$$

$$H_y^{\pm}(x,y,z) = \pm k\exp(-kb_t)\int_{-\infty}^{\infty}\int_{-\infty}^{\infty}\int_{-\infty}^{\infty}\int_{-\infty}^{\infty}\mathrm{d}x_2\mathrm{d}y_2\mathrm{d}p_{x2}\mathrm{d}p_{y2}$$
$$\times a_{x0}^{\pm}(x_2,y_2,z_2=0)\exp\left[\mathrm{i}2\pi(p_{x2}x_2+p_{y2}y_2)\right]$$
$$\times \exp\left[\pi^2 w_0^2(p_{x2}^2+p_{y2}^2)\frac{b_t}{b}\right]\exp\left[-\mathrm{i}2\pi(p_{x2}x_2+p_{y2}y_2)\right]$$
$$\times \mathrm{i}\exp\left[\mathrm{i}\zeta_2(|z|-\mathrm{i}b_t)\right]$$

$$(14.16)$$

对于扩展完全高斯波，电磁场是完全相干的，振幅不随时间随机变化。矢势近轴近似的输入值 $a_{x0}^{\pm}(x,y,z=0)$ 是已知的。式(14.15)和式(14.16)中的积分可以被评估。一般情况下，都存在波动，源电流密度是一个随机函数，不能确定。电流源的一些特性是已知的。电磁波周期为 T_w，电流振幅随机变化的时间尺度为 T_f。众所周知，$T_w \ll T_f$。例如，对于光波，波的周期是飞秒级的，而波动的时间尺度是皮秒级。因此，波动量在一个波周期内近似为常数。通过对一个波周期的时间平均，可以从式(14.15)和式(14.16)中找到 $+z$ 方向的坡印亭矢量，即

$$S_z(r,t) = \frac{ck^2}{2} \exp(-kb_t) \operatorname{Re} \int_{-\infty}^{\infty} \int_{-\infty}^{\infty} \int_{-\infty}^{\infty} \int_{-\infty}^{\infty} \int_{-\infty}^{\infty} \int_{-\infty}^{\infty} \int_{-\infty}^{\infty} \int_{-\infty}^{\infty} dx_1 dy_1$$

$$\times dp_{x1} dp_{y1} \, dx_2 dy_2 dp_{x2} dp_{y2} a_{x0}^{\pm}(x_1, y_1, z_1 = 0) a_{x0}^{\pm*}(x_2, y_2, z_2 = 0)$$

$$\times \exp\left[i2\pi(p_{x1}x_1 + p_{y1}y_1) \right] \exp\left[\pi^2 w_0^2 (p_{x1}^2 + p_{y1}^2) \frac{b_t}{b} \right]$$

$$\times ik\left(1 - \frac{4\pi^2 p_{x1}^2}{k^2} \right) \exp\left[-i2\pi(p_{x1}x + p_{y1}y) \right] \quad (14.17)$$

$$\times \zeta_1^{-1} \exp\left[i\zeta_1(|z| - ib_t) \right]$$

$$\times \exp\left[-i2\pi(p_{x2}x_2 + p_{y2}y_2) \right] \exp\left[\pi^2 w_0^2 (p_{x2}^2 + p_{y2}^2) \frac{b_t}{b} \right]$$

$$\times \exp\left[i2\pi(p_{x2}x + p_{y2}y) \right] (-i) \exp\left[-i\zeta_2^*(|z| + ib_t) \right]$$

其中，c 为自由空间电磁波速度；*表示复共轭。

波动引起的时间上的缓慢变化出现在 $S_z(r,t)$ 中。微弱波动源会在局部空间产生一个围绕 z 轴的电磁波，用于观察电磁波传播特性的探测器有一个响应时间 T_d，其中 $T_f \ll T_d$ [8]。例如，对于光波来说，用于观测的探测器的分辨时间大约是 1ns。对于探测器来说，坡印亭矢量在整个波周期内的随机变化太快，无法测量，只能观测到占探测器响应时间的长时间平均值。不是在探测器的长响应时间内求平均值 $S_z(r,t)$，而是取集合的平均值。为此，波动由统计平稳集合 $\{a_x^{\pm}(x,y,z=0)\}$ 表征，其中 $a_x^{\pm}(x,y,z=0)$ 是源平面上矢势的近轴近似。式(14.17)的集合平均值为

$$S_z(r) = \frac{ck^2}{2} \exp(-2kb_t) \operatorname{Re} \int_{-\infty}^{\infty} \int_{-\infty}^{\infty} \int_{-\infty}^{\infty} \int_{-\infty}^{\infty} \int_{-\infty}^{\infty} \int_{-\infty}^{\infty} \int_{-\infty}^{\infty} \int_{-\infty}^{\infty} dx_1 dy_1$$

$$\times dp_{x1} dp_{y1} \, dx_2 dy_2 dp_{x2} dp_{y2} C_0(x_1, y_1; x_2, y_2)$$

$$\times \exp\left[i2\pi(p_{x1}x_1 + p_{y1}y_1) \right] \exp\left[\pi^2 w_0^2 (p_{x1}^2 + p_{y1}^2) \frac{b_t}{b} \right]$$

$$\times ik\left(1 - \frac{4\pi^2 p_{x1}^2}{k^2} \right) \exp\left[-i2\pi(p_{x1}x + p_{y1}y) \right] \quad (14.18)$$

$$\times \zeta_1^{-1} \exp\left[i\zeta_1(|z| - ib_t) \right]$$

$$\times \exp\left[-i2\pi(p_{x2}x_2 + p_{y2}y_2) \right] \exp\left[\pi^2 w_0^2 (p_{x2}^2 + p_{y2}^2) \frac{b_t}{b} \right]$$

$$\times \exp\left[i2\pi(p_{x2}x + p_{y2}y) \right] (-i) \exp\left[-i\zeta_2^*(|z| + ib_t) \right]$$

其中

$$C_0(x_1,y_1;x_2,y_2) = \left\langle a_{x0}^{\pm}(x_1,y_1,z_1=0) \quad a_{x0}^{\pm*}(x_2,y_2,z_2=0) \right\rangle \tag{14.19}$$

其中，集合上的平均值用尖括号表示；$C_0(x_1,y_1;x_2,y_2)$ 为输入平面 $z=0$ 上波动矢量位的互谱密度；下标 0 表示 $z=0$ 平面。

根据式(14.18)计算辐射强度分布和总辐射功率。这些导出的量与输入平面上波动矢势的互谱密度有关。辐射强度分布和总辐射功率的观测值是物理上有效的输入量[9]。对反问题求解可得源平面上波动矢势的物理有效互谱密度。求解反问题的一种近似方法是求出源平面上波动矢势的几个假设互谱密度正问题的解，并确定观测到的辐射强度分布和总功率的输入互谱密度。由此确定的输入平面波动矢势的互谱密度在物理上是有效的。我们从求解反问题开始，利用由麦克斯韦方程组控制的扩展全高斯波，可以完全解决源平面上矢势的一个假设互谱密度正问题。

对于由波动平面电流源产生的基本高斯波束，互谱密度的谢尔模型[11,12]为

$$C_{0,w}(x_1,y_1;x_2,y_2) = N_w^2 \exp\left(-\frac{x_1^2+y_1^2}{w_0^2}\right)\exp\left(-\frac{x_2^2+y_2^2}{w_0^2}\right)g_w(x_1,y_1;x_2,y_2)$$

$$\tag{14.20}$$

其中，N_w 为归一化常数。

空间相干性的复杂度为

$$g_w(x_1,y_1;x_2,y_2) = \exp\left\{-\frac{\left[(x_1-x_2)^2+(y_1-y_2)^2\right]}{\sigma_g^2}\right\} \tag{14.21}$$

其中，σ_g 为相干长度。

对于 $x_1-x_2 \neq 0$ 和 $y_1-y_2 \neq 0$，以及 $x_1=x_2$ 和 $y_1=y_2$，当 $\sigma_g=\infty$ 时，$g_w(x_1,y_1;x_2,y_2)=1$。对于全相干波束，$\sigma_g=\infty$ 且 $g_w(x_1,y_1;x_2,y_2)=1$。然后，平面源对全相干基本高斯波束进行全波泛化，该高斯波束在输入平面具有束腰 w_0。全相干 fc 基本高斯波束的互谱密度为

$$C_{0,fc}(x_1,y_1;x_2,y_2) = N_{fc}^2 \exp\left(-\frac{x_1^2+y_1^2}{w_0^2}\right)\exp\left(-\frac{x_2^2+y_2^2}{w_0^2}\right) \tag{14.22}$$

对于 $\sigma_g \neq \infty$，也就是说，对于有限和非零 σ_g 值，式(14.20)和式(14.21)给出了部分相干波束的谢尔模型互谱密度。

对于波动平面电流源发射的基本高斯波束，Goodman[13]给出了非相干波束的

互谱密度，即

$$C_{0,in}(x_1,y_1;x_2,y_2) = N_{in}^2 \exp\left(-\frac{x_1^2+y_1^2}{w_0^2}\right)\exp\left(-\frac{x_2^2+y_2^2}{w_0^2}\right)\delta(x_1-x_2)\delta(y_1-y_2)$$

(14.23)

对于 $x_1 - x_2 \neq 0$ 和 $y_1 - y_2 \neq 0$，当 $\sigma_g = 0$ 时，$g_w(x_1,y_1;x_2,y_2) = 0$。对于 $x_1 - x_2 = 0$ 和 $y_1 - y_2 = 0$，当 $\sigma_g = \infty$ 时，$g_w(x_1, y_1;x_2,y_2) = 0$。当 $\sigma_g = 0$ 时，$\int_{-\infty}^{\infty}\int_{-\infty}^{\infty} g_w(x_1, y_1;x_2,y_2)\mathrm{d}(x_1-x_2)\mathrm{d}(y_1-y_2) = \pi\sigma_g^2 = 0$。因此，式 (14.20) 和式 (14.21) 中的 $C_{0,w}(x_1,y_1;x_2,y_2)$ 不能随着 $\sigma_g \to 0$ 简化为式(14.23)。$C_{0,w}(x_1,y_1;x_2,y_2)$ 不能表示全非相干基本高斯波束的互谱密度。对于具有微弱 w 波动的源电流密度，这种波动会产生全相干 ($\sigma_g = \infty$) 和几乎完全相干或部分相干波束(σ_g 有限且不为 0)，式(14.20)和式(14.21)中的 $C_{0,w}(x_1,y_1;x_2,y_2)$ 可以表示波动电流源的互谱密度。

对于由波动平面电流源产生的基本高斯波束，考虑互谱密度的谢尔模型，修改为

$$C_{0,s}(x_1,y_1;x_2,y_2) = N_s^2 \exp\left(-\frac{x_1^2+y_1^2}{w_0^2}\right)\exp\left(-\frac{x_2^2+y_2^2}{w_0^2}\right)g_s(x_1,y_1;x_2,y_2) \qquad (14.24)$$

其中，N_s 为归一化常数；空间相干性的修正复杂度 $g_s(x_1,y_1;x_2,y_2)$ 为

$$g_s(x_1,y_1;x_2,y_2) = \frac{1}{\pi\sigma_g^2}\exp\left\{-\frac{\left[(x_1-x_2)^2+(y_1-y_2)^2\right]}{\sigma_g^2}\right\} \qquad (14.25)$$

对于 $x_1 - x_2 \neq 0$ 和 $y_1 - y_2 \neq 0$，当 $\sigma_g \to 0$ 时，$g_s(x_1,y_1;x_2,y_2) = 0$。同样，对于 $x_1 = x_2$ 和 $y_1 = y_2$，当 $\sigma_g \to 0$ 时，$g_w(x_1,y_1;x_2,y_2) = \infty$，而且

$$\int_{-\infty}^{\infty}\int_{-\infty}^{\infty} g_s(x_1,y_1;x_2,y_2)\mathrm{d}(x_1-x_2)\mathrm{d}(y_1-y_2) = 1$$

它与 σ_g 相互独立。因此，随着 $\sigma_g \to 0$，式(14.24)式(14.25)中的 $C_{0,s}(x_1,y_1;x_2,y_2)$ 简化为式(14.23)。式(14.24)和式(14.25)中的 $C_{0,s}(x_1,y_1;x_2,y_2)$ 可用来表示完全非相干基本高斯波束在受限情况下的互谱密度。

对于 $x_1 - x_2 \neq 0$ 和 $y_1 - y_2 \neq 0$，$x_1 = x_2$ 和 $y_1 = y_2$，当 $\sigma_g \to \infty$ 时，$g_s(x_1,y_1;x_2,y_2) = 0$。因此，$C_{0,s}(x_1,y_1;x_2,y_2)$ 不能表示全相干基本高斯波束在有限情况下的互谱密度。对于具有强烈波动的源电流密度，这种波动会产生全相干 ($\sigma_g = 0$) 和几乎

全相干或部分相干波束（σ_g 为 0，是有限的），式(14.24)和式(14.25)中的 $C_{0,s}(x_1,y_1;$ $x_2,y_2)$ 可以用来表示波动电流源的互谱密度。

首先，我们处理全相干和几乎全相干或部分相干的基本高斯波束。引入公共（c）和差分（d）坐标，即

$$u_c = \frac{1}{2}(u_1 + u_2), \quad u_d = u_1 - u_2, \quad u = x,y \tag{14.26}$$

式(14.19)可以转化为

$$W_0(x_d,y_d;x_c,y_c) = C_0\left(x_c + \frac{1}{2}x_d, y_c + \frac{1}{2}y_d, x_c - \frac{1}{2}x_d, y_c - \frac{1}{2}y_d\right) \tag{14.27}$$

对于由波动矢势产生的基本高斯波束的全波泛化，假定近轴极限的互谱密度为谢尔模型[11,12]，如式(14.20)和式(14.21)所示。用公共坐标和差分坐标表示，谢尔模型的互谱密度[10]为

$$W_{0,w}(x_d,y_d;x_c,y_c) = N_w^2 \exp\left[-\frac{2(x_c^2 + y_c^2)}{w_0^2}\right] \exp\left(-\frac{x_d^2 + y_d^2}{\sigma_t^2}\right) \tag{14.28}$$

其中，N_w 为后续分析中所选的归一化常数。

$$\frac{1}{\sigma_t^2} = \frac{1}{2w_0^2} + \frac{1}{\sigma_g^2} \tag{14.29}$$

其中，σ_g 为具有长度维的相干参数，表征源的空间相干特性。

对于全相干源，$\sigma_g = \infty$、$\sigma_t^2 = 2w_0^2$，基本高斯波束是在近轴近似下产生的。

谢尔模型源已经用于部分相干波的处理，因为它们对于部分相干波给出了直观可接受的结果[6,7,9]。谢尔模型源可以进行充分的理论分析，推导辐射强度分布的解析表达式。

14.3　部分相干源的辐射强度

由于 $z < 0$ 方向的传播特性是由对称性获得的，因此只考虑 $z > 0$ 方向的传播。从式(14.18)和式(14.27)可以看出，该方向传输的功率为

$$P^+ = \int_{-\infty}^{\infty}\int_{-\infty}^{\infty} \mathrm{d}x\mathrm{d}y S_z(r) \tag{14.30}$$

将 $S_z(r) > 0$ 代入式(14.30)，并对 x 和 y 进行积分，可以得出 $\delta(p_{x1} - p_{x2})$ 和 $\delta(p_{y1} - p_{y2})$。然后，对 p_{x2} 和 p_{y2} 积分，结果为

$$P^+ = \frac{ck^3}{2}\exp(-2kb_t)\,\mathrm{Re}\int_{-\infty}^{\infty}\int_{-\infty}^{\infty}\int_{-\infty}^{\infty}\int_{-\infty}^{\infty}\int_{-\infty}^{\infty}\int_{-\infty}^{\infty}\mathrm{d}x_1\mathrm{d}y_1$$
$$\times \mathrm{d}x_2\mathrm{d}y_2\mathrm{d}p_{x1}\mathrm{d}p_{y1}W_{0,w}(x_d,y_d;x_c,y_c)$$
$$\times \exp\Big[\mathrm{i}2\pi(p_{x1}x_d + p_{y1}y_d)\Big]\exp\Big[2\pi^2 w_0^2(p_{x1}^2 + p_{y1}^2)\frac{b_t}{b}\Big] \tag{14.31}$$
$$\times \left(1-\frac{4\pi^2 p_{x1}^2}{k^2}\right)\zeta_1^{-1}\exp\Big[\mathrm{i}z(\zeta_1 - \zeta_1^*) + b_t(\zeta_1 + \zeta_1^*)\Big]$$

式(14.28)代入式(14.31)时，被积函数中的 x_1 和 x_2 仅出现在 x_d 和 x_c 的组合中。因此，变量从 x_1 和 x_2 变为 x_d 和 x_c。雅可比变换是统一的，(y_1,y_2) 积分也存在完全相似的情况。x_1 和 x_2 积分可由下式给出，即

$$I_{x1x2} = \int_{-\infty}^{\infty}\mathrm{d}x_c\exp\left(-\frac{2x_c^2}{w_0^2}\right)\int_{-\infty}^{\infty}\mathrm{d}x_d\exp\left(-\frac{x_d^2}{\sigma_t^2}\right)\exp(\mathrm{i}2\pi p_{x1}x_d) \tag{14.32}$$

$$= \frac{\pi}{\sqrt{2}}w_0\sigma_t\exp(-\pi^2\sigma_t^2 p_{x1}^2) \tag{14.33}$$

对式(14.32)中的积分进行计算，结果如式(14.33)所述。类似地，对 y_1 和 y_2 进行积分，可得

$$I_{y1y2} = \frac{\pi}{\sqrt{2}}w_0\sigma_t\exp(-\pi^2\sigma_t^2 p_{y1}^2) \tag{14.34}$$

将式(14.28)、式(14.33)和式(14.34)代入式(14.31)，P^+ 可表示为

$$P^+ = N_w^2\frac{ck^3}{4}\exp(-2kb_t)\pi^2 w_0^2\sigma_t^2\,\mathrm{Re}\int_{-\infty}^{\infty}\int_{-\infty}^{\infty}\mathrm{d}p_{x1}\mathrm{d}p_{y1}$$
$$\times \exp\left[-2\pi^2 w_0^2\left(w_\sigma^2 - \frac{b_t}{b}\right)(p_{x1}^2 + p_{y1}^2)\right]\left(1-\frac{4\pi^2 p_{x1}^2}{k^2}\right) \tag{14.35}$$
$$\times \zeta_1^{-1}\exp\Big[\mathrm{i}z(\zeta_1 - \zeta_1^*) + b_t(\zeta_1 + \zeta_1^*)\Big]$$

其中

$$w_\sigma^2 = \left(1 + \frac{2w_0^2}{\sigma_g^2}\right)^{-1} \tag{14.36}$$

对于全相干波束，$\sigma_g = \infty$，式(14.36)中括号内的第二项与第一项相比为零。对于完全非相干波束，式(14.36)中的第二项与第一项相比是无穷大的。随着 σ_g 从

∞ 减小到 $\sqrt{2}w_0$，第二项小于或等于第一项，即 $\infty \geqslant \sigma_g^2/2w_0^2 \geqslant 1$。这个范围包括全相干波束。类似地，随着 σ_g 从 0 增加到 $\sigma_g = \sqrt{2}w_0$，第二项大于或等于第一项，即 $1 \geqslant \sigma_g^2/2w_0^2 \geqslant 0$。这个范围包括完全非相干波束。分离几乎相干和几乎非相干波束的一种可能的方法是将距离 $\infty \geqslant \sigma_g^2/2w_0^2 \geqslant 1$ 定义为部分相干波束，将距离 $1 \geqslant \sigma_g^2/2w_0^2 \geqslant 0$ 定义为部分非相干波束。因此，我们使用由式(14.28)给出的谢尔模型互谱密度描述距离 $\infty \geqslant \sigma_g^2/2w_0^2 \geqslant 1$ 定义的部分相干波束。部分相干波束的 w_σ 对应范围为 $1 \geqslant w_\sigma \geqslant 0.7$，其中 $w_\sigma = 1$ 对应于全相干波束。

改变积分变量为 $2\pi p_{x1} = p\cos\phi$ 和 $2\pi p_{y1} = p\sin\phi$，式(14.35)变换为

$$P^+ = N_w^2 \frac{ck^2}{16} w_0^2 \sigma_t^2 \exp(-2kb_t) \mathrm{Re} \int_0^\infty \mathrm{d}pp$$
$$\times \int_0^{2\pi} \mathrm{d}\phi \left(1 - \frac{p^2}{k^2}\cos^2\phi\right) \exp\left[-\frac{w_0^2}{2}\left(w_\sigma^2 - \frac{b_t}{b}\right)p^2\right] \quad (14.37)$$
$$\times \xi^{-1}\exp\left[izk(\xi - \xi^*) + kb_t(\xi + \xi^*)\right]$$

其中

$$\xi = \left(1 - \frac{p^2}{k^2}\right)^{1/2} \quad (14.38)$$

对于 $k < p < \infty$，ξ 是虚数，式(14.37)的被积函数也是虚数。因此，实部为零，并且不对 P^+ 产生贡献。式(14.37)给出的 P^+ 简化为

$$P^+ = N_w^2 \frac{ck^2}{16} w_0^2 \sigma_t^2 \int_0^k \mathrm{d}pp \int_0^{2\pi} \mathrm{d}\phi \left(1 - \frac{p^2}{k^2}\cos^2\phi\right)$$
$$\times \exp\left[-\frac{w_0^2}{2}\left(w_\sigma^2 - \frac{b_t}{b}\right)p^2\right] \times \xi^{-1}\exp\left[-2kb_t(1-\xi)\right] \quad (14.39)$$

首先，考虑近轴极限 $p^2/k^2 \ll 1$。然后，振幅中的 ξ 近似为 1，在相位中近似为 $1 - p^2/k^2$。p^2/k^2 与振幅项 $(1 - p^2\cos^2\phi/k^2)$ 中的 1 相比可以忽略，则式(14.39)可以简化为

$$P_0^+ = N_w^2 \frac{ck^2}{16} w_0^2 \sigma_t^2 \int_0^k \mathrm{d}pp \int_0^{2\pi} \mathrm{d}\phi \exp\left(-\frac{1}{4}\sigma_t^2 p^2\right) \quad (14.40)$$

其中，P^+ 的下标 0 代表近轴。

因为在近轴极限 $k^2 \gg p^2$，p 积分的上限被替换为 ∞。然后，对式(14.40)中的积分进行求解，即

$$P_0^+ = N_w^2 \frac{ck^2}{4} \pi w_0^2 \tag{14.41}$$

正如预期的，在近轴极限下，辐射功率与矢势的波动无关[15,8]。归一化常数选择为

$$N_w = \left(\frac{4}{c\pi w_0^2 k^2} \right)^{1/2} \tag{14.42}$$

对于 N_w 这种选择，近轴波束在 $+z$ 方向上传输的功率由 $P_0^+ = 1\text{W}$ 表示。

对于 N_w 选择的值，式(14.39)转换为

$$
\begin{aligned}
P^+ = {} & \frac{\sigma_t^2}{4\pi} \int_0^k \mathrm{d}p\, p \int_0^{2\pi} \mathrm{d}\phi \left(1 - \frac{p^2}{k^2} \cos^2\phi \right) \\
& \times \exp\left[-\frac{w_0^2}{2} \left(w_\sigma^2 - \frac{b_t}{b} \right) p^2 \right] \times \xi^{-1} \exp\left[-2kb_t(1-\xi) \right]
\end{aligned}
\tag{14.43}
$$

根据 $p = k\sin\theta$，改变变量 p 能够将式(14.43)转换为

$$P^+ = \int_0^{\pi/2} \mathrm{d}\theta \sin\theta \int_0^{2\pi} \mathrm{d}\phi\, \Phi(\theta,\phi) \tag{14.44}$$

其中

$$
\begin{aligned}
\Phi(\theta,\phi) = {} & \frac{k^2 w_0^2 w_\sigma^2}{2\pi} (1 - \sin^2\theta \cos^2\phi) \\
& \times \exp\left[-\frac{1}{2} k^2 w_0^2 \left(w_\sigma^2 - \frac{b_t}{b} \right) \sin^2\theta \right] \\
& \times \exp\left[-k^2 w_0^2 \frac{b_t}{b} (1 - \cos\theta) \right]
\end{aligned}
\tag{14.45}
$$

从式(14.44)和式(14.45)可以看出，$\Phi(\theta,\phi)$ 是基本高斯波束的部分相干、扩展全波泛化的辐射强度。

对于全相干的、扩展的全高斯波，$w_\sigma = 1$。式(14.45)在 $w_\sigma = 1$ 给出的辐射强度与式(6.22)给出的扩展全高斯波的辐射强度表达一致。辐射强度 $\Phi(\theta,\phi)$ 和时均功率 P^+ 取决于 b_t/b、kw_0、w_σ。$\Phi(\theta,\phi)$ 和 P^+ 的各种特性取决于这些参数的值。

辐射特性仅根据这些参数的选择变化而给出。波动参数 w_σ 很重要。随着波动的增加，w_σ 从对应于全相干波的 1 减小到对应于完全非相干波的 0。考虑 $b_t/b=1$ 的极值，在图 14.1 中，对于 $\phi=90°$ 和 $kw_0=1.563$，基本全高斯波 ($b_t/b=1$) 的辐射强度可以表示为 θ 的函数，θ 的范围为 $0°<\theta<90°$。归一化使相应近轴波束在 $+z$ 方向的功率为 1W。随着波动的增加，峰值强度减小，局域波变得更宽。一般来说，随着波动的增加，峰值强度减小且其分布的宽度变大。与部分相干基本高斯波对应的另一个极限情况的处理见文献[10]。部分相干基本高斯波 ($b_t/b=0$) 的结果与部分相干基本全高斯波的结果相似。

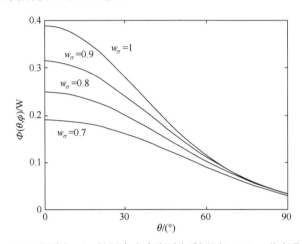

图 14.1　部分相干、扩展完全高斯波辐射强度 $\Phi(\theta,\phi)$ 分布曲线

14.4　部分相干源的时均功率

由式(14.44)和式(14.45)可计算沿 $+z$ 方向传输的总功率 P^+。P^+ 是 kw_0、b_t/b 和 w_σ 的函数。在图 14.2 中，沿 $+z$ 方向传输的功率 P^+ 是 kw_0 的函数，其中 $1<kw_0<5$，$b_t/b=1$。归一化和图 14.1 相同，使 $+z$ 方向相应的近轴 ($kw_0\to\infty$) 波束携带的功率为 1W。如图 14.2 所示，沿 $+z$ 方向传输的功率 P^+ 随 kw_0 的增加而增加，并接近 1W。对于 kw_0 足够小且远低于近轴区域的情况，功率 P^+ 随着波动强度的增加而减小，也就是说，随着相干长度减小而减小。在文献[10]中，当 $b_t/b=0$ 时，显示相应的结果。因此，一般来说，功率 P^+ 随着 kw_0 的增加而增加，并接近 1W。对于近轴区域以下的 kw_0，P^+ 随着波动强度的增加而减小。在图 14.3 中，沿 $+z$ 方向传输的功率 P^+ 显示为 b_t/b 的函数，其中 $0<b_t/b<1$、$kw_0=1.563$。归一化与图 14.2 相同。从图 14.3 可以发现，对于所有相干长度，沿 $+z$ 方向传输

的功率 P^+ 随着 b_t/b 从 0 增加到 1 而减小。对于固定的 b_t/b 值，功率 P^+ 随相干长度的减小而减小，或等效地随 w_σ 的减小而减小。

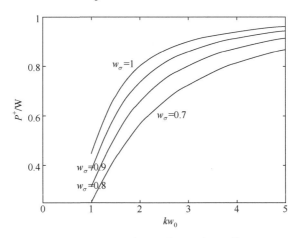

图 14.2　部分相干扩展全高斯波传输功率 P^+ 是 kw_0 的函数

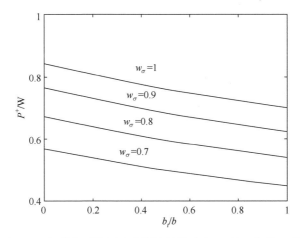

图 14.3　部分相干扩展全高斯波传输功率 P^+ 是 b_t/b 的函数

14.5　部分非相干源的辐射强度

对于完全非相干源，我们使用式(14.23)给出的互谱密度，将式(14.23)代入式(14.27)，可得

$$W_{0,in}(x_d,y_d;x_c,y_c) = N_{in}^2 \exp\left[-\frac{2(x_c^2+y_c^2)}{w_0^2}\right] \exp\left[-\frac{(x_d^2+y_d^2)}{2w_0^2}\right] \delta(x_d)\delta(y_d)$$

(14.46)

式(14.46)代入式(14.31)。在被积函数中，x_1 和 x_2 只出现在 x_d 和 x_c 的组合中。变量从 x_1 和 x_2 更改为 x_d 和 x_c。(y_1, y_2) 积分也存在类似的情况。对 x_d 与 x_c，以及 y_d 与 y_c 进行积分，式(14.31)可简化为

$$
\begin{aligned}
P^+ = {}& N_{in}^2 \frac{ck^3}{4} \exp(-2kb_t) \pi w_0^2 \, \mathrm{Re} \int_{-\infty}^{\infty} \int_{-\infty}^{\infty} \mathrm{d}p_{x1} \mathrm{d}p_{y1} \\
& \times \exp\left[2\pi^2 w_0^2 \frac{b_t}{b}(p_{x1}^2 + p_{y1}^2) \right] \left(1 - \frac{4\pi^2 p_{x1}^2}{k^2} \right) \\
& \times \xi_1^{-1} \exp\left[iz(\zeta_1 - \zeta_1^*) + b_t(\zeta_1 + \zeta_1^*) \right]
\end{aligned}
\tag{14.47}
$$

引入由 $2\pi p_{x1} = p\cos\phi$ 和 $2\pi p_{y1} = p\sin\phi$ 定义的新积分变量，式(14.47)可改写为

$$
\begin{aligned}
P^+ = {}& N_{in}^2 \frac{ck^2}{16} \frac{w_0^2}{\pi} \exp(-2kb_t) \, \mathrm{Re} \int_0^{\infty} \mathrm{d}p \, p \int_0^{2\pi} \mathrm{d}\phi \left(1 - \frac{p^2}{k^2}\cos^2\phi \right) \exp\left(\frac{w_0^2}{2} \frac{b_t}{b} p^2 \right) \\
& \times \xi^{-1} \exp\left[ikz(\xi - \xi^*) + kb_t(\xi + \xi^*) \right]
\end{aligned}
\tag{14.48}
$$

其中，ξ 由式(14.38)给出。

与以前一样，$k < p < \infty$ 范围内的 p 没有对 P^+ 产生贡献。设置 $p = k\sin\theta$，式(14.48)可变为

$$
\begin{aligned}
P^+ = {}& N_{in}^2 \frac{ck^2}{8} k^2 w_0^2 \frac{1}{2\pi} \int_0^{\pi/2} \mathrm{d}\theta \sin\theta \int_0^{2\pi} \mathrm{d}\phi (1 - \sin^2\theta\cos^2\phi) \\
& \times \exp\left(\frac{k^2 w_0^2}{2} \frac{b_t}{b}\sin^2\theta \right) \exp\left[-k^2 w_0^2 \frac{b_t}{b}(1 - \cos\theta) \right]
\end{aligned}
\tag{14.49}
$$

式(14.49)给出了完全非相干扩展全高斯波 $+z$ 方向传输的时间平均功率。

对于几乎完全非相干源，我们使用修正的谢尔模型源，如式(14.24)和式(14.25)所示。修正包括将原始谢尔模型源 N_w^2 改变为 $N_s^2 / \pi\sigma_g^2$，如式(14.20)和式(14.21)所示。下标 w 和 s 分别用来表示弱和强。由式(14.39)可知，部分非相干源传输的时间平均功率为

$$P^{+} = N_s^2 \frac{ck^2}{16} w_0^2 \frac{\sigma_t^2}{\sigma_g^2} \int_0^k \mathrm{d}p p \int_0^{2\pi} \mathrm{d}\phi \left(1 - \frac{p^2}{k^2} \cos^2 \phi \right)$$

$$\times \exp\left[-\frac{w_0^2}{2} \left(w_\sigma^2 - \frac{b_t}{b} \right) p^2 \right] \xi^{-1} \exp\left[-2kb_t(1-\xi) \right] \tag{14.50}$$

从式(14.29)和式(14.36)可得

$$\frac{\sigma_t^2}{\sigma_g^2} = \frac{1}{1 + \sigma_g^2 / 2w_0^2} = 1 - w_\sigma^2 \tag{14.51}$$

p 变为 $p = k \sin\theta$，式(14.50)与式(14.51)可以转换为

$$P^{+} = N_s^2 \frac{ck^2}{8} k^2 w_0^2 (1 - w_\sigma^2) \frac{1}{2\pi} \int_0^{\pi/2} \mathrm{d}\theta \sin\theta \int_0^{2\pi} \mathrm{d}\phi (1 - \sin^2\theta \cos^2\phi)$$

$$\times \exp\left[-\frac{k^2 w_0^2}{2} \left(w_\sigma^2 - \frac{b_t}{b} \right) \sin^2\theta \right] \exp\left[-k^2 w_0^2 \frac{b_t}{b} (1 - \cos\theta) \right] \tag{14.52}$$

对应 $w_\sigma = 0$ 完全非相干源的极限情况，式(14.52)给出的部分非相干修正谢尔模型源的时间平均功率 P^+ 与式(14.49)给出的完全非相干源的时间平均功率相同。因此，正如预期的那样，式(14.52)对于从 w_σ 至 0(包括 $w_\sigma = 0$)都有效。

式(14.52)可以重述为

$$P^{+}(w_\sigma) = N_s^2 \frac{ck^2}{8} \int_0^{\pi/2} \mathrm{d}\theta \sin\theta \int_0^{2\pi} \mathrm{d}\phi \Phi(\theta, \phi; w_\sigma) \tag{14.53}$$

其中

$$\Phi(\theta, \phi; w_\sigma) = \frac{k^2 w_0^2 (1 - w_\sigma^2)}{2\pi} (1 - \sin^2\theta \cos^2\phi)$$

$$\times \exp\left[-\frac{k^2 w_0^2}{2} \left(w_\sigma^2 - \frac{b_t}{b} \right) \sin^2\theta \right] \exp\left[-k^2 w_0^2 \frac{b_t}{b} (1 - \cos\theta) \right] \tag{14.54}$$

对于波动参数 w_σ 为 0~0.7 的部分非相干源，辐射强度由式(14.54)给出。对于 $\phi=0°$、$kw_0=1.563$、$b_t/b=1$，图 14.4 显示了 θ 从 0°~90°变化的辐射强度 $\Phi(\theta,\phi)$，归一化使完全非相干波在+z 方向的功率为 1W。电场的主要组成部分是在 x 方向，因此 $\phi=0°$ 对应于 E 面。即使在强波动的情况下，z 轴周围的空间局域化依然保持不变。随着波动强度的减小(随着 w_σ 的增加)，辐射曲线的峰值减小。对于 $w_\sigma = 0$，波是平顶的，并且随着 w_σ 增加而变得更加尖锐，尽管峰值本身减小。

对于 $\phi=90°$，图 14.5 给出了 θ 从 0°~90°变化的辐射强度 $\Phi(\theta,\phi)$。其他参数

与图 14.4 相同。磁场的主要组成部分在 y 方向，因此 $\phi=90°$ 对应于 H 平面。与 E 平面相反，在 H 平面，强波动会破坏 z 轴周围的空间局域化，即 $\theta=0°$。对于所有的 θ，强度基本随着 w_σ 从 0~0.6 的增加而减小，即随着波动强度的减小而减小。图 14.1 显示了全相干波和几乎全相干波的辐射强度。图 14.1 和图 14.5 中的其他参数一样，只是波动参数 w_σ 不同。在图 14.1 中，波动很弱，波几乎完全相干。在图 14.5 中，波动很强，波几乎完全不相干。强烈的波动消除了 z 轴 ($\theta=0°$) 周围的空间局域化。这个结果在某种意义上是可以预料的。在图 14.5 中，随着波动强度的降低，各个方向上的强度都减小。这个结果与图 14.1 相反。在图 14.1 中，随着波动强度的降低，所有方向的强度都增加。

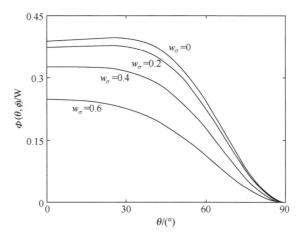

图 14.4　$\phi=0°$ 时部分非相干扩展全高斯波辐射强度 $\Phi(\theta,\phi)$ 分布曲线

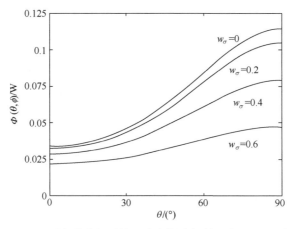

图 14.5　$\phi=90°$ 时部分非相干扩展全高斯波辐射强度 $\Phi(\theta,\phi)$ 分布曲线

14.6   部分非相干源的时均功率

时间平均功率 $P^+(w_\sigma)$ 通过选择 N_s^2 归一化，即 $P^+(w_\sigma=0)=1\text{W}$。因此，$N_s^2$ 定义为

$$1 = N_s^2 \frac{ck^2}{8} \int_0^{\pi/2} \mathrm{d}\theta \sin\theta \int_0^{2\pi} \mathrm{d}\phi \Phi(\theta,\phi;0) \tag{14.55}$$

根据式(14.53)和式(14.55)，归一化时间平均功率为

$$P^+(w_\sigma) = \frac{\int_0^{\pi/2} \mathrm{d}\theta \sin\theta \int_0^{2\pi} \mathrm{d}\phi \Phi(\theta,\phi;w_\sigma)}{\int_0^{\pi/2} \mathrm{d}\theta \sin\theta \int_0^{2\pi} \mathrm{d}\phi \Phi(\theta,\phi;0)} \tag{14.56}$$

如图 14.6 所示，$+z$ 方向传输的总功率 P^+ 是 kw_0 的函数，其中 kw_0 的范围是 $1<kw_0<5$，且 $b_t/b=1$。归一化与图 14.4 相同，即在 $+z$ 方向完全非相干波传输 $(w_\sigma=0)$ 的功率为 1W。对于非零 w_σ，$+z$ 方向传输的功率 P^+ 随着 kw_0 的增加而减小。对于 $1<kw_0<5$ 中固定的 kw_0，在 $+z$ 方向传输的功率 P^+ 随着 w_σ 的增加而减小，也就是说，随着波动强度的降低而减小。这些结果与图 14.2 中部分相干波的结果相反。在图 14.7 中，$+z$ 方向上传输的功率 P^+ 是 b_t/b 的函数，其中 b_t/b 的范围是 $0<b_t/b<1$，$kw_0=1.563$。归一化与图 14.4 相同。如图 14.7 所示，在 b_t/b 从 $0\sim1$ 的整个范围内变化时，对于每一个 w_σ，P^+ 基本上是一个常数。对于固定的 b_t/b，功率 P^+ 随着 w_σ 的增加而减小，也就是说，随着波动强度的减小而减小。这些结果也与图 14.3 所示的部分相干波的结果相反。

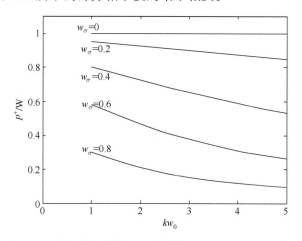

图 14.6   部分非相干扩展全高斯波功率 P^+ 是 kw_0 的函数

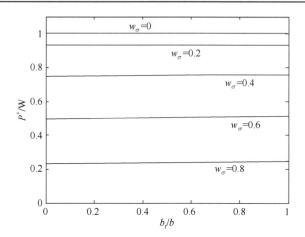

图 14.7　部分非相干扩展全高斯波功率 P^+ 是 b_t/b 的函数

14.7　结　　论

　　对于部分相干波，对互谱密度进行归一化处理，使相应的近轴波束在 $+z$ 方向的功率为 1W。归一化常数与波动参数无关。对于部分非相干波，相应的近轴波束在 $+z$ 方向上的功率是无穷大的。因此，不能使用相同的归一化过程。对于部分非相干波，归一化使对应的完全非相干波（$w_\sigma = 0$）在 $+z$ 方向上的功率为 1W。

　　辐射强度和传输功率取决于 b_t/b、kw_0 和 w_σ。根据这三个参数的值可以获得丰富多样的传播特性。对于部分相干波，采用原始谢尔模型源，相干长度限制在 $\infty \geqslant \sigma_g > \sqrt{2}w_0$。这个范围可以向下扩展，但是不包括 $\sigma_g = 0$。类似地，对于部分非相干波，使用修正的谢尔模型源，相干长度限制在 $\sqrt{2}w_0 > \sigma_g \geqslant 0$。这个范围可以向上扩展，但是不包括 $\sigma_g = \infty$。这些扩展将增加扩展全高斯波传播特性的多样性。如果测量辐射强度曲线和传输功率，并且实验观测结果与基于本章理论的某些特定预测结果之间存在匹配，则可以获得源平面互谱密度的估计值。最终的目标是确定源平面上的互谱密度。

参 考 文 献

[1] S. R. Seshadri, "Dynamics of the linearly polarized fundamental Gaussian light wave," *J. Opt.Soc. Am. A* **24**, 482–492 (2007).

[2] S. R. Seshadri, "Linearly polarized anisotropic Gaussian light wave," *J. Opt. Soc. Am. A* **26**,1582–1587 (2009).

[3] S. R. Seshadri, "Full-wave generalizations of the fundamental Gaussian beam," *J. Opt. Soc. Am. A* **26**, 2515–2520 (2009).

[4] S. R. Seshadri, "Reactive power in the full Gaussian light wave," *J. Opt. Soc. Am. A* **26**, 2427–2433 (2009).

[5] M. Born and E. Wolf, *Principles of Optics*, 6th ed. (Pergamon, New York, 1984).

[6] L. Mandel and E. Wolf, *Optical Coherence and Quantum Optics* (Cambridge University Press,New York, 1995).

[7] E. Wolf, Introduction to the Theory of Coherence and Polarization of Light (Cambridge UniversityPress, New York, 2007).

[8] S. R. Seshadri, "Partially coherent Gaussian Schell-model electromagnetic beams," *J. Opt. Soc.Am. A* **16**, 1373–1380 (1999).

[9] A. S. Marathay, *Elements of Optical Coherence Theory* (Wiley, New York, 1982).

[10] S. R. Seshadri, "Partially coherent fundamental Gaussian wave generated by a fluctuating planarcurrent source," *J. Opt. Soc. Am. A* **27**, 1372–1377 (2010).

[11] A. C. Schell, *The Multiple Plate Antenna* (Doctoral Dissertation, Massachusetts Institute ofTechnology, 1961), Sec. 7.5.

[12] A. C. Schell, "A technique for the determination of the radiation pattern of a partially coherentaperture," *IEEE Trans. Antennas Propag.* AP-**15**, 187–188 (1967).

[13] J. W. Goodman, *Statistical Optics* (Wiley, New York, 2000), Sec. 5.5.

[14] S. R. Seshadri, "Complex space source theory of partially coherent light wave," *J. Opt. Soc. Am. A***27**, 1708–1715 (2010).

[15] M. W. Kowarz and E. Wolf, "Conservation laws for partially coherent free fields," *J. Opt. Soc.Am. A* **10**, 88–94 (1993).

第 15 章　艾里波束和艾里波

Kalnins 和 Miller[1]分析了艾里函数，Berry 和 Balazs[2]在量子力学的背景下引入艾里波束。此外，还有其他关于艾里波包性质的研究[3,4]。因为激发波束需要无限的功率，所以理想的艾里波束不能在物理上实现。Siviloglou 和 Christodoulides[5]引入一种物理上可实现的艾里波束，并研究这种波束的各种特性[6,7]。Bandres 和 Gutierrez-Vega[8]分析了广义的艾里-高斯波束，这在物理上也是可以实现的。所有这些研究都只适用于满足近轴波动方程的波束。Yan 等[9]使用虚拟源的方法将分析扩展到由精确亥姆霍兹方程控制的全艾里波。

本章对艾里波束和艾里波某些方面的性质进行研究，讨论基本艾里波束和有限能量(修正)基本艾里波束，将基本艾里波束推广得到全波的解，即基本艾里波。对于基本艾里波，其辐射强度分布与位于原点、垂直于传播方向的点电偶极子的辐射强度分布是相同的。给出用复空间源理论处理基本全修正艾里波的方法。在引入等效束腰和等效瑞利距离的情况下，基本全修正艾里波的传播特性与基本全高斯波的传播特性是相同的。

15.1　基本艾里波束

次级源是一个位于 $z=0$ 平面无限小的电流薄片。源产生的波在 $z>0$ 时沿 $+z$ 方向传播，在 $z<0$ 时沿 $-z$ 方向传播。源电流密度位于 x 方向。磁矢势在 x 方向且在平面 $z=0$ 连续。为产生线性极化的电磁艾里波束，$z=0$ 平面所需磁矢势的 x 分量为

$$a_{x0}^{\pm}(x,y,0) = A_{x0}^{\pm}(x,y,0) = \frac{N}{ik}\text{Ai}(\alpha x)\text{Ai}(\alpha y) \tag{15.1}$$

其中，N 为归一化常数；k 为波数；α 为正实参数，其维数与长度成反比；输入平面 $z=0$ 的艾里积分参数，$\text{Ai}(\alpha x)$ 和 $\text{Ai}(\alpha y)$ 是实数。

因此，$1/\alpha$ 是横向(x,y)平面振幅变化的标度长度。如图 15.1 所示，$\text{Ai}(\alpha x)$ 在 $-20 < x < 5$ 范围内是 x 的函数。在 $x>0$ 时，随着 x 的增加，艾里函数单调减小；当 $x=-1.02$，艾里函数 $\text{Ai}(x)$ 达到最大值 0.5356。在 $-x$ 方向上，艾里函数的振幅随着 $|x|$ 的增加以振荡的方式缓慢减小。

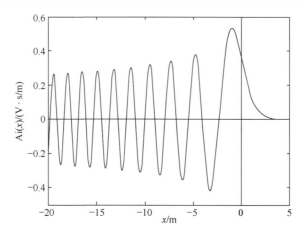

图 15.1　基本艾里波束输入场 $f_0(x,0) = \mathrm{Ai}(x)$ 的变化曲线

磁矢势 x 分量的近轴近似由 $A_{x0}^{\pm}(x,y,z)$ 给出，其中附加的下标 0 用于表示近轴。迅速变化的相位被分离出来，即

$$A_{x0}^{\pm}(x,y,z) = \exp(\pm \mathrm{i}kz) a_{x0}^{\pm}(x,y,z) \tag{15.2}$$

缓慢变化的振幅 $a_{x0}^{\pm}(x,y,z)$ 满足近轴波动方程，即

$$\left(\frac{\partial^2}{\partial x^2} + \frac{\partial^2}{\partial y^2} \pm 2\mathrm{i}k \frac{\partial}{\partial z} \right) a_{x0}^{\pm}(x,y,z) = 0 \tag{15.3}$$

将 $a_{x0}^{\pm}(x,y,z)$ 的二维傅里叶变换 $\bar{a}_{x0}^{\pm}(p_x,p_y,z)$ 代入式(15.3)，可得

$$\bar{a}_{x0}^{\pm}(p_x,p_y,z) = \bar{a}_{x0}^{\pm}(p_x,p_y,0) \exp\left[-\frac{2\pi^2}{k}(p_x^2 + p_y^2)\mathrm{i}|z| \right] \tag{15.4}$$

由式(15.1)可知，$a_{x0}^{\pm}(x,y,0)$ 的二维傅里叶变换为

$$\bar{a}_{x0}^{\pm}(p_x,p_y,0) = \frac{N}{\mathrm{i}k} \int_{-\infty}^{\infty} \mathrm{d}x \exp(\mathrm{i}2\pi p_x x) \mathrm{Ai}(ax) \int_{-\infty}^{\infty} \mathrm{d}y \exp(\mathrm{i}2\pi p_y y) \mathrm{Ai}(ay) \tag{15.5}$$

利用式(E.2)计算式(15.5)中的积分，可得

$$\bar{a}_{x0}^{\pm}(p_x,p_y,0) = \frac{N}{\mathrm{i}k} \frac{1}{\alpha^2} \exp\left[-\frac{\mathrm{i}}{3}\left(\frac{2\pi}{\alpha} \right)^3 (p_x^3 + p_y^3) \right] \tag{15.6}$$

将式(15.6)代入式(15.4)，可得

$$\bar{a}_{x0}^{\pm}(p_x,p_y,z) = \frac{N}{\mathrm{i}k} \frac{1}{\alpha^2} \exp\left[-\frac{\mathrm{i}}{3}\left(\frac{2\pi}{\alpha} \right)^3 (p_x^3 + p_y^3) \right] \exp\left[-\frac{2\pi^2}{k}(p_x^2 + p_y^2)\mathrm{i}|z| \right]$$

$$\tag{15.7}$$

对式(15.7)逆变换，可得

$$a_{x0}^{\pm}(x,y,z) = \frac{N}{\mathrm{i}k} f(x,z) f(y,z) \tag{15.8}$$

其中

$$f(x,z) = \frac{1}{\alpha} \int_{-\infty}^{\infty} \mathrm{d}p_x \exp\left[-\mathrm{i}2\pi p_x x - \frac{\mathrm{i}}{3}\left(\frac{2\pi}{\alpha}\right)^3 p_x^3 - 2\pi^2 \mathrm{i}\frac{|z|}{k} p_x^2\right] \tag{15.9}$$

使用附录 E 中列出的方法求积分，可得

$$f(x,z) = \exp\left[\mathrm{i}\frac{\alpha^2|z|}{2k}\left(\alpha x - \frac{\alpha^4|z|^2}{6k^2}\right)\right] \mathrm{Ai}\left(\alpha x - \frac{\alpha^4|z|^2}{4k^2}\right) \tag{15.10}$$

根据式(15.10)，将 $f(x,z)$ 和相应的表达式 $f(y,z)$ 代入式(15.8)，添加相位因子可获得磁矢势的 x 分量，即

$$\begin{aligned} A_{x0}^{\pm}(x,y,z) = &\frac{N}{\mathrm{i}k}\exp(\pm\mathrm{i}kz)\exp\left[\mathrm{i}\frac{\alpha^2|z|}{2k}\left(\alpha x + \alpha y - \frac{\alpha^4|z|^2}{3k^2}\right)\right] \\ &\times \mathrm{Ai}\left(\alpha x - \frac{\alpha^4|z|^2}{4k^2}\right) \times \mathrm{Ai}\left(\alpha y - \frac{\alpha^4|z|^2}{4k^2}\right) \end{aligned} \tag{15.11}$$

磁矢势是输入平面 $z=0$ 处两个艾里积分的乘积。沿 $\pm z$ 方向传播时，它仍然是两个艾里积分的乘积。因此，艾里波束在传播过程中具有形式不变性。当参数 $x=-1.02$ 时，艾里函数出现最大值。在输入端，峰值接近 z 轴，但是在传播过程中，峰值以抛物线形式远离 z 轴，即

$$\alpha x = \alpha y = \frac{\alpha^4|z|^2}{4k^2} \tag{15.12}$$

利用这些关系式，可以根据磁矢势求出电场和磁场，即

$$E_{x0}^{\pm}(x,y,z) = \pm H_{y0}^{\pm}(x,y,z) = \mathrm{i}kA_{x0}^{\pm}(x,y,z) \tag{15.13}$$

从式(15.11)和式(15.13)看出，在源平面 $z=0$ 上，$A_{x0}^{\pm}(x,y,z)$ 和 $E_{x0}^{\pm}(x,y,z)$ 是连续的，而 $H_{y0}^{\pm}(x,y,z)$ 是不连续的。这种不连续性相当于在 $z=0$ 平面上感应的电流密度。由式(15.13)得到的电流密度为

$$J_0(x,y,z) = \hat{x}\times\hat{y}\left[H_{y0}^+(x,y,0) - H_{y0}^-(x,y,0)\right]\delta(z) = -\hat{x}2\mathrm{i}kA_{x0}^+(x,y,0)\delta(z) \tag{15.14}$$

利用式(15.2)和式(15.14)，复功率为

$$P_C = P_{re} + iP_{im}$$

$$= -\frac{c}{2} \int_{-\infty}^{\infty} dx \int_{-\infty}^{\infty} dy \int_{-\infty}^{\infty} dz E_0^{\pm}(x,y,z) J_0^*(x,y,z) \tag{15.15}$$

$$= ck^2 \int_{-\infty}^{\infty} dx \int_{-\infty}^{\infty} dy a_{x0}^{\pm}(x,y,0) a_{x0}^{\pm*}(x,y,0)$$

式(15.15)给出的 P_C 为实数。因此，$P_{im} = 0$。艾里波束的无功功率消失了。

如前所示，式(15.15)可用矢势慢变振幅 $a_{x0}^{\pm}(x,y,0)$ 的傅里叶变换为

$$P_{re} = ck^2 \int_{-\infty}^{\infty} dp_x \int_{-\infty}^{\infty} dp_y \bar{a}_{x0}^{\pm}(p_x,p_y,0) \bar{a}_{x0}^{\pm*}(p_x,p_y,0) \tag{15.16}$$

进一步可得

$$P_{re} = \frac{cN^2}{a^4} \int_{-\infty}^{\infty} \int_{-\infty}^{\infty} dp_x dp_y = \infty \tag{15.17}$$

艾里波束的时间平均功率是无穷大的，因此实际不可能产生艾里波束。对于负值，艾里积分并没有随着参数振幅变得很大而迅速减小。这个问题可以通过在艾里积分上叠加一个指数函数来解决。随着参数振幅的变大，振幅迅速衰减为负值。

15.2　修正的基本艾里波束

基本艾里波束在实际中不能产生，因为维持波束需要无限的能量。当基本艾里波束被指数衰减函数调制时，修正基本艾里波束传输的时间平均功率是有限的。这种改进的基本艾里波束是最近引入的[5]。为产生线极化电磁修正基本艾里波束，$z=0$ 平面所需磁矢势的 x 分量为

$$a_{x0}^{\pm}(x,y,0) = A_{x0}^{\pm}(x,y,0) = \frac{N}{ik} \mathrm{Ai}(ax)\mathrm{Ai}(ay) \exp\left[2\pi a(x+y)\right] \tag{15.18}$$

其中，a 为正实数。

在图 15.2 中，$\mathrm{Ai}(x)\exp(2\pi ax)$ 被描述为一个 x 的函数，x 的取值范围为 $-20 < x < 5$，且 $a = 0.015$。当 $x > 0$ 时，随着 x 的增加，指数调制使场的快速单调衰减保持不变。当 $x < 0$ 时，指数调制会显著改变场行为，随着 $|x|$ 的增大，场幅值的衰减速率呈振荡式增大。

假设 x 和 y 方向的变化是对称的。根据式(15.18)得到的 $a_{x0}^{\pm}(x,y,0)$ 二维傅里叶变换为

$$\bar{a}_{x0}^{\pm}(p_x,p_y,0) = \frac{N}{ik} \int_{-\infty}^{\infty} dx \mathrm{Ai}(ax) \exp\left[i2\pi x(p_x - ia)\right] \int_{-\infty}^{\infty} dy \mathrm{Ai}(ay) \exp\left[i2\pi y(p_y - ia)\right]$$

$$\tag{15.19}$$

利用式(15.6)，可以确定 $\bar{a}_{x0}^{\pm}(p_x, p_y, 0)$ 为

$$\bar{a}_{x0}^{\pm}(p_x, p_y, 0) = \frac{N}{ik}\frac{1}{\alpha^2}\exp\left\{-\frac{i}{3}\left(\frac{2\pi}{\alpha}\right)^3\left[(p_x - ia)^3 + (p_y - ia)^3\right]\right\} \tag{15.20}$$

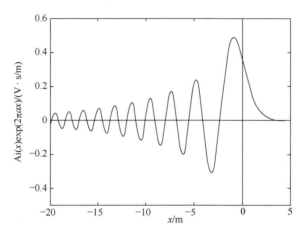

图 15.2　修正基本艾里波束输入场 $f_0(x, 0) = \mathrm{Ai}(x)\exp(2\pi ax)$ 变化曲线

传播距离 z 以后，存在二次相变，如式(15.4)所示。这一相位变化包括从 $\bar{a}_{x0}^{\pm}(p_x, p_y, 0)$ 获得 $\bar{a}_{x0}^{\pm}(p_x, p_y, z)$ ，即

$$\bar{a}_{x0}^{\pm}(p_x, p_y, z) = \frac{N}{ik}\bar{f}_0(p_y, z) \tag{15.21}$$

其中

$$\bar{f}_0(p_x, z) = \frac{1}{a}\exp\left[-\frac{i}{3}\left(\frac{2\pi}{\alpha}\right)^3(p_x - ia)^3 - \frac{2\pi^2}{k}i|z|p_x^2\right] \tag{15.22}$$

$\bar{f}_0(p_x, z)$ 的傅里叶逆变换为

$$f_0(x, z) = \frac{1}{\alpha}\int_{-\infty}^{\infty}\mathrm{d}p_x\exp\left[-i2\pi p_x x - \frac{i}{3}\left(\frac{2\pi}{\alpha}\right)^3(p_x - ia)^3 - \frac{2\pi^2}{k}i|z|p_x^2\right] \tag{15.23}$$

利用附录 E 中的方法对其求积分，指数中的项按 p_x 的幂排列。然后，将 p_x^3 和 p_x^2 项组合，形成一个完美的函数，即

$$\xi_x = p_x - i\left(a + \frac{a^3 i|z|}{4\pi k}\right) \tag{15.24}$$

在剩下的项中， p_x 用 ξ_x 表示，只有 ξ_x^3 和 ξ_x 是常数项，没有 ξ_x^2 项。因此，式(15.23)变换为

$$f_0(x,z) = \frac{1}{\alpha}\int_{-\infty}^{\infty}\mathrm{d}\xi_x \exp\left\{-\frac{\mathrm{i}}{3}\left(\frac{2\pi}{\alpha}\right)^3\xi_x^3 - \mathrm{i}2\pi\xi_x\left[x+\frac{\mathrm{i}|z|}{k}\left(2\pi a + \frac{\mathrm{i}\alpha^3|z|}{4k}\right)\right]\right.$$
$$\left. + 2\pi x\left(a + \frac{\alpha^3\mathrm{i}|z|}{4\pi k}\right) + \frac{2\pi^2 a^2\mathrm{i}|z|}{k} - \frac{\pi a\alpha^3|z|^2}{k^2} - \frac{\alpha^6\mathrm{i}|z|^3}{12k^3}\right\} \tag{15.25}$$

然后，按照艾里积分用式(E.2)表述 $f_0(x,z)$，即

$$f_0(x,z) = \exp\left[2\pi x\left(a+\frac{\alpha^3\mathrm{i}|z|}{4\pi k}\right) + \frac{2\pi^2 a^2\mathrm{i}|z|}{k} - \frac{\pi a\alpha^3|z|^2}{k^2} - \frac{\alpha^6\mathrm{i}|z|^3}{12k^3}\right]$$
$$\times \mathrm{Ai}\left\{\alpha\left[x+\frac{\mathrm{i}|z|}{k}\left(2\pi a + \frac{\mathrm{i}\alpha^3|z|}{4k}\right)\right]\right\} \tag{15.26}$$

用变量 y 替代 x，得到的 $f_0(y,z)$ 表达式与 $f_0(x,z)$ 一样。当 $|z|=0$ 时，式(15.26)再现了假定的输入值。当 $a=0$ 时，式(15.26)会再现式(15.10)给出的基本艾里波束的对应值。根据式(15.26)，将 $f_0(x,z)$ 和相应的 $f_0(y,z)$ 的表达式代入式(15.8)，将平面波相位因子相加可以得到磁矢势的 x 分量，即

$$A_{x0}^{\pm}(x,y,z) = \frac{N}{\mathrm{i}k}\exp(\pm\mathrm{i}kz)\exp\left[\left(2\pi a + \frac{\alpha^3\mathrm{i}|z|}{2k}\right)(x+y) + \frac{4\pi^2 a^2\mathrm{i}|z|}{k} - \frac{2\pi a\alpha^3|z|^2}{k^2} - \frac{\alpha^6\mathrm{i}|z|^3}{6k^3}\right]$$
$$\times \mathrm{Ai}\left\{\alpha\left[x+\frac{\mathrm{i}|z|}{k}\left(2\pi a + \frac{\mathrm{i}\alpha^3|z|}{4k}\right)\right]\right\}\mathrm{Ai}\left\{\alpha\left[y+\frac{\mathrm{i}|z|}{k}\left(2\pi a + \frac{\mathrm{i}\alpha^3|z|}{4k}\right)\right]\right\} \tag{15.27}$$

对于修正基本艾里波束，由式(15.15)可知，无功功率消失。通过把式(15.20)的 $\bar{a}_{x0}^{\pm}(p_x,p_y,0)$ 代入式(15.16)，得到的波束传输的实功率为

$$P_{re} = \frac{cN^2}{\alpha^4}\int_{-\infty}^{\infty}\mathrm{d}p_x \exp\left\{-\frac{\mathrm{i}}{3}\left(\frac{2\pi}{\alpha}\right)^3\left[(p_x-\mathrm{i}a)^3-(p_x+\mathrm{i}a)^3\right]\right\}$$
$$\times \int_{-\infty}^{\infty}\mathrm{d}p_y \exp\left\{-\frac{\mathrm{i}}{3}\left(\frac{2\pi}{\alpha}\right)^3\left[(p_y-\mathrm{i}a)^3-(p_y+\mathrm{i}a)^3\right]\right\} \tag{15.28}$$

将式(15.28)简化，可得

$$P_{re} = \frac{cN^2}{\alpha^4}\exp\left[\frac{4}{3}\left(\frac{2\pi a}{\alpha}\right)^3\right]\int_{-\infty}^{\infty}\int_{-\infty}^{\infty}\mathrm{d}p_x\mathrm{d}p_y\exp\left[-\left(\frac{2\pi}{\alpha}\right)^3 2a(p_x^2+p_y^2)\right] \tag{15.29}$$

修正基本艾里波束的功率谱，特别是对 $p_x^2+p_y^2$ 的依赖性，与高斯波束相似。对式(15.29)积分，得到的近轴波束传输功率为

$$P_{re} = \frac{cN^2}{16\pi^2\alpha a}\exp\left[\frac{4}{3}\left(\frac{2\pi a}{\alpha}\right)^3\right] \tag{15.30}$$

当 $a \neq 0$ 时，P_{re} 是有限的。因此，正如预期的那样，引入一个 x 的负值指数衰减项，可以得到一个物理上可实现的基本艾里波束。

15.3　基本艾里波

近似近轴波束和精确全波的次级源是位于 $z = 0$ 平面的电流片。由式(15.14)给出的电流源的响应，在近轴近似中是基本艾里波束。对全亥姆霍兹方程使用相同的电流源产生基本艾里波。从式(15.1)和式(15.14)可得产生基本艾里波束的电流密度，即

$$J_0(x, y, z) = -\hat{x}2N\mathrm{Ai}(\alpha x)\mathrm{Ai}(\alpha y)\delta(z) \tag{15.31}$$

电流密度在 x 方向上。因此，精确矢势 $A_x^{\pm}(x, y, z)$ 也在 x 方向上。从式(15.31)和式(D.25)可知，$A_x^{\pm}(x, y, z)$ 是由如下非齐次亥姆霍兹波动方程决定的，即

$$\left(\frac{\partial^2}{\partial x^2} + \frac{\partial^2}{\partial y^2} + \frac{\partial^2}{\partial z^2} + k^2\right)A_x^{\pm}(x, y, z) = 2N\mathrm{Ai}(\alpha x)\mathrm{Ai}(\alpha y)\delta(z) \tag{15.32}$$

由式(15.9)可得 $\mathrm{Ai}(\alpha x)\mathrm{Ai}(\alpha y)$ 的傅里叶积分表示，即

$$\mathrm{Ai}(\alpha x)\mathrm{Ai}(\alpha y) = \frac{1}{\alpha^2}\int_{-\infty}^{\infty}\int_{-\infty}^{\infty}\mathrm{d}p_x\mathrm{d}p_y\exp\left[-\mathrm{i}2\pi(p_xx + p_yy)\right]\exp\left[-\frac{\mathrm{i}}{3}\left(\frac{2\pi}{\alpha}\right)^3(p_x^3 + p_y^3)\right] \tag{15.33}$$

将 $A_x^{\pm}(x, y, z)$ 的傅里叶积分表示 $\overline{A}_x^{\pm}(p_x, p_y, z)$ 和式(15.33)代入式(15.32)，可得

$$\left(\frac{\partial^2}{\partial z^2} + \zeta^2\right)\overline{A}_x^{\pm}(p_x, p_y, z) = \frac{2N}{\alpha^2}\delta(z)\exp\left[-\frac{\mathrm{i}}{3}\left(\frac{2\pi}{\alpha}\right)^3(p_x^3 + p_y^3)\right] \tag{15.34}$$

其中

$$\zeta = \left[k^2 - 4\pi^2(p_x^2 + p_y^2)\right]^{1/2} \tag{15.35}$$

式(15.34)的求解方法见附录 A.2。解的逆变换结果为

$$A_x^{\pm}(x, y, z) = -\frac{2N}{\alpha^2}\int_{-\infty}^{\infty}\int_{-\infty}^{\infty}\mathrm{d}p_x\mathrm{d}p_y\exp\left[-\mathrm{i}2\pi(p_xx + p_yy)\right]$$
$$\times\exp\left[-\frac{\mathrm{i}}{3}\left(\frac{2\pi}{\alpha}\right)^3(p_x^3 + p_y^3)\right]\frac{\mathrm{i}}{2\zeta}\exp(\mathrm{i}\zeta|z|) \tag{15.36}$$

近轴近似对应于 $4\pi^2(p_x^2 + p_y^2) \ll k^2$ ，将式(15.35)中的 ζ 展开为 $4\pi^2(p_x^2 + p_y^2)/k^2$ 中的幂级数时，前两项由式(C.17)给出。在式(15.36)中，如果将振幅中的 ζ 替换为式(C.17)的第一项，将相位中的 ζ 替换为式(C.17)的前两项，可得

$$
A_x^{\pm}(x,y,z) = -\frac{N\mathrm{i}}{\alpha^2 k}\exp(\pm\mathrm{i}kz)\int_{-\infty}^{\infty}\int_{-\infty}^{\infty}\mathrm{d}p_x\mathrm{d}p_y\exp\left[-\mathrm{i}2\pi(p_x x + p_y y)\right]
$$
$$
\times\exp\left[-\frac{\mathrm{i}}{3}\left(\frac{2\pi}{\alpha}\right)^3(p_x^3 + p_y^3) - \mathrm{i}\frac{2\pi^2}{k}(p_x^2 + p_y^2)|z|\right]
$$
(15.37)

利用式(15.9)，式(15.37)可表示为

$$
A_x^{\pm}(x,y,z) = \frac{N}{\mathrm{i}k}\exp(\pm\mathrm{i}kz)f(x,z)f(y,z)
$$
(15.38)

由式(15.2)和式(15.8)，可验证式(15.38)正确表示了基本艾里波束。精确矢势在适当的限制条件下可以简化为近轴波束。

电场的 x 分量可以从式(15.36)和式(D.30)中求得，即

$$
E_x^{\pm}(x,y,z) = \frac{N}{\alpha^2\mathrm{i}}\int_{-\infty}^{\infty}\int_{-\infty}^{\infty}\mathrm{d}p_x\mathrm{d}p_y\exp\left[-\mathrm{i}2\pi(p_x x + p_y y)\right]
$$
$$
\times\exp\left[-\frac{\mathrm{i}}{3}\left(\frac{2\pi}{\alpha}\right)^3(p_x^3 + p_y^3)\right]\mathrm{i}k\left(1 - \frac{4\pi^2 p_x^2}{k^2}\right)\frac{1}{\zeta}\exp(\mathrm{i}\zeta|z|)
$$
(15.39)

由式(D.18)确定的复功率为

$$
P_C = -\frac{c}{2}\int_{-\infty}^{\infty}\int_{-\infty}^{\infty}\int_{-\infty}^{\infty}\mathrm{d}x\mathrm{d}y\mathrm{d}z E_x^{\pm}(x,y,z)J_{x0}^*(x,y,z)
$$
(15.40)

代入从式(15.39)得到的电场 $E_x^{\pm}(x,y,z)$ ，代入式(15.31)和式(15.33)得到的电流密度 $J_{x0}^*(x,y,z)$ ，对 z 进行积分，可得

$$
P_C = -\frac{c}{2}\int_{-\infty}^{\infty}\int_{-\infty}^{\infty}\mathrm{d}x\mathrm{d}y\frac{N}{\alpha^2\mathrm{i}}\int_{-\infty}^{\infty}\int_{-\infty}^{\infty}\mathrm{d}p_x\mathrm{d}p_y\exp\left[-\mathrm{i}2\pi(p_x x + p_y y)\right]
$$
$$
\times\exp\left[-\frac{\mathrm{i}}{3}\left(\frac{2\pi}{\alpha}\right)^3(p_x^3 + p_y^3)\right]\mathrm{i}k\left(1 - \frac{4\pi^2 p_x^2}{k^2}\right)\frac{1}{\zeta}
$$
$$
\times(-2)\frac{N}{\alpha^2}\int_{-\infty}^{\infty}\int_{-\infty}^{\infty}\mathrm{d}p_{x1}\mathrm{d}p_{y1}\exp\left[\mathrm{i}2\pi(p_{x1}x + p_{y1}y)\right]
$$
$$
\times\exp\left[\frac{\mathrm{i}}{3}\left(\frac{2\pi}{\alpha}\right)^3(p_{x1}^3 + p_{y1}^3)\right]
$$
(15.41)

首先，对 x 和 y 进行积分，结果是两个 δ 函数的乘积，即 $\delta(p_x - p_{x1})$ $\times \delta(p_y - p_{y1})$。然后，对 p_{x1} 和 p_{y1} 进行积分。由式(15.41)给出的 P_C 可化简为

$$P_C = \frac{ckN^2}{\alpha^4} \int_{-\infty}^{\infty} \int_{-\infty}^{\infty} dp_x dp_y \left(1 - \frac{4\pi^2 p_x^2}{k^2}\right) \frac{1}{\zeta} \tag{15.42}$$

积分变量变化为 $2\pi p_x = p\cos\phi$ 和 $2\pi p_y = p\sin\phi$，则式(15.42)变为

$$P_C = \frac{ckN^2}{4\pi^2\alpha^4} \int_0^{\infty} dp\, p \int_0^{2\pi} d\phi \left(1 - \frac{p^2\cos^2\phi}{k^2}\right)(k^2 - p^2)^{-1/2} \tag{15.43}$$

当 $k < p < \infty$ 时，令 $p^2 = k^2(1 + \tau^2)$，P_C 化简为

$$iP_{im} = -i\frac{ck^2N^2}{4\pi^2\alpha^4} \int_0^{\infty} d\tau \int_0^{2\pi} d\phi \left[1 - \cos^2\phi(1 + \tau^2)\right] \tag{15.44}$$

由式(15.44)可知，无功功率是 P_C 的虚部，变为无穷大。由式(15.43)得到的实功率为

$$P_{re} = \frac{ckN^2}{4\pi^2\alpha^4} \int_0^k dp\, p \int_0^{2\pi} d\phi \left(1 - \frac{p^2\cos^2\phi}{k^2}\right)(k^2 - p^2)^{-1/2} \tag{15.45}$$

令 $p = k\sin\theta$，则式(15.45)可重写为

$$P_{re} = \frac{ck^2N^2}{4\pi^2\alpha^4} \int_0^{\pi/2} d\theta \sin\theta \int_0^{2\pi} d\phi (1 - \sin^2\theta\cos^2\phi) \tag{15.46}$$

辐射强度分布 $(1 - \sin^2\theta\cos^2\phi)$ 与点电偶极子是一样的。对式(15.46)积分，可得

$$P_{re} = \frac{ck^2N^2}{3\pi\alpha^4} \tag{15.47}$$

选择归一化常数 N 为

$$N = \frac{\sqrt{6\pi}a^2}{\sqrt{ck}} \tag{15.48}$$

此时，基本艾里波产生的实功率为 $P_{re} = 2\text{W}$。基本艾里波传输的时间平均功率记为 $P_{FA}^{\pm}$。根据对称性，$P_{FA}^+ = P_{FA}^-$。生成实功率的一半沿 $+z$ 方向传输，另一半沿 $-z$ 方向传输，因此 $P_{FA}^+ = P_{FA}^- = \frac{1}{2}P_{re} = 1\text{W}$。利用归一化常数 N 可使基本艾里波在 $\pm z$ 方向传输的时间平均功率为 $P_{FA}^{\pm} = 1\text{W}$。

15.4　基本全修正艾里波

Deschamps[10]观察到，如果位置坐标在复空间中，点源引起的场的近轴近似可以再现基本高斯波束。点源在复空间中的位置为 $x=0$、$y=0$、$|z|=ib$，其中 $b=\dfrac{1}{2}kw_0^2$ 为瑞利距离，w_0 为输入平面高斯波束的束腰。除了基本高斯波束，其他所需的复空间源的假设是困难的。Bandres 和 Gutierrez-Vega[11]为高阶空心高斯波束全波泛化完成了这个项艰难的任务。Zhang 等[12]为双曲余弦高斯近轴波束的全波泛化完成了这项艰难的任务。这些高阶波束和波基于高斯波束，源的位置取决于瑞利距离。

源是同一位置的高阶点光源在 (x,y) 平面上不同位置的同一点源。$|z|=ib$ 的第一个改变出现在 2009 年[13]，这也适用于基于高斯波束近轴波束和全波。Yan 等[9]提出复空间高阶点源的假设，用于有限能量基本艾里波束的全波泛化。对于这束近轴波束，没有点源在复空间中位置的先验信息。对于有限能量的基本艾里波束，从近轴波束解出发，可以导出复空间源位置和全波泛化所需的高阶点源。

从式(15.8)和式(15.18)，输入场中与 x 有关的部分为

$$f_0(x,0)=\mathrm{Ai}(\alpha x)\exp(2\pi a x) \tag{15.49}$$

将式(15.23)中的立方体项展开，并重新排列，可得

$$\begin{aligned}
f_0(x,z)=\frac{1}{\alpha}\exp&\left[\frac{1}{3}\left(\frac{2\pi a}{\alpha}\right)^3\right]\int_{-\infty}^{\infty}\mathrm{d}p_x\exp\left[-\mathrm{i}2\pi p_x x\right.\\
&\left.-\frac{\mathrm{i}}{3}\left(\frac{2\pi}{\alpha}\right)^3 p_x^3-\frac{2\pi^2}{k}\left(\mathrm{i}|z|+\frac{4\pi ka}{\alpha^3}\right)p_x^2+\mathrm{i}\left(\frac{2\pi}{\alpha}\right)^3 a^2 p_x\right]
\end{aligned} \tag{15.50}$$

如式(5.2)~式(5.5)所示，基本高斯波束可以通过选择源位置消除 p_x^2 项。因此，源在复空间中的位置为

$$|z|=ib=\mathrm{i}\frac{4\pi ka}{\alpha^3} \tag{15.51}$$

然后，$f_0(x_0,|z|=ib)$ 给出了取决于 x 的虚拟源的一部分。常数项被拿到了积分符号的外面。p_x^3 项和 p_x 项通过对 $2\pi p_x x$ 项的微分运算被移除，需要一个指数微分算子。考虑由无穷级数项组成的微分算子，即

$$L=\sum_{n=0}^{n=\infty}\frac{g^n}{n!}=\exp(g) \tag{15.52}$$

运算符作用于其右侧的函数，算子 L 写成指数算子，则 $f_0(x_0,|z|=\mathrm{i}b)$ 转换为

$$f_0\left(x,|z|=\mathrm{i}b\right)=\frac{1}{\alpha}\exp\left[\frac{1}{3}\left(\frac{2\pi a}{\alpha}\right)^3\right]\exp\left\{\frac{1}{3}\left[-\frac{1}{\alpha^3}\frac{\partial^3}{\partial x^3}-\frac{3}{\alpha}\left(\frac{2\pi a}{\alpha}\right)^2\frac{\partial}{\partial x}\right]\right\}$$
$$\times\int_{-\infty}^{\infty}\mathrm{d}p_x\exp(-\mathrm{i}2\pi p_x x) \tag{15.53}$$

对函数 $\exp(-\mathrm{i}2\pi p_x x)$ 进行运算，微分算子可由下式获得，即

$$D(u)=\frac{1}{3}\left[-\frac{1}{\alpha^3}\frac{\partial^3}{\partial u^3}-\frac{3}{\alpha}\left(\frac{2\pi a}{\alpha}\right)^2\frac{\partial}{\partial u}\right],\quad u=x,y \tag{15.54}$$

那么式(15.53)可简写为

$$f_0\left(x,|z|=\mathrm{i}b\right)=\frac{1}{\alpha}\exp\left[\frac{1}{3}\left(\frac{2\pi a}{\alpha}\right)^3\right]\exp\left[D(x)\right]\delta(x) \tag{15.55}$$

类似地，虚拟源依赖 y 的部分为

$$f_0\left(y,|z|=\mathrm{i}b\right)=\frac{1}{\alpha}\exp\left[\frac{1}{3}\left(\frac{2\pi a}{\alpha}\right)^3\right]\exp\left[D(y)\right]\delta(y) \tag{15.56}$$

式(15.18)所示矢势的虚拟源为

$$\begin{aligned}C_{s0}(x,y)&=\frac{N}{\mathrm{i}k}f_0\left(x,|z|=\mathrm{i}b\right)f_0\left(y,|z|=\mathrm{i}b\right)\\&=\frac{N}{\mathrm{i}k}\frac{1}{\alpha^2}\exp\left[\frac{2}{3}\left(\frac{2\pi a}{\alpha}\right)^3\right]\exp\left[D(x)+D(y)\right]\delta(x)\delta(y)\end{aligned} \tag{15.57}$$

由式(15.57)给出的源位于 $|z|=\mathrm{i}b$ 处，产生 $|z|>0$ 的近轴波束。在 $|z|=0$ 处，同一源产生近轴波束的渐近极限。由于近轴波动方程只是全亥姆霍兹方程的一种近似，因此近轴波束导出的复空间源，加上激励系数 S_{ex}，可以用于亥姆霍兹方程得到全艾里波的渐近值。因此，由式(15.57)可得，产生亥姆霍兹方程全波解渐近极限的源，即

$$C_{s0}(x,y)=S_{ex}\frac{N}{\mathrm{i}k}f_0\left(x,|z|=\mathrm{i}b\right)f_0\left(y,|z|=\mathrm{i}b\right)\delta(z) \tag{15.58}$$

从大量的近轴波束得到的基本全波泛化的激励系数是相同的。在此基础上，假设激励系数为

$$S_{ex}=-2\mathrm{i}k\exp(-kb) \tag{15.59}$$

其中，b 可由式(15.51)给出。

引入等效腰围，即

$$w_{0,eq} = \left(\frac{8\pi a}{\alpha^3}\right)^{1/2} \tag{15.60}$$

求得的等效瑞利距离为

$$b = \frac{1}{2}kw_{0,eq}^2 = \frac{4\pi ka}{\alpha^3} \tag{15.61}$$

这与式(15.51)所述的相同。因此，b 称为等效瑞利距离。

令 $G(x,y,z)$ 为式 (15.58)给出的源的亥姆霍兹方程的解。用式(15.50)给出的形式表示源很方便，因此满足 $G(x,y,z)$ 的非齐次微分方程为

$$\left(\frac{\partial^2}{\partial x^2} + \frac{\partial^2}{\partial y^2} + \frac{\partial^2}{\partial z^2} + k^2\right)G(x,y,z)$$

$$= 2ik\exp(-kb)\frac{N}{ik}\delta(z)\frac{1}{\alpha^2}\exp\left[\frac{2}{3}\left(\frac{2\pi a}{\alpha}\right)^3\right] \times \int_{-\infty}^{\infty}dp_x\exp(-i2\pi p_x x)\exp\left[-\frac{i}{3}\left(\frac{2\pi}{\alpha}\right)^3 p_x^3\right.$$

$$\left. +i\left(\frac{2\pi}{\alpha}\right)^3 a^2 p_x\right] \times \int_{-\infty}^{\infty}dp_y\exp(-i2\pi p_y y)\exp\left[-\frac{i}{3}\left(\frac{2\pi}{\alpha}\right)^3 p_y^3 + i\left(\frac{2\pi}{\alpha}\right)^3 a^2 p_y\right]$$

$$\tag{15.62}$$

将 $G(x,y,z)$ 用其二维傅里叶变换 $\bar{G}(p_x,p_y,z)$ 的形式进行表述。$\bar{G}(p_x,p_y,z)$ 满足下列微分方程，即

$$\left(\frac{\partial^2}{\partial z^2} + \zeta^2\right)\bar{G}(p_x,p_y,z) = 2\exp(-kb)\frac{N}{\alpha^2}\delta(z)\exp\left[\frac{2}{3}\left(\frac{2\pi a}{\alpha}\right)^3\right]$$

$$\times\exp\left[-\frac{i}{3}\left(\frac{2\pi}{\alpha}\right)^3 p_x^3 + i\left(\frac{2\pi}{\alpha}\right)^3 a^2 p_x\right] \tag{15.63}$$

$$\times\exp\left[-\frac{i}{3}\left(\frac{2\pi}{\alpha}\right)^3 p_y^3 + i\left(\frac{2\pi}{\alpha}\right)^3 a^2 p_y\right]$$

其中

$$\zeta = \left[k^2 - 4\pi^2(p_x^2 + p_y^2)\right]^{1/2} \tag{15.64}$$

由式(15.63)的解可以得到一维格林函数，进行逆变换可得

$$G(x,y,z) = -\mathrm{i}\exp(-kb)\frac{N}{\alpha^2}\exp\left[\frac{2}{3}\left(\frac{2\pi a}{\alpha}\right)^3\right]\int_{-\infty}^{\infty}\int_{-\infty}^{\infty}\mathrm{d}p_x\mathrm{d}p_y\exp\left[-\mathrm{i}2\pi(p_x x + p_y y)\right]$$

$$\times\exp\left[-\frac{\mathrm{i}}{3}\left(\frac{2\pi}{\alpha}\right)^3 p_x^3 + \mathrm{i}\left(\frac{2\pi}{\alpha}\right)^3 a^2 p_x\right]\exp\left[-\frac{\mathrm{i}}{3}\left(\frac{2\pi}{\alpha}\right)^3 p_y^3 + \mathrm{i}\left(\frac{2\pi}{\alpha}\right)^3 a^2 p_y\right]$$

$$\times\frac{1}{\zeta}\exp(\mathrm{i}\zeta|z|)$$

$$(15.65)$$

$G(x,y,z)$ 是有限能量艾里波束基本全波泛化的渐近值。通过从 $|z|$ 到 $|z|-\mathrm{i}b$ 对 $G(x,y,z)$ 的连续分析，产生的基本全修正艾里波磁矢势的 x 分量为

$$A_x^{\pm}(x,y,z) = -\mathrm{i}\exp(-kb)\frac{N}{\alpha}\int_{-\infty}^{\infty}\mathrm{d}p_x\exp(-\mathrm{i}2\pi p_x x)$$

$$\times\exp\left[-\frac{\mathrm{i}}{3}\left(\frac{2\pi}{\alpha}\right)^3 p_x^3 + \mathrm{i}\left(\frac{2\pi}{\alpha}\right)^3 a^2 p_x + \frac{1}{3}\left(\frac{2\pi a}{\alpha}\right)^3\right]$$

$$\times\frac{1}{a}\int_{-\infty}^{\infty}\mathrm{d}p_y\exp(-\mathrm{i}2\pi p_y y) \qquad (15.66)$$

$$\times\exp\left[-\frac{\mathrm{i}}{3}\left(\frac{2\pi}{\alpha}\right)^3 p_y^3 + \mathrm{i}\left(\frac{2\pi}{\alpha}\right)^3 a^2 p_y + \frac{1}{3}\left(\frac{2\pi a}{\alpha}\right)^3\right]$$

$$\times\frac{1}{\zeta}\exp\left[\mathrm{i}\zeta(|z|) - \mathrm{i}b\right]$$

在近轴近似的情况下，将式(15.64)给出的 ζ 展开，可得

$$\zeta = k - \frac{2\pi^2}{k}(p_x^2 + p_y^2) \qquad (15.67)$$

在式(15.66)中，ζ 由式(15.67)中振幅的第一项和相位的前两项代替，即

$$A_{x0}^{\pm}(x,y,z) = \frac{N}{\mathrm{i}k}\exp(\pm\mathrm{i}kz)\frac{1}{\alpha}\int_{-\infty}^{\infty}\mathrm{d}p_x\exp\left[-\mathrm{i}2\pi p_x x - \frac{\mathrm{i}}{3}\left(\frac{2\pi}{\alpha}\right)^3 p_x^3 + \mathrm{i}\left(\frac{2\pi}{\alpha}\right)^3 a^2 p_x\right.$$

$$\left.+\frac{1}{3}\left(\frac{2\pi a}{\alpha}\right)^3 - \frac{2\pi^2}{k}(\mathrm{i}|z|+b)p_x^2\right]$$

$$(15.68)$$

$$\times\frac{1}{a}\int_{-\infty}^{\infty}\mathrm{d}p_y\exp\left[-\mathrm{i}2\pi p_y y - \frac{\mathrm{i}}{3}\left(\frac{2\pi}{\alpha}\right)^3 p_y^3 + \mathrm{i}\left(\frac{2\pi}{\alpha}\right)^3 a^2 p_y\right.$$

$$\left.+\frac{1}{3}\left(\frac{2\pi a}{\alpha}\right)^3 - \frac{2\pi^2}{k}(\mathrm{i}|z|+b)p_y^2\right]$$

比较式(15.68)和式(15.50)，式(15.8)和式(15.2)，精确矢势在适当的限制下可以正确地再现近轴波束近似的结果。

我们使用式(15.66)给出的精确矢势推导基本全修正艾里波的一些传播特性。x 方向的矢势不产生 x 方向的磁场分量。因此，z 方向上对坡印亭矢量有贡献的场分量只有 $E_x^{\pm}(x,y,z)$ 与 $H_y^{\pm}(x,y,z)$。由式(2.9)和式(2.10)可知，$Z_x^{\pm}(x,y,z)$ 与 $H_y^{\pm}(x,y,z)$ 能够从 $A_x^{\pm}(x,y,z)$ 计算得到，即

$$E_x^{\pm}(x,y,z) = \mathrm{i}k\left(1 + \frac{1}{k^2}\frac{\partial^2}{\partial x^2}\right)A_x^{\pm}(x,y,z) \tag{15.69}$$

$$H_y^{\pm}(x,y,z) = \frac{\partial A_x^{\pm}(x,y,z)}{\partial z} \tag{15.70}$$

其中，$A_x^{\pm}(x,y,z)$ 和 $E_x^{\pm}(x,y,z)$ 为 z 的偶函数；$H_y^{\pm}(x,y,z)$ 为 z 的奇函数，并且在 $z=0$ 平面是不连续的。

这种不连续引起的表面电流密度为

$$J(x,y,0) = \hat{z} \times \hat{y}\left[H_y^{+}(x,y,0) - H_y^{-}(x,y,0)\right] = -\hat{x}2H_y^{+}(x,y,0) \tag{15.71}$$

电流密度为

$$J(x,y,z) = -\hat{x}2H_y^{+}(x,y,0)\delta(z) \tag{15.72}$$

由式(D.18)得到的复功率为

$$
\begin{aligned}
P_C &= -\frac{c}{2}\int_{-\infty}^{\infty}\int_{-\infty}^{\infty}\int_{-\infty}^{\infty}\mathrm{d}x\mathrm{d}y\mathrm{d}z E_x^{\pm}(x,y,z)(-2)H_y^{+*}(x,y,0)\delta(z) \\
&= c\int_{-\infty}^{\infty}\int_{-\infty}^{\infty}\mathrm{d}x\mathrm{d}y E_x^{\pm}(x,y,0)H_y^{+*}(x,y,0)
\end{aligned} \tag{15.73}
$$

利用式(15.66)、式(15.69)、式(15.70)，可以确定式(15.73)给出的 P_C，即

$$
\begin{aligned}
P_C &= c\int_{-\infty}^{\infty}\int_{-\infty}^{\infty}\mathrm{d}x\mathrm{d}y(-\mathrm{i})\exp(-kb)\frac{N}{\alpha^2}\exp\left[\frac{2}{3}\left(\frac{2\pi a}{\alpha}\right)^3\right] \\
&\quad \times \int_{-\infty}^{\infty}\int_{-\infty}^{\infty}\mathrm{d}p_x\mathrm{d}p_y\exp\left[-\mathrm{i}2\pi(p_x x + p_y y)\right] \\
&\quad \times \exp\left[-\frac{\mathrm{i}}{3}\left(\frac{2\pi}{\alpha}\right)^3 p_x^3 + \mathrm{i}\left(\frac{2\pi}{\alpha}\right)^3 a^2 p_x\right]\exp\left[-\frac{\mathrm{i}}{3}\left(\frac{2\pi}{\alpha}\right)^3 p_y^3 + \mathrm{i}\left(\frac{2\pi}{\alpha}\right)^3 a^2 p_y\right] \\
&\quad \times \mathrm{i}k\left(1 - \frac{4\pi^2 p_x^2}{k^2}\right)\frac{1}{\zeta}\exp(\zeta b)(\mathrm{i})\exp(-kb)\frac{N}{\alpha^2}\exp\left[\frac{2}{3}\left(\frac{2\pi a}{\alpha}\right)^3\right] \\
&\quad \times \int_{-\infty}^{\infty}\int_{-\infty}^{\infty}\mathrm{d}\bar{p}_x\mathrm{d}\bar{p}_y\exp\left[\mathrm{i}2\pi(\bar{p}_x x + \bar{p}_y y)\right] \\
&\quad \times \exp\left[\frac{\mathrm{i}}{3}\left(\frac{2\pi}{\alpha}\right)^3 \bar{p}_x^3 - \mathrm{i}\left(\frac{2\pi}{\alpha}\right)^3 a^2 \bar{p}_x\right]\exp\left[\frac{\mathrm{i}}{3}\left(\frac{2\pi}{\alpha}\right)^3 \bar{p}_y^3 - \mathrm{i}\left(\frac{2\pi}{\alpha}\right)^3 a^2 \bar{p}_y\right] \\
&\quad \times (-\mathrm{i})\exp(\bar{\zeta}^* b)
\end{aligned} \tag{15.74}
$$

式(15.74)中 ζ 与 $\bar{\zeta}$ 相同，p_x 和 p_y 被换成 $\bar{p}_x$ 和 $\bar{p}_y$。首先，执行对 x 和 y 的积分以获得 $\delta(p_x - \bar{p}_x)\delta(p_y - \bar{p}_y)$。然后，对 $\bar{p}_x$ 和 $\bar{p}_y$ 进行积分，即

$$P_C = \frac{ckN^2}{\alpha^4}\exp(-2kb)\exp\left[\frac{4}{3}\left(\frac{2\pi a}{\alpha}\right)^3\right]$$
$$\times \int_{-\infty}^{\infty}\int_{-\infty}^{\infty}\mathrm{d}p_x\mathrm{d}p_y\left(1 - \frac{4\pi^2 p_x^2}{k^2}\right)\frac{1}{\zeta}\exp\left[b(\zeta + \zeta^*)\right] \tag{15.75}$$

将积分变量改为 $2\pi p_x = p\cos\phi$ 和 $2\pi p_y = p\sin\phi$，式(15.75)变为

$$P_C = \frac{cN^2\exp(-2kb)}{4\pi^2\alpha^4}\exp\left[\frac{4}{3}\left(\frac{2\pi a}{\alpha}\right)^3\right]$$
$$\times \int_0^{\infty}\mathrm{d}pp\int_0^{2\pi}\mathrm{d}\phi\left(1 - \frac{p^2\cos^2\phi}{k^2}\right)\frac{\exp\left[kb(\xi + \xi^*)\right]}{(1 - p^2/k^2)^{1/2}} \tag{15.76}$$

其中，$\xi = (1 - p^2/k^2)^{1/2}$。

对于 $P_{re} = 2\mathrm{W}$，确定归一化常数 N，并将其代入式(15.76)，可得

$$P_C = \frac{w_{0,eq}^2}{\pi}\exp(-2kb)\int_0^{\infty}\mathrm{d}pp\int_0^{2\pi}\mathrm{d}\phi\left(1 - \frac{p^2\cos^2\phi}{k^2}\right)\frac{\exp\left[kb(\xi + \xi^*)\right]}{\xi} \tag{15.77}$$

这一结果与式(4.23)给出的基本全高斯波相同。若按式(15.60)定义基本全修正艾里波的等效束腰，基本全修正艾里波的复功率与基本全高斯波的复功率相同。将每一个波都归一化，相应的近轴波束的时间平均实功率为 2W。

基本全修正艾里波的无功功率无穷大，这个结果是可以预料的。忽略源的有限小维度，可以使无功功率变得无穷大，无论源是真实且位于真实空间中[14]，还是源是虚拟且位于复空间中[15]。对于基本全高斯波，虚拟源是位于复空间 $x = 0$、$y = 0$、$|z| = \mathrm{i}b$ 处的点源，其中 b 为瑞利距离。对于基本全修正艾里波，虚拟源是从零开始的一个递增阶的无穷级数点源序列。源位于复空间 $x = 0$、$y = 0$、$|z| = \mathrm{i}b$ 处，其中 b 为等效瑞利距离。

由于两个波的对称性，沿着 $+z$ 方向与 $-z$ 方向传输的无功功率是一样的。在近轴限制条件下，这个功率是 1W。在图 4.1 中，这两种波的时间平均功率都是 kw_0 的函数；随着 kw_0 的增加，该功率单调递增，并达到近轴极限 1W。这里 w_0 对于高斯波为输入处的束腰，对于修正艾里波为其输入处的等效腰围。辐射强度 $\Phi(\theta,\phi)$ 的解析表达式和艾里波沿 $+z$ 方向或 $-z$ 方向传输的时间平均功率 $P_{MA}^{\pm}$ 可以由式(4.11)和式(4.16)给出。辐射强度曲线如图 4.2 所示。因此，如果用基本全修正艾里波的等效束腰代替高斯波的束腰 w_0，基本全修正艾里波与基本全高斯

波的传播特性是相同的。

　　本章介绍基本艾里波束。由于在物理上是无法实现的，因此基本艾里波束的近轴近似往往无法验证。对基本艾里波束进行全波泛化可得到基本艾里波，这种物理可实现的全波具有与点电偶极子相同的辐射强度分布。本章还介绍了有限能量的基本艾里波束，这种近轴波束是物理可实现的且具有类似于高斯波束的波数分布。另外，本章提出有限能量基本艾里波束的复空间源理论。当引入合适的等效束腰时，基本全修正艾里波与基本全高斯波的传播特性完全相同。基本全高斯波的源是复空间中的点电偶极子。基本全修正艾里波的源是一个从零开始递增阶的无穷级数高阶点源。因此，基本全修正艾里波具有修饰点电偶极子的特征。

参 考 文 献

[1] E. G. Kalnins and W. Miller Jr., "Lie theory and separation of variables. 5. The equations $iU_t + U_{xx}$ 和 $iU_t + U_{xx} - c/x^2 U = 0$,"J. Math. Phys. 15, 1728–1737 (1974).

[2] M. V. Berry and N. L. Balazs, "Nonspreading wave packets," Am. J. Phys. 47, 264–267 (1979).

[3] I. M. Besieris, A. M. Shaarawi, and R. W. Ziolkowski, "Nondispersive accelerating wavepackets," Am. J. Phys. 62, 519–521 (1994).

[4] K. Unnikrishnan and A. R. P. Rau, "Uniqueness of the Airy packet in quantum mechanics," Am. J.Phys. 64, 1034–1036 (1996).

[5] G. A. Siviloglou and D. N. Christodoulides, "Accelerating finite energy Airy beams," Opt. Lett.32, 979–981 (2007).

[6] I. M. Besieris and A. M. Shaarawi, "A note on an accelerating finite energy Airy beams,"Opt. Lett. 32, 2447–2449 (2007).

[7] G. A. Siviloglou, J. Broky, A. Dogariu, and D. N. Christoloulides, "Observation of acceleratingAiry beams," Phys. Rev. Lett. 99, 213901 (2007).

[8] M. A. Bandres and J. C. Gutierrez-Vega, "Airy-Gauss beams and their transformation by paraxialoptical systems," Opt. Express, 15, 16719–16728 (2007).

[9] S. Yan, B. Yao, M. Lei, D. Dan, Y. Yang, and P. Gao, "Virtual source for an Airy beam,"Opt. Lett. 37, 4774–4776 (2012).

[10] G. A. Deschamps, "Gaussian beam as a bundle of complex rays," Electron. Lett. 7, 684–685(1971).

[11] M. A. Bandres and J. C. Gutierrez-Vega, "Higher-order complex source for elegant Laguerre-Gaussian waves," Opt. Lett. 29, 2213–2215 (2004).

[12] Y. Zhang, Y. Song, Z. Chen, J. Ji, and Z. Shi, "Virtual sources for cosh-Gaussian beam," Opt. Lett. 32, 292–294 (2007).

[13] S. R. Seshadri, "Full-wave generalizations of the fundamental Gaussian beam," J. Opt. Soc. Am. A26, 2515–2520 (2009).

[14] S. R. Seshadri, "Constituents of power of an electric dipole of finite size," J. Opt. Soc. Am. A 25, 805–810 (2008).

[15] S. R. Seshadri, "Reactive power in the full Gaussian light wave," J. Opt. Soc. Am. A 26, 2427–2433 (2009).

附录 A 亥姆霍兹方程的格林函数

A.1 三维标量格林函数

三维自由空间格林函数 $G(x,y,z)$ 可以由非齐次亥姆霍兹方程定义，即

$$\left(\frac{\partial^2}{\partial x^2}+\frac{\partial^2}{\partial y^2}+\frac{\partial^2}{\partial z^2}+k^2\right)G(x,y,z)=-\delta(x)\delta(y)\delta(z) \tag{A.1}$$

其中，k 为波数；δ 为 delta 函数。

使用下面的三维傅里叶变换对，即

$$G(x,y,z)=\int_{-\infty}^{\infty}\int_{-\infty}^{\infty}\int_{-\infty}^{\infty}\overline{G}(p_x,p_y,p_z)\exp(-\mathrm{i}2\pi pr)\mathrm{d}p_x\mathrm{d}p_y\mathrm{d}p_z \tag{A.2}$$

$$\overline{G}(p_x,p_y,p_z)=\int_{-\infty}^{\infty}\int_{-\infty}^{\infty}\int_{-\infty}^{\infty}G(x,y,z)\exp(\mathrm{i}2\pi pr)\mathrm{d}x\mathrm{d}y\mathrm{d}z \tag{A.3}$$

其中

$$p=\hat{x}p_x+\hat{y}p_y+\hat{z}p_z \tag{A.4}$$

$$r=\hat{x}x+\hat{y}y+\hat{z}z \tag{A.5}$$

根据式(A.2)和式(A.3)，delta 函数可以表示为

$$\delta(x)=\int_{-\infty}^{\infty}\exp(-\mathrm{i}2\pi p_x x)\mathrm{d}p_x \tag{A.6}$$

$\delta(y)$ 和 $\delta(z)$ 也一样。将式(A.2)和类似于式(A.6)的 delta 函数代入式(A.1)可得

$$\left[-4\pi^2(p_x^2+p_y^2+p_z^2)+k^2\right]\overline{G}(p_x,p_y,p_z)=-1 \tag{A.7}$$

将 $\overline{G}(p_x,p_y,p_z)$ 代入式(A.2)，可得

$$G(x,y,z)=\frac{1}{4\pi^2}\int_{-\infty}^{\infty}\int_{-\infty}^{\infty}\int_{-\infty}^{\infty}\frac{\exp(-\mathrm{i}2\pi pr)}{(p_x^2+p_y^2+p_z^2-k^2/4\pi^2)}\mathrm{d}p_x\mathrm{d}p_y\mathrm{d}p_z \tag{A.8}$$

另一个直角坐标系 (X,Y,Z) 与直角坐标系 (x,y,z) 具有同一起源。Z 轴选择在半径向量 r 的方向上，即 $r=\hat{Z}r$。式(A.4)中的 p 可以表示为

$$p=\widehat{X}p_X+\hat{Y}p_Y+\hat{Z}p_Z \tag{A.9}$$

相对于 Z 轴的球面坐标系可以表示为

$$p_X = p\sin\Theta\cos\Phi, \quad p_Y = p\sin\Theta\sin\Phi, \quad p_Z = p\cos\Theta \tag{A.10}$$

其中

$$p = |p| = (p_X^2 + p_Y^2 + p_Z^2)^{1/2} \tag{A.11}$$

将式(A.4)和式(A.10)代入式(A.8)中。值得注意的是，$pr = rp\cos\Theta$。式(A.8)可以改写为

$$G(x,y,z) = \frac{1}{4\pi^2}\int_0^\infty dp \frac{p^2}{(p^2 - k^2/4\pi^2)}$$
$$\times \int_0^\pi d\Theta \sin\Theta \exp(-i2\pi rp\cos\Theta)\int_0^{2\pi}d\Phi \tag{A.12}$$

对 Φ 和 Θ 积分，结果为

$$G(x,y,z) = \frac{1}{4\pi^2 ir}\int_0^\infty dp \frac{p[\exp(i2\pi rp) - \exp(-i2\pi rp)]}{(p^2 - k^2/4\pi^2)} \tag{A.13}$$

对于 $\exp(-i2\pi rp)$，积分变量从 p 变为 $-p$。式(A.13)变换为

$$G(x,y,z) = \frac{1}{4\pi^2 ir}\int_{-\infty}^\infty dp \frac{p\exp(i2\pi rp)}{(p^2 - k^2/4\pi^2)} \tag{A.14}$$

若 p 是实数，因为被积函数在 $p = \pm k/2\pi$ 处变为无穷大，所以积分没有定义。为了克服这个困难，假设介质有一个小的损耗，场具有 $\exp(-i\omega t)$ 形式的谐波时间依赖性，其中 $\omega/2\pi$ 是波频率。对于假定的时间依赖性，当有损耗时，k 变为具有一个小的正虚部的复数。将 p 的域扩展到复数值，$p = p_r + ip_i$，其中 p_r 和 p_i 是 p 的实部和虚部(图 A.1)。在 $k/2\pi$ 处的奇点向上移动 $(p_i > 0)$，在 $-k/2\pi$ 处的奇点向下移动 $(p_i < 0)$。积分的围线沿着实 p 轴。式(A.14)中的积分定义得很好。随着损耗的减少，$k/2\pi$ 处的奇点向下移动到实轴，为了不改变积分的值，积分围线经过复平面 p 的下半部分是解析沿拓的。同样，在损耗为零的极限情况下，$-k/2\pi$ 处的奇点向实轴移动，如果积分围线经过复平面 p 上半部分是解析沿拓的，那么积分值保持不变。因为 $r > 0$，如果 $p_i > 0$，那么式(A.14)中的指数项有一个负实部。因此，沿着复 p 平面上半部的无限半圆，积分没有贡献。在不改变积分值的情况下，用复平面 p 上半部的无限半圆闭合积分围线。当 $r > 0$ 时，对式(A.14)积分的贡献只来自 $p = k/2\pi$ 处的单极。围线是沿实轴，在经由平面 p 的上半部分 $p = -k/2\pi$ 处和下半部分 $p = k/2\pi$ 处是连续的，用 p 平面的上半部无限半圆将其闭合。积分的围线沿逆时针方向环绕位于 $p = k/2\pi$ 处的极点。因此，式(A.14)中

的积分值等于 $+2\pi i$ 乘以位于 $p=k/2\pi$ 点处的单极余数。将被积函数乘以 $(p-k/2\pi)$，并在结果中设置 $p=k/2\pi$ 可得余数。由式(A.14)可知

$$G(x,y,z)=\frac{1}{4\pi^2 i r}2\pi i\frac{\exp(ikr)}{2}=\frac{\exp(ikr)}{4\pi r} \tag{A.15}$$

根据式(A.5)，可得从源点到观测点的距离 r，即

$$r=(x^2+y^2+z^2)^{1/2} \tag{A.16}$$

复平面 p 积分围线如图 A.1 所示。

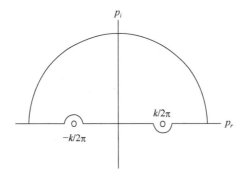

图 A.1　复平面 p 积分围线

A.2　标量格林函数的傅里叶变换

二维傅里叶变换的空间格林函数 $G(x,y,z)$ 可以直接由式(A.1)推导得出。二维傅里叶变换对为

$$G(x,y,z)=\int_{-\infty}^{\infty}\int_{-\infty}^{\infty}\overline{G}(p_x,p_y,z)\exp\left[-i2\pi(p_x x+p_y y)\right]dp_x dp_y \tag{A.17}$$

$$\overline{G}(p_x,p_y,z)=\int_{-\infty}^{\infty}\int_{-\infty}^{\infty}G(x,y,z)\exp\left[i2\pi(p_x x+p_y y)\right]dx\,dy \tag{A.18}$$

由式(A.17)和 delta 函数表达式，如式(A.6)给出，代入式(A.1)可得

$$\left(\frac{\partial^2}{\partial z^2}+\zeta^2\right)\overline{G}(p_x,p_y,z)=-\delta(z) \tag{A.19}$$

其中

$$\zeta=\left[k^2-4\pi^2(p_x^2+p_y^2)\right]^{1/2} \tag{A.20}$$

当 $z \neq 0$ 时，式(A.19)的解可表示为

$$\overline{G}(p_x, p_y, z) = \begin{cases} A^+ \exp(\mathrm{i}\zeta z), & z > 0 \\ A^- \exp(-\mathrm{i}\zeta z), & z < 0 \end{cases} \tag{A.21}$$
$$\tag{A.22}$$

$\overline{G}(p_x, \mathrm{p}_y, z)$ 在 $z = 0$ 处连续，并且

$$\frac{\partial}{\partial z}\overline{G}(p_x, p_y, 0+) - \frac{\partial}{\partial z}\overline{G}(p_x, p_y, 0-) = -1 \tag{A.23}$$

因此

$$A^+ = A^- = \frac{\mathrm{i}}{2\zeta} \tag{A.24}$$

根据式(A.21)、式(A.22)和式(A.24)，可得

$$\overline{G}(p_x, p_y, z) = \frac{\mathrm{i}}{2\zeta}\exp(\mathrm{i}\zeta|z|) \tag{A.25}$$

根据式(A.17)和式(A.25)，三维自由空间格林函数具有以下二维傅里叶变换表示，即

$$G(x, y, z) = \int_{-\infty}^{\infty}\int_{-\infty}^{\infty}\exp\left[-\mathrm{i}2\pi(p_x x + p_y y)\right]\frac{\mathrm{i}}{2\zeta}\exp(\mathrm{i}\zeta|z|)\mathrm{d}p_x\,\mathrm{d}p_y \tag{A.26}$$

A.3　标量格林函数的贝塞尔变换

对于圆柱坐标系 (ρ, ϕ, z)，x、y、ρ、ϕ 具有如下关系，即

$$x = \rho\cos\phi, \quad y = \rho\sin\phi \tag{A.27}$$

式(A.1)变换为

$$\left(\frac{\partial^2}{\partial\rho^2} + \frac{1}{\rho}\frac{\partial}{\partial\rho} + \frac{1}{\rho^2}\frac{\partial^2}{\partial\phi^2} + \frac{\partial^2}{\partial z^2} + k^2\right)G(\rho, z) = -\frac{\delta(\rho)}{2\pi\rho}\delta(z) \tag{A.28}$$

其中，$\rho = (x^2 + y^2)^{1/2}$。

当式(A.1)右侧乘以体积元 $\mathrm{d}x\mathrm{d}y\mathrm{d}z$，并对 x、y、z 从 $-\infty$ 到 ∞ 进行积分，结果是 -1。同样，当式(A.28)右侧乘以圆柱坐标系中体积元素 $\mathrm{d}\rho\rho\mathrm{d}\phi\mathrm{d}z$，并对 z 从 $-\infty$ 到 ∞ 进行积分，对 ϕ 从 $0 \sim 2\pi$ 进行积分，对 ρ 从 0 到 ∞ 进行积分，结果仍然为 -1。因此，式(A.1)和式(A.28)给出的源的强度是相同的。式(A.28)中的源项与 ϕ 无关，因此 $G(\rho, z)$ 与 ϕ 无关。贝塞尔变换对的定义为

$$G(\rho,z) = \int_0^\infty \overline{G}(\eta,z) J_0(\eta\rho)\eta\mathrm{d}\eta \tag{A.29}$$

$$\overline{G}(\eta,z) = \int_0^\infty G(\rho,z) J_0(\eta\rho)\rho\mathrm{d}\rho \tag{A.30}$$

其中，$J_0(\cdot)$ 为 0 阶贝塞尔函数。

鉴于式(A.29)和式(A.30)，$\delta(\rho)/\rho$ 为

$$\frac{\delta(\rho)}{\rho} = \int_0^\infty J_0(\eta\rho)\eta\mathrm{d}\eta \tag{A.31}$$

因为 $G(\rho,z)$ 与 ϕ 无关，所以 $(1/\rho^2)(\partial^2/\partial\phi^2)$ 被省略。将式(A.29)和式(A.31)代入式(A.28)可得

$$\left(\frac{\partial^2}{\partial\rho^2} + \frac{1}{\rho}\frac{\partial}{\partial\rho} + \eta^2 \right) J_0(\eta\rho) = 0 \tag{A.32}$$

进而可得

$$\left(\frac{\partial^2}{\partial z^2} + \zeta^2 \right) \overline{G}(\eta,z) = -\frac{\delta(z)}{2\pi} \tag{A.33}$$

其中

$$\zeta = (k^2 - \eta^2)^{1/2} \tag{A.34}$$

对式(A.33)与式(A.19)用同样的方法求解，结果为

$$\overline{G}(\eta,z) = \frac{\mathrm{i}\exp(\mathrm{i}\zeta|z|)}{4\pi\zeta} \tag{A.35}$$

根据式(A.29)和式(A.35)，可得 $G(\rho,z)$ 的贝塞尔变换，即

$$G(\rho,z) = \frac{\mathrm{i}}{4\pi}\int_0^\infty \mathrm{d}\eta\eta J_0(\eta\rho)\frac{\exp(\mathrm{i}\zeta|z|)}{\zeta} \tag{A.36}$$

式(A.36)称为索末菲公式[1]。

参 考 文 献

[1] W. Magnus and F. Oberhettinger，Functions of Mathematical Physics (Chelsea Publishing Company，New York，1954)，p.34.

附录 B 积   分

考虑积分，即

$$I(a,b) = \int_{-\infty}^{\infty} \mathrm{d}x \exp(iax - bx^2) \tag{B.1}$$

其中，a 为实数；b 的实部是正值；$I(a,b)$ 是有限的。

指数函数的自变量可重写为

$$-bx^2 + iax = -\frac{a^2}{4b} - b\left(x - \frac{ia}{2b}\right)^2 \tag{B.2}$$

积分变量变为

$$y = \sqrt{b}\left(x - \frac{ia}{2b}\right) \tag{B.3}$$

利用式(B.2)和式(B.3)，式(B.1)变换为

$$I(a,b) = \frac{\exp(-a^2/4b)}{\sqrt{b}} \int_{L}^{U} \mathrm{d}y \exp(-y^2) \tag{B.4}$$

其中，$L = -\infty - ia/2\sqrt{b}$ ；$U = \infty - ia/2\sqrt{b}$ 。

在不改变积分值的情况下，积分围线可以上移到与实际轴重合的位置。积分的极限与式(B.1)相同，因为

$$\int_{-\infty}^{\infty} \mathrm{d}y \exp(-y^2) = \sqrt{\pi} \tag{B.5}$$

由式(B.4)可得

$$I(a,b) = \sqrt{\frac{\pi}{b}} \exp\left(-\frac{a^2}{4b}\right) \tag{B.6}$$

附录 C   近轴函数的格林方程

C.1   近 轴 近 似

在源区外，三维自由空间格林函数满足以下亥姆霍兹方程，即

$$\left(\frac{\partial^2}{\partial x^2}+\frac{\partial^2}{\partial y^2}+\frac{\partial^2}{\partial z^2}+k^2\right)G(x,y,z)=0 \tag{C.1}$$

对于在传播方向上具有小范围波矢量的近平面波，可将平面波相位因子分离为

$$G_p(x,y,z)=\exp(\pm\mathrm{i}kz)g_p(x,y,z) \tag{C.2}$$

其中，p 表示轴向；对于平面波，$g_p(x,y,z)$ 为常数。

当电磁波近似一个平面波或者一个波束时，$g_p(x,y,z)$ 是关于其自变量的慢变函数。把式(C.2)代入式(C.1)可得满足 $g_p(x,y,z)$ 的微分方程，即

$$\left(\frac{\partial^2}{\partial x^2}+\frac{\partial^2}{\partial y^2}\pm2\mathrm{i}k\frac{\partial}{\partial z}+\frac{\partial^2}{\partial z^2}\right)g_p(x,y,z)=0 \tag{C.3}$$

设 w_0 和 b 分别为 $g_p(x,y,z)$ 横向 (x,y) 和纵向变化的标度长度，其中 w_0 是输入平面 $(z=0)$ 处的束腰，$b=\frac{1}{2}kw_0^2$ 是基本瑞利距离。使用归一化变量[1]，即

$$x_n=\frac{x}{w_0},\quad y_n=\frac{y}{w_0},\quad z_n=\frac{z}{b} \tag{C.4}$$

则式(C.3)变为

$$\left(\frac{\partial^2}{\partial x_n^2}+\frac{\partial^2}{\partial y_n^2}\pm4\mathrm{i}\frac{\partial}{\partial z_n}+\frac{4}{k^2w_0^2}\frac{\partial^2}{\partial z_n^2}\right)g_p(x_n,y_n,z_n)=0 \tag{C.5}$$

通常 w_0 与波长 $2\pi/k$ 相比是非常大的，因此 $kw_0\gg1$。近轴近似对应于 $kw_0\gg1$ 或 $f_0\ll1$，其中

$$f_0=\frac{1}{kw_0} \tag{C.6}$$

在近轴近似中，可以省略 $\partial^2/\partial z^2$ 项，根据式(C.3)，可得

$$\left(\frac{\partial^2}{\partial x^2} + \frac{\partial^2}{\partial y^2} \pm 2ik\frac{\partial}{\partial z}\right)g_p(x,y,z) = 0 \tag{C.7}$$

C.2 格林函数 $G_p(x,y,z)$

对于近轴方程，指定输入值 $g_p(x,y,0)$，当 $|z| > 0$ 时，$g_p(x,y,z)$ 的值是确定的。$g_p(x,y,z)$ 的输入值为

$$g_p(x,y,0) = \delta(x)\delta(y) \tag{C.8}$$

式(C.8)的二维傅里叶变换可根据式(A.18)得到，即

$$\overline{g}_p(p_x,p_y,0) = 1 \tag{C.9}$$

将式(A.17)给出的 $g_p(x,y,z)$ 的二维傅里叶变换表达式代入式(C.7)，可以得到 $\overline{g}_p(p_x,p_y,z)$ 的微分方程，即

$$\left[-4\pi^2(p_x^2 + p_y^2) \pm 2ik\frac{\partial}{\partial z}\right]\overline{g}_p(p_x,p_y,0) = 0 \tag{C.10}$$

式(C.10)与式(C.9)的解为

$$\overline{g}_p(p_x,p_y,z) = \exp\left[-\pi^2 w_0^2(p_x^2 + p_y^2)\frac{i|z|}{b}\right] \tag{C.11}$$

利用式(A.17)可确定式(C.11)的傅里叶逆变换，并利用式(B.1)和式(B.6)计算所得积分，结果为

$$g_p(x,y,z) = -\frac{ik}{2\pi|z|}\exp\left[\frac{ik(x^2+y^2)}{2|z|}\right] \tag{C.12}$$

由式(C.2)和式(C.12)得到的近轴方程的格林函数为

$$G_p(x,y,z) = \exp(\pm ikz)\left(-\frac{ik}{2\pi|z|}\right)\exp\left[\frac{ik(x^2+y^2)}{2|z|}\right] \tag{C.13}$$

$G_p(x,y,z)$ 的缓变振幅部分可由 $g_p(x,y,z)$ 给出。

$G(x,y,z)$ 的近轴近似可以直接从式(A.15)和式(A.16)得到。近轴区域对应于 $(x^2+y^2)/z^2 \ll 1$。当式(A.16)中的 r 展开为 $(x^2+y^2)/z^2$ 的幂级数时，其前两项为

$$r = |z| + \frac{x^2+y^2}{2|z|} \tag{C.14}$$

在式(A.15)中，如果用式(C.14)中的第一项代替振幅中的 r，用式(C.14)中的前两项代替相位中 r，则由式(A.15)给出的 $G(x,y,z)$ 可直接近轴近似为

$$G(x,y,z) = \exp(\pm \mathrm{i}kz)\left(\frac{1}{4\pi|z|}\right)\exp\left[\frac{\mathrm{i}k(x^2+y^2)}{2|z|}\right] \tag{C.15}$$

直接得到的 $G(x,y,z)$ 的近轴近似值与利用近轴方程导出的格林函数的因子 $1/(-2\mathrm{i}k)$ 不同。

C.3　傅里叶变换 $\overline{G}_P(p_x,p_y,z)$

根据式(C.2)和式(C.11)可以得到近轴方程格林函数的傅里叶变换，即

$$\overline{G}_P(p_x,p_y,z) = \exp(\pm \mathrm{i}kz)\exp\left[-\pi^2 w_0^2(p_x^2+p_y^2)\frac{\mathrm{i}|z|}{b}\right] \tag{C.16}$$

在式(A.20)中，近轴近似对应于 $4\pi^2(p_x^2+p_y^2)\big/k^2 \ll 1$。将式(A.20)中的 ζ 展开为 $4\pi^2(p_x^2+p_y^2)\big/k^2$ 的幂级数，则前两项为

$$\zeta = k - \pi^2 w_0^2(p_x^2+p_y^2)\frac{1}{b} \tag{C.17}$$

在式(A.25)中，如果用式(C.17)中的第一项替换振幅中的 ζ，用式(C.17)中的前两项替换相位中的 ζ，则式(A.25)中的 $\overline{G}(p_x,p_y,z)$ 可直接近轴近似为

$$\overline{G}(p_x,p_y,z) = \exp(\pm \mathrm{i}kz)\left(\frac{1}{-2\mathrm{i}k}\right)\exp\left[-\pi^2 w_0^2(p_x^2+p_y^2)\frac{\mathrm{i}|z|}{b}\right] \tag{C.18}$$

正如预期的那样，直接导出的 $\overline{G}(p_x,p_y,z)$ 近轴近似值与使用近轴方程确定的 $\overline{G}_P(p_x,p_y,z)$ 中的因子 $1/(-2\mathrm{i}k)$ 不同。

C.4　贝塞尔变换 $\overline{G}_P(\eta,z)$

两个格林函数的贝塞尔变换也存在类似的关系。使用柱坐标，慢变振幅 $g_p(\rho,z)$ 的输入值指定为

$$g_p(\rho,0) = \delta(\rho)/2\pi\rho \tag{C.19}$$

利用式(A.30)，可以得到式(C.19)的贝塞尔变换，即

$$\overline{g}_p(\eta,0) = 1/2\pi \tag{C.20}$$

$g_p(\rho,z)$ 的输入值与 ϕ 无关。因此，对于所有的 z，$g_p(\rho,z)$ 都与 ϕ 无关。由式(C.7)给出的近轴方程的圆柱对称形式被转换为

$$\left(\frac{\partial^2}{\partial\rho^2} + \frac{1}{\rho}\frac{\partial}{\partial\rho} \pm 2ik\frac{\partial}{\partial z}\right)g_p(\rho,z) = 0 \tag{C.21}$$

当 $g_p(\rho,z)$ 表示为式(A.29)所示的 $\overline{g}_p(\eta,z)$ 的逆贝塞尔变换时，可以根据式(C.21)得到 $\overline{g}_p(\eta,z)$ 的微分方程，即

$$\left(-\eta^2 \pm 2ik\frac{\partial}{\partial z}\right)\overline{g}_p(\eta,z) = 0 \tag{C.22}$$

采用式(C.20)使式(C.22)的解可以表示为

$$\overline{g}_p(\eta,z) = \frac{1}{2\pi}\exp\left(-\frac{\eta^2 w_0^2}{4}\frac{i|z|}{b}\right) \tag{C.23}$$

那么

$$g_p(\rho,z) = \frac{1}{2\pi}\int_0^\infty d\eta\,\eta J_0(\eta\rho)\exp\left(-\frac{\eta^2 w_0^2}{4}\frac{i|z|}{b}\right) \tag{C.24}$$

用这个公式计算积分可得

$$\int_0^\infty dt\,t J_0(at)\exp(-p^2 t^2) = \frac{1}{2p^2}\exp\left(-\frac{a^2}{4p^2}\right) \tag{C.25}$$

结果为

$$g_p(\rho,z) = -\frac{ik}{2\pi|z|}\exp\left(\frac{ik\rho^2}{2|z|}\right) \tag{C.26}$$

由式(C.2)和式(C.26)可知，近轴方程的格林函数为

$$G_p(\rho,z) = \exp(\pm ikz)\left(\frac{ik}{-2\pi|z|}\right)\exp\left(\frac{ik\rho^2}{2|z|}\right) \tag{C.27}$$

根据式(C.2)和式(C.23)可得近轴方程格林函数的贝塞尔变换，即

$$\overline{G}_p(\eta,z) = \exp(\pm ikz)\frac{1}{2\pi}\exp\left(-\frac{\eta^2 w_0^2}{4}\frac{i|z|}{b}\right) \tag{C.28}$$

在式(A.34)中，近轴近似对应于 $\eta^2/k^2 \ll 1$。当式(A.34)的 ζ 展开为 η^2/k^2 的幂级数时，前两项为

$$\zeta = k - \eta^2 / 2k^2 \tag{C.29}$$

在式(A.35)中，如果用式(C.29)中的第一项替换振幅中的 ζ ，前两项替换相位中 ζ ，则式(A.35)中 $\overline{G}(\eta,z)$ 的直接近轴近似值为

$$\overline{G}(\eta,z) = \exp(\pm ikz)\left(\frac{1}{-4\pi ik}\right)\exp\left(-\frac{\eta^2 w_0^2}{4}\frac{\mathrm{i}|z|}{b}\right) \tag{C.30}$$

对式(C.30)与式(C.28)进行比较，直接导出的格林函数近轴近似的贝塞尔变换 $\overline{G}(\eta,z)$ 与利用近轴方程确定的格林函数近轴近似的贝塞尔变换 $\overline{G}_p(\eta,z)$ 的因子 $1/(-2ik)$ 不同。

因此，对于亥姆霍兹方程和近轴方程，格林函数的定义是不同的。通过在亥姆霍兹方程的解中引入一个合适的激励常数，可以消除这种差异。从亥姆霍兹方程得到的精确解的近轴近似与从近轴方程推导的近轴近似相同。

参 考 文 献

[1] M. Lax, W. H. Louisell, and W. B. McKnight, "From Maxwell to paraxial wave optics," *Phys. Rev. A* **11**, 1365–1370 (1975).

[2] W. Magnus and F. Oberhettinger, *Functions of Mathematical Physics* (Chelsea Publishing Company, New York, 1954), p. 35.

附录 D 电 磁 场

D.1 坡印亭矢量和产生的功率

在自由空间 (μ_0, ε_0) 中，电场、磁场、磁流密度、电流密度、等效磁荷密度和电荷密度可以分别表示为 $\widetilde{E}$、$\widetilde{H}$、$\widetilde{J}_m$、$\widetilde{J}_e$、$\widetilde{\rho}_m$ 和 $\widetilde{\rho}_e$。归一化场和源数量的定义如下，即

$$E = (\varepsilon_0)^{1/2}\widetilde{E}, \quad H = (\mu_0)^{1/2}\widetilde{H}, \quad J_m = (\varepsilon_0)^{1/2}\widetilde{J}_m$$

$$J_e = (\mu_0)^{1/2}\widetilde{J}_e, \quad \rho_m = (\mu_0)^{-1/2}\widetilde{\rho}_m, \quad \rho_e = (\varepsilon_0)^{1/2}\widetilde{\rho}_e$$

它们满足时变麦克斯韦方程组，即

$$\nabla \times E = -\frac{1}{c}\frac{\partial H}{\partial t} - J_m \tag{D.1}$$

$$\nabla \times H = \frac{1}{c}\frac{\partial E}{\partial t} + J_e \tag{D.2}$$

$$\nabla \cdot H = \rho_m \tag{D.3}$$

$$\nabla \cdot E = \rho_e \tag{D.4}$$

其中，c 为自由空间电磁波传播速度[1]。

式(D.1)~式(D.4)中所有函数的变量均为 r 和时间 t。由式(D.1)和式(D.2)可推出下式，即

$$\nabla \cdot c(E \times H) = -\frac{\partial}{\partial t}\left(\frac{1}{2}E \cdot E + \frac{1}{2}H \cdot H\right) - c(E \cdot J_e + H \cdot J_m) \tag{D.5}$$

通过对式(D.5)沿体积 V 的表面 A 进行积分，可得守恒关系，即

$$\oint_A dA \cdot c(E \times H) = -\frac{\partial}{\partial t}\int_V dV\left(\frac{1}{2}E \cdot E + \frac{1}{2}H \cdot H\right) - c\int_{V_s} dV(E \cdot J_e + H \cdot J_m) \tag{D.6}$$

其中，体积 V_s 是 V 的一部分，包含电流源和磁流源；式(D.6)右侧的第一项是体积 V 内电磁能量的下降率，第二项是体积 V_s 内产生的电磁功率。

通过能量守恒定律可以看出，$c(E \times H)$ 是坡印亭矢量，也就是沿表面 A 每单位面积向外的功率流。

假设场具有 $\exp(-\mathrm{i}\omega t)$ 形式的谐波时间依赖关系，其中 $\omega/2\pi$ 是波频率。场的形式为

$$f(r,t) = f(r)\exp(-\mathrm{i}\omega t) \tag{D.7}$$

其中，$f(r)$ 为复相量；等号右侧的实部是隐含的，且 $\exp(-\mathrm{i}\omega t)$ 被抑制。

式(D.1)和式(D.2)的时谐形式为

$$\nabla \times E(r) = \mathrm{i}\frac{\omega}{c}H(r) - J_m(r) \tag{D.8}$$

$$\nabla \times H(r) = -\mathrm{i}\frac{\omega}{c}E(r) + J_e(r) \tag{D.9}$$

坡印亭矢量 $S(r,t)$ 的时间平均和产生的功率密度 $p_g(r,t)$ 为

$$\langle S(r,t) \rangle = S(r) = \frac{1}{2}\mathrm{Re}\left[cE(r) \times H^*(r) \right] \tag{D.10}$$

$$\left\langle p_g(r,t) \right\rangle = p_g(r) = -\frac{1}{2}\mathrm{Re}\, c\left[E(r) \cdot J_e^*(r) + H(r) \cdot J_m^*(r) \right] \tag{D.11}$$

由式(D.8)和式(D.9)可以推导

$$\nabla \cdot S(r) = p_g(r) \tag{D.12}$$

其中，$S(r)$ 和 $p_g(r)$ 被式(D.10)和式(D.11)替代。

对式(D.12)沿体积 V 的表面 A 进行积分，可得

$$\oint_A S(r) \cdot \mathrm{d}A = \int_{V_s} p_g(r)\mathrm{d}V \tag{D.13}$$

体积 V_s 内部产生功率的时间平均值等于从包围该体积 V_s 的大表面 A 流出功率的时间平均值。因此，电流源产生功率的时间平均值可以通过远离的电流源的计算来确定；时间平均坡印亭矢量是在距离源很远的地方获得的，可以找到从包围电流源的大表面流出的时均功率，并且这个结果等于电流源产生功率的时间平均值。

瞬时功率不能通过远离电流分布的计算得到，因此必须通过对包含电流源体积 V_s 的积分确定。对于简单的电流源，瞬时功率可以用物理解释的形式表示[2,3]。为了简化细节，考虑电流源和磁流源产生的瞬时功率 $P_{ge}(t)$ 和 $P_{gm}(t)$，以及频率 $\omega/2\pi$，可得

$$E(r,t) = \frac{1}{2}\left[E(r,\omega)\exp(-\mathrm{i}\omega t) + E^*(r,\omega)\exp(\mathrm{i}\omega t) \right] \tag{D.14}$$

$$J_e(r,t) = \frac{1}{2}\Big[J_e(r,\omega)\exp(-\mathrm{i}\omega t) + J_e^*(r,\omega)\exp(\mathrm{i}\omega t)\Big] \tag{D.15}$$

为简化起见，假设电流密度为

$$J_e(r,\omega) = u_e(r,\omega)J_e(r,\omega)\exp(\mathrm{i}\theta_e) \tag{D.16}$$

其中，$u_e(r,\omega)$ 为实单位矢量；$J_e(r,\omega)$ 和 θ_e 为实数。

假设电流源是局部的，θ_e 与 r 无关，根据式(D.14)～式(D.16)，$P_{ge}(t)$ 可以表示为

$$P_{ge}(t) = P_{re}(\omega)2\cos^2(\omega t - \theta_e) + P_{ie}(\omega)\sin\big[2(\omega t - \theta_e)\big] \tag{D.17}$$

定义

$$P_{Ce}(\omega) = P_{re}(\omega) + \mathrm{i}P_{ie}(\omega) = -\frac{c}{2}\int_{V_s} E(r,\omega)\cdot J_e^*(r,\omega)\mathrm{d}V \tag{D.18}$$

对于局部的电流源，式(D.17)中的第一项表示不可恢复地传播，并被无限远处球体吸收的辐射功率，第二项表示在源和场之间振荡的无功功率。不可恢复或实功率的时间平均值等于 $P_{re}(\omega)$，无功功率的时间平均值为零。在每一瞬间，总瞬时功率等于式(D.17)中两项的代数和。这种分离的物理基础与电路理论相似[1]。其中，第一项表示传递给电阻器的瞬时功率，第二项表示与电容器放电和充电相关的功率。由式(D.18)定义的 $P_{Ce}(\omega)$ 是与电流源相关的复功率，$P_{re}(\omega)$ 是 $P_{Ce}(\omega)$ 的实部。由式(D.17)可知，$P_{re}(\omega)$ 是与电流源相关的实功率或不可逆功率的时间平均值。同样，$P_{ie}(\omega)$ 是 $P_{Ce}(\omega)$ 的虚部，$P_{ie}(\omega)$ 是与电流源相关的可逆功率或无功功率的振幅。

磁流源产生的瞬时功率 $P_{gm}(t)$ 只能用简单的方式来开发。至于电流源密度，磁流源密度也可假定为如下形式，即

$$J_m(r,\omega) = u_m(r,\omega)J_m(r,\omega)\exp(\mathrm{i}\theta_m) \tag{D.19}$$

其中，$u_m(r,\omega)$ 为实的单位向量；$J_m(r,\omega)$ 和 θ_m 为实数。

假定磁电流源是局部化的，θ_m 与 r 无关。当电流源和磁流源产生的瞬时功率都包括在内时，式(D.17)可修改为

$$P_g(t) = P_{ge}(t) + P_{gm}(t) \tag{D.20}$$

其中

$$P_{gm}(t) = P_{rm}(\omega)2\cos^2(\omega t - \theta_m) + P_{im}(\omega)\sin\big[2(\omega t - \theta_m)\big] \tag{D.21}$$

定义

$$P_{Cm}(\omega) = P_{rm}(\omega) + \mathrm{i}P_{im}(\omega) = -\frac{c}{2}\int_{V_s} H(r,\omega)\cdot J_m^*(r,\omega)\mathrm{d}V \tag{D.22}$$

式(D.21)和式(D.22)对于磁流源的解释与式(D.17)和式(D.18)对电流源的解释类似。

D.2　矢　　势

由式(D.8)和式(D.9)可知，电磁场可用磁矢势 A 和电矢势 F 表示为[4,5]

$$E = \mathrm{i}kA - \frac{1}{\mathrm{i}k}\nabla\nabla\cdot A - \nabla\times F \tag{D.23}$$

$$H = \nabla\times A + \mathrm{i}kF - \frac{1}{\mathrm{i}k}\nabla\nabla\cdot F \tag{D.24}$$

其中，波数 $k = \omega/c = \omega(\mu_0\varepsilon_0)^{1/2}$；$A$ 和 F 满足非齐次波动方程，即

$$(\nabla^2 + k^2)(A,F) = (-J_e, -J_m) \tag{D.25}$$

选择沿 x 轴为参考方向，令 $\hat{x}$ 为沿 x 轴的单位矢量，下标 t 表示与 x 轴横截面方向，TE 模是由电矢势 $F(A_t = 0, A_x = 0, F_t = 0)$ 的单一分量 $\hat{x}F_x$ 构造的，可得

$$E_x = 0 \tag{D.26}$$

$$E_t = \hat{x}\times\nabla_t F_x \tag{D.27}$$

$$H_x = \mathrm{i}kF_x - \frac{1}{\mathrm{i}k}\frac{\partial^2 F_x}{\partial x^2} \tag{D.28}$$

$$H_t = -\frac{1}{\mathrm{i}k}\nabla_t\frac{\partial F_x}{\partial x} \tag{D.29}$$

其中，F_x 满足波动式(D.25)。

类似地，TM 模是由磁矢势 $A(A_t = 0, F_t = 0, F_x = 0)$ 单一分量 $\hat{x}A_x$ 构造的，可得

$$E_x = \mathrm{i}kA_x - \frac{1}{\mathrm{i}k}\frac{\partial^2 A_x}{\partial x^2} \tag{D.30}$$

$$E_t = -\frac{1}{\mathrm{i}k}\nabla_t\frac{\partial A_x}{\partial x} \tag{D.31}$$

$$H_x = 0 \tag{D.32}$$

$$H_t = -\hat{x}\times\nabla_t A_x \tag{D.33}$$

其中，A_x 满足波动式(D.25)。

参 考 文 献

[1] S. R. Seshadri, Fundamentals of Transmission Lines and Electromagnetic Fields

(Addison-Wesley,Reading, MA, 1971).

[2] T. Padhi and S. R. Seshadri, "Radiated and reactive powers in a magnetoionic medium," *Proc.IEEE*, **56**, 1089–1090 (1968).

[3] S. R. Seshadri, "Constituents of power of an electric dipole of finite size," *J. Opt. Soc. Am. A* **25**,805–810 (2008).

[4] J. A. Stratton, *Electromagnetic Theory* (McGraw-Hill, New York, 1941), Chaps. 1 and 6.

[5] S. R. Seshadri, "Electromagnetic Gaussian beam," *J. Opt. Soc. Am. A* **15**, 2712–2719 (1998).

附录 E 艾 里 积 分

艾里积分[1,2]可以根据傅里叶变换关系式定义，即

$$\mathrm{Ai}(t) = \frac{1}{2\pi} \int_{-\infty}^{\infty} \mathrm{d}q \exp(\mathrm{i}qt) \exp\left(\mathrm{i}\frac{q^3}{3}\right) \tag{E.1}$$

$$\exp\left(\mathrm{i}\frac{q^3}{3}\right) = \int_{-\infty}^{\infty} \mathrm{d}t \exp(-\mathrm{i}qt)\mathrm{Ai}(t) \tag{E.2}$$

在艾里波束和波中会出现一个带三次方相位项的通用积分，即

$$I_A = \frac{1}{2\pi} \int_{-\infty}^{\infty} \mathrm{d}q \exp\left(\mathrm{i}qa_1 t + \mathrm{i}a_3\frac{q^3}{3} + \mathrm{i}a_2 q^2 + b_1 q\right) \tag{E.3}$$

各种系数应该满足物理问题中常见的特定要求。q^3 和 q^2 项可以写为完全立方式中的一部分，即

$$\begin{aligned}
E(q) &= \mathrm{i}a_3\frac{q^3}{3} + \mathrm{i}a_2 q^2 + \mathrm{i}q(a_1 t - \mathrm{i}b_1) \\
&= \mathrm{i}\frac{a_3}{3}\left(q + \frac{a_2}{a_3}\right)^3 + \mathrm{i}q(a_1 t - \mathrm{i}b_1 - a_2^2 a_3^{-1}) - \frac{\mathrm{i}}{3}a_2^3 a_3^{-2}
\end{aligned} \tag{E.4}$$

积分变量从 q 变为 ξ，可以定义

$$\xi = a_3^{1/3}(q + a_2 a_3^{-1}) \text{ 和 } \mathrm{d}\xi = a_3^{1/3}\mathrm{d}q \tag{E.5}$$

根据式(E.5)，式(E.4)中的 $E(q)$ 可以变成 ξ 的表达式，即

$$\begin{aligned}
E(q) &= \frac{\mathrm{i}}{3}\xi^3 + \mathrm{i}\xi(a_1 a_3^{-1/3} t - a_2^2 a_3^{-4/3} - \mathrm{i}a_3^{-1/3} b_1) \\
&\quad - \mathrm{i}a_1 a_2 a_3^{-1} t + \frac{2\mathrm{i}}{3}a_2^3 a_3^{-2} - a_2 a_3^{-1} b_1
\end{aligned} \tag{E.6}$$

将式(E.5)和式(E.6)代入式(E.3)，艾里积分的定义可确定 I_A 为

$$\begin{aligned}
I_A &= a_3^{-1/3}\exp\left(-\mathrm{i}a_1 a_2 a_3^{-1} t + \frac{2\mathrm{i}}{3}a_2^3 a_3^{-2} - a_2 a_3^{-1} b_1\right) \\
&\quad \times \mathrm{Ai}(a_1 a_3^{-1/3} t - a_2^2 a_3^{-4/3} - \mathrm{i}a_3^{-1/3} b_1)
\end{aligned} \tag{E.7}$$

参 考 文 献

[1] M. Abramowitz and I. A. Stegun, *Handbook of Mathematical Functions* (Dover, New York, 1964),pp. 446–452.

[2] J. C. P. Miller, *The Airy Integral, Mathematical Tables*, Part. Vol. B (Cambridge University Press,Cambridge, UK, 1946).

附录 F 高斯波束是一束复射线

注意到，函数 $G(P) = e^{ikr}/r$ 代表高斯波束场，其中 r 为观测点 p 到具有复位置的固定点间的距离。可以证明，普通光学公式能够利用光学系统进行波束转换，而不需要进一步计算。它同样可以用来解决一些简单的高斯波束衍射和散射问题。

电磁辐射波束可以宽泛定义为实质接近中心线传播的场。这个中心线称为场的轴线。由于波束在电磁能量的导项(Goubau 波束波导[1])和相干光学(激光器和谐振器)的应用，在过去的十年里人们已经对其进行了深入的研究。

波束的角谱是由平面波构成的。这些波的波矢量接近轴线，因此沿 z 轴方向的波数 ζ 可以用横向波矢量 κ 表示为

$$\zeta \sim k + \frac{1}{2k} \cdot \kappa^2 \tag{F.1}$$

这可以看作 $\kappa = 0$ 时具有相同曲率的抛物面(式(F.1))来逼近半径为 κ 的色散曲面。这种逼近相当于用抛物线方程逼近波动方程 $(\Delta + k^2)u = 0$，即

$$\frac{1}{i} \frac{\partial}{\partial z} = k - \frac{1}{2k}\left(\frac{\partial^2}{\partial x^2} + \frac{\partial^2}{\partial y^2} \right) \tag{F.2}$$

可以利用式(F.1)或者式(F.2)确定，波束横断面中的场是如何随着 z 的变化而变化的。如果除了比例和相前曲率的变化，场是恒定的，那么这个场构成一种波束模式。这种模式已经被广泛研究。参考文献[2]～[7]仅提及这项工作中的一小部分。

如果所有的源位于 $z < 0$ 的区域，在 $z = 0$ 的场为

$$u(x,0) = \exp\left(-\frac{1}{2} \frac{x^2}{\sigma_0^2} \right) = \exp\left(-\frac{k}{2} \frac{x^2}{a} \right) \tag{F.3}$$

其中，$a = k\sigma_0^2$ 代表比例方差；x 为横向位置矢量。

高斯波束在 $z > 0$ 区域产生，利用近轴近似可得

$$u(x,z) = \left(1 + i\frac{z}{a}\right)^{-1} e^{ikz} \exp\left(-\frac{1}{2} \frac{x^2}{\sigma_0^2} \right) \exp\left(\frac{ik}{2} \frac{x^2}{R} \right) \tag{F.4}$$

其中，等号右侧前两项代表场 $u(0,z)$ 沿轴线的变化；第三项描述波束的传播，可

以写为 $\exp\left\{-kx^2/2A\right\}$，$A=k\sigma^2$ 表示比例方差，即

$$A = a + \frac{z^2}{a} \tag{F.5}$$

最后一项表示相前曲率，其半径为

$$R = z + \frac{a^2}{z} \tag{F.6}$$

实数 (A,R) 描述 z 处波束横截面的特征[4,6]，可以将它们组合成单一的复数 Z，即

$$\frac{1}{Z} = \frac{1}{R} + \frac{\mathrm{i}}{A} \tag{F.7}$$

那么式(F.5)和式(F.6)可以化简为

$$Z = z - \mathrm{i}a \tag{F.8}$$

式(F.4)变为

$$u(x,z) = -\mathrm{i}\frac{\mathrm{i}a}{Z}\mathrm{e}^{\mathrm{i}kz}\exp\left(\frac{\mathrm{i}k}{2}\frac{x^2}{Z}\right) \tag{F.9}$$

此外，如果高斯波束沿着由同轴透镜或镜子构成的对称光学系统轴线传播，在系统输入为 0 时，Z 从输出为 $0'$ 到 Z' 之间的转换为

$$Z' = (aZ+B)(cZ+D)\big|^{-1} \tag{F.10}$$

由式(F.4)可以看出，它与光学中点源的横坐标 Z(相对于 0)及其镜像横坐标 Z'(相对于 $0'$)的公式是一致的。Z 与 Z' 是实数，但是系数 (a,b,c,d) 与式(F.10)中的相同。因此，波束通过光学系统的演化过程很容易从普通透镜和镜面公式中推导。

函数 $G(x,z)=\mathrm{e}^{\mathrm{i}kr}/r$ 是波动方程的一个解，其中 r 为点 (x,z) 到某一固定源的距离。如果选择源为点 $C(x=O,z=\mathrm{i}a)$，那么 r 就变为复数，靠近 z 轴的函数 G 表示高斯波束。因为 $|x| \ll z-\mathrm{i}a$，且 $r=\left\{(z-\mathrm{i}a)^2+x^2\right\}^{1/2} \sim z-\mathrm{i}a+\frac{1}{2}\frac{x^2}{z-\mathrm{i}a}$，所以

$$G(x,z) \sim \frac{\mathrm{e}^{\mathrm{i}k(z-\mathrm{i}a)}}{z-\mathrm{i}a}\exp\left(\frac{\mathrm{i}k}{2}\frac{x^2}{z-\mathrm{i}a}\right) \tag{F.11}$$

在 G 的分母中，通常 $r \sim z-\mathrm{i}a$。我们认识到 x 相关，这与式(F.9)相同。$Z=z-\mathrm{i}a$ 为到复中心 C 的距离。沿轴线方向，$G(0,z)$ 与 $u(0,z)$ 的区别在于常量因子 $-\mathrm{e}^{ka}/\mathrm{i}a$。因此，式(F.11)不仅说明了场的横向变化，也说明它的 z 相关性，包含

来自复幅值 kz 的相位校正 $\tan^{-1}(a/z)$。

因此，高斯波束与球心 C 在复位置处的球面波近似等效。当已知中心场 G 的对应解时，可以用来解决波束的折射、衍射和散射问题。这个想法已经被用于一些简单的问题，即直边衍射和柱面散射[11]。当然，我们必须注意识别有效区域。近轴区域外的场 G 与高斯波束明显不同。特别是，在以 a 为半径，o 为圆心，oz 为轴线的圆上，当 $r=0$ 时，G 为单数。这个圆也是函数 $r(x, z)$ 的一个支线。作为一个分支切割表面（$z=0, |x|>a$），与式(F.11)近似的 G 的分支代表一个场。这个场向 $z>0$ 传播，随着 $|x|$ 的增加而减少。我们可以将 G 更精确地表示为 $r = r' + ir''$，而不是式(F.11)。以 r' 和 r'' 为常量的曲线构成共焦椭圆和双曲线系。这个精确的 G 满足波动方程而不是抛物线方程，因此是对场更好的描述。

球面波也可以解释为一束源于 C 的复射线。从更广泛的角度来说，复射线束可以由几何光学方法来处理[7,10]，它们代表一般的高斯波束。在横截面，场的形式为 $e^{i\phi(x)}$，具有复相位，即 $\phi(x) = \dfrac{1}{2}k(x^T Z^{-1}x)$，矩阵 Z 的变换仍然由式(F.10)给出。对于非对称光学系统，式(F.11)仍然有效，但是 (a,b,c,d) 变为 2×2 的矩阵[6,7,10]。

Keller 和 Streifer 也对高斯波束按照复射线进行了分析[8]。他们使用的结构适用于更一般的波束传播。但是，他们推导的公式只在 $z \gg a$ 时有效。如果 $|x| \ll a$，我们的表达式在 $z=0$ 也是有效的。

参 考 文 献

[1] Goubau, G., and Schwering, F.: 'On the guided propagation of electromagnetic wavebeams', *IRE Trans.*, 1961, **AP-9**, pp. 248–256

[2] Fox, A. G., and Li, T.: 'Resonant modes in a maser interferometer', *Bell Syst. Tech. J.*, 1961, **40**, pp. 453–488

[3] Boyd, G. D., and Kogelnik, H.: 'Generalized confocal resonator theory', *ibid.*, 1962, **41**, pp. 1347–1369

[4] Deschamps, G. A., and Mast, P. E.: 'Beam tracing and applications' *in* 'Proceedings of thesymposium on quasioptics' (Polytechnic Press, New York, 1964), pp. 379–395

[5] Collins, S. A.: 'Analysis of optical resonators involving focusing elements', *Appl. Opt.*, 1964, **3**, pp. 1263–1275

[6] Kogelnik, H.: 'On the propagation of Gaussian beams of light through lenslike media includingthose with a loss or gain variation', *ibid.*, 1965, **4-12**, pp. 1562–1569

[7] Arnaud, J. A., and Kogelnik, H.: 'Gaussian light-beams with general astigmatism', *ibid.*, 1969, **8**, pp. 1687–1693

[8] Keller, J B., and Streiffer, W.: 'Complcx rays with an application to Gaussianbeams', *J. Opt. Soc. Am.*, 1971, **61-1**, pp. 40–43

[9] Deschamps, G. A.: 'Matrix methods in geometrical optics', 1967 fall meeting of URSI,University

of Michigan, p. 84 of abstract

[10] Deschamps, G. A.: 'Beam optics and complex rays', URSI symposium on electromagneticwaves, Stresa, June 1968

[11] Gowan, E., and Deschamps, G. A.: 'Quasi-optical approaches to the diffraction andscattering of Gaussian beams', University of Illinois Antenna Laboratory report 70-5, Urbana-Champaign, Ill., USA

附录 G $I_m(x,z)$ 积分的估计

采用第 12 章文献[3]给出的 $H_m(\xi)$ 的生成函数表示式(12.9)中的 $I_m(x,z)$ ，即

$$
I_m(x,z) = \pi^{1/2} w_0 i^m \lim_{t=0} \frac{\partial^m}{\partial t^m} \int_{-\infty}^{\infty} dp_x \exp(-i2\pi p_x x)
$$

$$
\times \exp\left(-\pi^2 w_0^2 \frac{p_x^2}{q_\pm^2}\right) \exp(-t^2 + 2t\sqrt{2}\pi w_0 p_x) \tag{G.1}
$$

对 p_x 积分可得

$$
\pi^{1/2} w_0 i^m \int_{-\infty}^{\infty} dp_x \exp\left[i2\pi p_x(-x-i\sqrt{2}tw_0)\right] \exp\left(-\pi^2 w_0^2 \frac{p_x^2}{q_\pm^2}\right)
$$

$$
= q_\pm i^m \exp\left[-\frac{q_\pm^2(x+i\sqrt{2}tw_0)^2}{w_0^2}\right] \tag{G.2}
$$

式(G.2)仅对 $0 < z < \infty$ 和 $-\infty < z < 0$ 两个物理空间有效，其中 $1/q_\pm^2 \neq 0$ 。将式(G.2)代入式(G.1)时，$I_m(x,z)$ 可简化为

$$
I_m(x,z) = q_\pm i^m \exp\left(-\frac{q_\pm^2 x^2}{w_0^2}\right) \lim_{t=0} \frac{\partial^m}{\partial t^m} \exp\left(t^2 a^2 - 2ti\sqrt{2}x \frac{q_\pm^2}{w_0^2}\right) \tag{G.3}
$$

其中

$$
\alpha^2 = -1 + 2q_\pm^2 \tag{G.4}
$$

令

$$
s = -i\alpha t \tag{G.5}
$$

然后，将 $I_m(x,z)$ 转化为

$$
I_m(x,z) = q_\pm \alpha^m \exp\left(-\frac{q_\pm^2 x^2}{w_0^2}\right) \lim_{s=0} \frac{\partial^m}{\partial s^m} \exp\left(-s^2 + 2s\sqrt{2} \frac{q_\pm^2 x}{\alpha w_0}\right) \tag{G.6}
$$

利用 $H_m(\xi)$ 的生成函数可以将极限表示为厄米特函数。式(G.6)可确定为

$$
I_m(x,z) = q_\pm \alpha^m \exp\left(-\frac{q_\pm^2 x^2}{w_0^2}\right) H_m\left(\frac{\sqrt{2}q_\pm^2 x}{\alpha w_0}\right) \tag{G.7}
$$

将式(12.7)中的$q_\pm$代入式(G.4)可得

$$\alpha = \frac{q_\pm}{q_\pm^*} = \frac{q_\pm}{q_\mp}$$

(G.8)

在式(G.7)中使用式(G.8)可得

$$I_m(x,z) = \frac{q_\pm^{m+1}}{q_\pm^{*m}} H_m\left(\frac{\sqrt{2}q_\pm q_\pm^* x}{w_0}\right)\exp\left(-\frac{q_\pm^2 x^2}{w_0^2}\right)$$

(G.9)

附录 H 复空间源

式(12.20)给出的复空间源的一个因子为

$$C_{s,m}(x) = i^m \int_{-\infty}^{\infty} dp_x \exp(-i2\pi p_x x) H_m(\sqrt{2}\pi w_0 p_x) \tag{H.1}$$

厄米特函数可以用其多项式代替，即

$$C_{s,m}(x) = \sum_{\ell=0}^{\ell=\ell_m} \frac{i^m m! (-1)^\ell 2^{m-2\ell}}{\ell!(m-2\ell)!} (\sqrt{2}\pi w_0)^{m-2\ell} \int_{-\infty}^{\infty} dp_x \exp(-i2\pi p_x x) p_x^{m-2\ell} \tag{H.2}$$

其中，$p_x^{m-2\ell}$ 可以用放在积分外的算符 $[(i/2\pi)\partial/\partial x]^{m-2\ell}$ 代替；剩下的积分是 $\delta(x)$；$C_{s,m}(x)$ 可表示为

$$C_{s,m}(x) = \sum_{\ell=0}^{\ell=\ell_m} \alpha_\ell^m w_0^{m-2\ell} \frac{\partial^{m-2\ell}}{\partial x^{m-2\ell}} \delta(x) \tag{H.3}$$

其中

$$\alpha_l^m = \frac{m! 2^{(m-2\ell)/2}}{\ell!(m-2\ell)!(-1)^m}, \quad 0 < \ell \leqslant \ell_m \tag{H.4}$$

并且 ℓ_m 是小于等于 $m/2$ 的最大的整数。类似地，式(12.20)给出的复空间源的第二因子为

$$C_{s,n}(y) = i^n \int_{-\infty}^{\infty} dp_y \exp(-i2\pi p_y y) H_n(\sqrt{2}\pi w_0 p_y) \tag{H.5}$$

按照与之前相同的程序，可以将式(H.5)转换为

$$C_{s,n}(y) = \sum_{p=0}^{p=p_n} a_p^n w_0^{n-2p} \frac{\partial^{n-2p}}{\partial y^{n-2p}} \delta(y) \tag{H.6}$$

其中

$$a_p^n = \frac{n! 2^{(n-2p)/2}}{p!(n-2p)!(-1)^n}, \quad 0 \leqslant p \leqslant p_n \tag{H.7}$$

并且 p_n 是小于等于 $n/2$ 最大的整数。

利用式(H.3)和式(H.6)，式(12.20)给出的复空间源可以表示为

$$C_{s,mn}(x,y,z) = \frac{N_{nm}}{\mathrm{i}k} \pi w_0^2 \sum_{\ell=0}^{\ell=\ell_m} a_\ell^m w_0^{m-2\ell} \frac{\partial^{m-2\ell}}{\partial x^{m-2\ell}} \delta(x) \sum_{p=0}^{p=p_n} a_p^n w_0^{n-2p} \frac{\partial^{n-2p}}{\partial y^{n-2p}} \delta(y)$$

(H.8)

因此，位于 $|z| - \mathrm{i}b = 0$ 的复空间源由一有限序列的高阶点源组成。